普通高等教育"十一五"国家级规划教材
PUTONG GAODENG JIAOYU SHIYIWU GUOJIAJI GUIHUA JIAOCAI
智能建筑自动化专业系列教材

ZHINENG JIANZHU HUANJING JIANCE
YU KONGZHI JISHU

智能建筑环境检测与控制技术

主　编　朱学莉

副主编　朱树先　梁雪凤

编　写　李泽　郭胜辉　董　博

主　审　齐维贵

中国电力出版社
CHINA ELECTRIC POWER PRESS

内 容 提 要

本书为普通高等教育"十一五"国家级规划教材——"智能建筑自动化系列教材"之一,主要介绍了过程参数检测及自动化仪表、过程控制的基础理论和应用技术。

本书内容编排合理、涉及面广、实用性强,主要由检测技术及自动化仪表与过程控制两部分组成。全书共分 8 章。首先,对过程控制系统进行了基本的定义及描述;然后,介绍了过程控制系统所必需的检测仪表、执行机构及其工作原理;在此基础上,由浅入深地介绍了过程控制对象的动态特性、单回路过程控制系统、复杂过程控制系统及先进控制和计算机过程控制系统。

本书可作为高等院校自动化、电气工程及其自动化、建筑电气与智能化等专业的教材,也可作为计算机、通信类专业的教学参考书,同时也可供从事过程控制、检测技术、自动化仪表及相关领域的技术人员参考。

图书在版编目(CIP)数据

智能建筑环境检测与控制技术 / 朱学莉主编. —北京:中国电力出版社,2012.10

普通高等教育"十一五"国家级规划教材

ISBN 978-7-5123-2789-4

Ⅰ. ①智… Ⅱ. ①朱… Ⅲ. ①智能化建筑-环境监测-高等学校-教材②智能化建筑-房屋建筑设备-自动控制-高等学校-教材 Ⅳ. ①TU-023②TU855

中国版本图书馆 CIP 数据核字(2012)第 236681 号

中国电力出版社出版、发行

(北京市东城区北京站西街 19 号 100005 http://www.cepp.sgcc.com.cn)

北京丰源印刷厂印刷

各地新华书店经售

*

2012 年 12 月第一版 2012 年 12 月北京第一次印刷

787 毫米×1092 毫米 16 开本 17.25 印张 418 千字

定价 31.00 元

敬 告 读 者

本书封底贴有防伪标签,刮开涂层可查询真伪

本书如有印装质量问题,我社发行部负责退换

智能建筑自动化专业系列教材编委会

序　言

智能建筑是现代建筑和信息技术相结合的产物，21 世纪前 20 年全球 50%的智能建筑将在中国兴建。智能建筑在我国的兴起和迅猛发展，已成为拉动国民经济的新的增长点。高等教育应该与国民经济同步发展。为了满足智能建筑业对信息技术专业人才的需要，近年来全国高校相关专业或增加一门课程或增加一个专业方向，特别是近期全国相关的教学研讨会，对在该领域办一新的专业以加快人才培养步伐已取得共识。"十一五"国家级规划教材——"智能建筑自动化专业系列教材"的编写就是在这一背景下产生的。

该系列教材的内容是以楼宇自动化系统、通信自动化系统和办公自动化系统即 3A 系统为对象，以计算机技术、通信技术、控制技术即 3C 技术为支撑，以培养智能建筑系统设计、产品研发、网络集成和高级管理人才为目标。"智能建筑自动化专业系列教材"暂由六本书组成：智能建筑自动化系统，智能建筑网络通信系统，现代建筑供配电技术，智能建筑环境检测与控制技术，交流调速与现代电梯控制技术，智能化住宅小区系统设计。该系列教材拟在两年内相继出版。

该系列教材除内容上突出智能建筑自动化新专业的特点外，与现有同类教材相比进行了拓宽和深化。本系列教材较建筑电气以"强电"为主，变成以"弱电"为主，除培养建筑电气设计和施工的技术人才外，强调智能建筑产品研发和系统集成技术人才培养。相对"智能建筑技术"类教材和科技书籍，本系列教材在理论分析、关键技术和最新应用方面加大编写力度，使人才培养从工程型向工程和研究复合型发展。系列教材中每本教材的编写坚持有自己特色的同时，要做好在系列教材中的定位，要体现系列教材整体的完整性和系列的相关性，对于现行教材中的重叠内容，就其对象、基本原理、应用实例等进行了合理的整合，避免内容重叠，加强关键技术的编写力度，发挥系列教材集成的作用。系列教材所涉及的对象和技术即 3A 和 3C，毕竟属于信息和自动化学科，因此这类学科的通用理论、技术、方法和应用等，在教材中，结合智能建筑对象要给出合理的配置，如计算机控制、过程控制、运动控制、通信原理、检测技术均安排在系列教材的相关课程中。

为编写系列教材，设立了编委会，编委会对系列教材的"综合指标"负责，给出专业课教材的架构和布局，集中论证每本教材的编写大纲，并细化到章、节及分节三层目录。每本书的主编由从事本门课教学和具有该方向科研成果的教师担任，参编人员主要吸收从事智能建筑系统设计、产品研发和网络集成有丰富实践经验的高级工程师参加。这种编著者的构成，保证了教材的质量。

"智能建筑自动化专业系列教材"是"十一五"国家级规划教材。该系列教材的策划、编写及出版工作承蒙中国电力出版社的大力协助和支持，对此表示衷心的感谢。在系列教材编写中引用了许多专家、教授的成果，在此一并表示诚挚的谢意。

前　言

　　控制系统中的检测技术和仪表系统是实现自动控制的基础，过程控制是控制理论与工业过程、设备，以及自动化仪表和计算机工具相结合的工程应用科学。本书为普通高等教育"十一五"国家级规划教材——"智能建筑自动化系列教材"之一，所介绍的过程参数检测技术和自动化仪表、过程控制系统是实现建筑智能化的基本要素。编写本书的目的，是从基本原理和工程应用出发，介绍智能建筑中过程参数检测、自动化仪表系统、过程控制系统方面的基础理论和应用技术专业知识，为读者提供智能建筑中环境检测与控制的实施方法。

　　智能建筑以现代建筑技术、计算机技术、通信技术及自动化技术为基础，通过优化建筑结构、系统、服务、管理四个要素及其相互之间的关系，为用户提供舒适方便的工作和生活环境，从而成为现代建筑的主流，受到了社会的广泛关注。

　　全书共分 8 章。第 1 章介绍了智能建筑的基本概念及建筑智能化的功能，从智能建筑的声环境、视环境、热环境、空气环境及电磁辐射环境的角度介绍了相关的测控指标。第 2 章介绍了过程控制的发展概况、基本构成及分类；过程控制系统的基本要求及性能指标。第 3 章介绍了温度类检测仪表、湿度类检测仪表、压力类检测仪表、流量类检测仪表、物位类检测仪表及热量类检测仪表的工作原理。第 4 章介绍了过程控制中常用的调节器和执行器的工作原理、种类、特点及其在过程控制中的应用。第 5 章主要介绍了过程控制中被控对象的动态特性及其测量方法。第 6 章介绍了单回路过程控制系统的组成及设计；对象动态特性对控制质量的影响及控制方案的确定；比例、积分、微分控制及控制器选型和控制器的参数整定方法等内容。第 7 章介绍了串级与前馈控制系统、大滞后补偿控制、多变量解耦控制，以及预测控制、模糊控制、神经网络控制。第 8 章介绍了计算机过程控制系统的基本概念、组成、类型及发展方向；数据采集及传输的概念及方法；计算机过程控制常规算法；工业控制组态软件及其应用；集散控制系统和现场总线技术。

　　本书由朱学莉任主编，朱树先、梁雪凤任副主编。其中，第 1、2 章、第 7.4 及 8.5 节由朱学莉编写，第 3 章及第 7.6 节由郭胜辉编写，第 4 章由梁雪凤编写，第 5 章由董博编写，第 6 章、第 7.1～7.3 及 8.2～8.4 节由朱树先编写，第 7.5 及 8.1 节由李泽编写。由朱学莉、朱树先定稿。全书由齐维贵教授审阅。

　　限于编者水平，本书难免有欠妥和错误之处，恳请广大读者指正。

编者

2012 年 8 月

目　录

1 概 述

本章主要介绍了智能建筑的基本概念及建筑智能化的功能及优越性，从智能建筑的声环境、视环境、热环境、空气环境及电磁辐射环境的角度介绍了相关的测控指标，简述了智能建筑环境与建筑智能化技术之间的关系。通过本章的学习，要求了解智能建筑的基本概念，重点掌握与智能建筑环境相关的测控指标。

智能建筑通过优化建筑结构、系统、服务、管理四个要素及其相互之间的关系，为使用者提供舒适方便的工作和生活环境，从而受到社会的广泛关注，成为现代建筑的主流。智能建筑涉及建筑学、建筑环境与设备、机电一体化、自动控制技术、计算机技术、信息技术、管理技术等多个学科和技术领域，是一个典型的系统工程。

智能建筑的主要目标如下：①提供高度共享的信息资源；②提供能够提高工作效率的舒适环境；③确保建筑物的使用安全；④节约管理费用；⑤能适应管理工作的发展需要。其中，①中"高度共享的信息资源"要依靠计算机网络、公用电信网络、公共数据通信网络、卫星及广播电视网络、办公自动化系统等来完成。②"能够提高工作效率的舒适环境"主要依靠通风与空调系统、供热系统、给排水系统、电力供应系统、闭路电视系统、音响系统、智能卡系统、停车场管理系统、体育及娱乐管理等系统来完成。③中"建筑物的使用安全"主要依靠周边防越报警系统、防盗报警系统、出入口管制系统、闭路电视监视系统、保安巡更系统、电梯运行系统、火灾自动报警及消防联动控制系统等来完成。值得一提的是，在上述各系统中，检测及控制技术在系统的运行中都起着十分重要的作用。

检测是利用各种物理、化学效应选择合适的方法与装置，将生产、科研、生活等各方面的有关信息通过检查与测量的方法赋予定性或定量结果的过程。

控制是指为达到规定的目标，对元件或系统的工作特性所进行的调节或操作。过程控制也称自动控制，是指在无人直接参与的情况下，采用自动化装置使各生产或其他活动及环节能以一定的准确度自动调节的控制。

实际上，不单单是智能建筑，在当今社会的一切活动领域中，从日常生活到科学实验，都离不开检测与控制技术。因此，研究智能建筑环境就必须了解现代检测与控制技术。

1.1 智能建筑基本概念

智能建筑（Intelligent Building）是随着科学技术的迅速发展，以现代建筑技术、现代计算机技术、现代控制技术、现代通信技术为基础发展起来，在建筑平台上的突破性应用。

智能建筑是信息时代的产物和重要标志。作为国家综合国力和技术水平的具体体现，其特点和优势十分明显。智能建筑的产生和发展是科学技术和现代建筑业发展的必然结果。目前，智能建筑在国内外的发展方兴未艾，前景十分广阔。

1.1.1 智能建筑发展概况

"智能建筑"这一概念于20世纪80年代初诞生于美国。1984年，美国联合科技的UTBS

公司在康涅狄格州（State of Connecticut）哈伏特市（Hartford）将一幢金融大厦进行了改造，取名为 City Place（都市大厦），这是世界上公认的第一栋智能建筑。该建筑增添了计算机设备、数据通信线路、程控交换机等，使用户可以得到通信、文字处理、电子函件、情报资料检索、信息查询等服务。同时，对大楼的所有空调、给排水、供配电设备，防火、保安设备采用计算机控制，实现了综合自动化、信息化，使大楼的用户获得了经济舒适、高效安全的环境。智能建筑一词也由其完成者——美国联合科技集团在都市大厦的宣传词中提出。在此之后，智能建筑引起了各国的高度重视，并在世界范围内蓬勃发展起来。在智能建筑技术的发展过程中，美国一直处于世界领先地位，目前美国新建的智能建筑数量仍居世界之首。

自 1985 年开始，日本和欧洲一些国家开始发展智能建筑技术。此后，亚太地区的一些国家和地区，如香港、新加坡地区和首尔、雅加达、曼谷、吉隆坡等中心城市，智能建筑也迅速增多。

我国对智能建筑技术的研究始于 20 世纪 90 年代初，随后便在全国各地迅速发展起来。1990年建成的北京发展大厦被公认为是我国智能建筑的雏形，随后又建成了北京京广中心、中国国际贸易中心、上海金茂大厦、上海环球金融中心、深圳地王大厦、广州中信大厦、广州中天广场、北京西客站、沈阳北站综合中心等一批具有较高智能化程度的大中型智能型建筑。

但客观地讲，尽管我国智能建筑的建设投资和数量有着惊人的增长，但是建筑本身的实际智能化内容却存在诸多问题，如工程建设水平不高、工程质量不能令人满意、智能系统不能正常工作、设计档次过高而实际使用时难以启用等，总之我国的智能建筑发展现状远不如想象中的那样乐观。

一直以来，我国的政府部门、高校、科研设计院所、企业厂商对于智能建筑技术都给予了极大的关注与支持。为适应智能建筑发展的需要，解决智能建筑市场发展中出现的种种问题，国家相关政府部门相继颁布并实施了 DBJ—47—1995《智能建筑设计标准》（华东建筑设计研究院，1995）、《建筑智能化系统工程设计管理暂行规定》（建设部，1998）、《建筑智能化系统工程设计和系统集成专项资质管理暂行办法》（建设部，1998）、《全国住宅小区智能化系统示范工程建设要点与技术导则》（建设部住宅产业化促进中心，1999）、GB/T 50314—2000《智能建筑设计标准》（建设部，2000，第一个该领域的国家标准）、GB/T 50339—2003《智能建筑工程质量验收规范》（建设部，2003）等一系列规范和标准，为我国智能建筑市场健康有序地发展奠定了基础，标志着我国智能建筑已步入规范有序的、全新的发展阶段。

1.1.2　智能建筑基本概念

一、智能建筑的定义

自 20 多年前第一座智能建筑问世至今，智能建筑尚未有一个统一的定义。各国、各行业和研究组织都从不同的角度及对智能建筑的不同理解，对智能建筑做出了不同的定义。本书将部分有代表性的智能建筑定义汇集如下：

（1）美国智能建筑学会的定义为："智能建筑是将结构、系统、服务、运营及其相互联系全面综合，进行优化，为用户提供一个高效率与高舒适性，而且具有经济效益的建筑环境。"

（2）日本智能建筑学会的定义为："智能建筑提供商业支持功能、通信支持功能等内在的高度通信服务，并通过大楼管理体系，保证舒适的环境和安全，以提高工作效率。"

（3）欧洲智能建筑集团给出的定义为："智能建筑是使其用户发挥最高效率，同时又是以最低保养成本、最有效的管理本身资源的建筑，能够提供一个反应快、效率高和有支持力的环境，以使用户达到其业务目标。"

（4）我国比较流行的是以大厦内自动化设备的配备作为智能建筑的定义。GB/T 50314—2000《智能建筑设计标准》中对智能建筑所作的定义为："智能建筑是以建筑为平台，兼备建筑设备、办公自动化及通信网络系统，集结构、系统、服务、管理及它们之间的最优化组合，向人们提供一个安全、高效、舒适、便利的建筑环境。"

（5）1990 年，世界智能建筑协会提出的智能建筑的定义为："智能建筑是通过对建筑物的四个基本要素，即结构、系统、服务、管理以及它们之间的内在联系，以最优化的设计，采用最先进的计算机技术、控制技术和通信技术，建立一个计算机系统管理的一体化集成系统，提供一个投资合理，拥有高效率的优雅舒适、便利快捷、高度安全的环境空间。智能建筑能够帮助建筑物业主和物业管理者在费用开支、生活舒适、商务活动和人身安全等方面得到最大利益的回报。"

综上所述，尽管各国和一些权威组织机构对智能建筑的定义有不同的描述，但其定义的实质都涵盖了以下一些方面：

（1）综合应用计算机技术、通信技术、自动控制技术、信息技术和建筑技术，并将其高度集成化。

（2）采用先进的技术实现楼宇设备的自动控制、通信与管理。

（3）建筑物的内部环境更具人性化。

（4）采用先进的安防技术及网络安全措施，确保人们的生命和财产安全以及信息资源的安全。

（5）为使用者在信息社会化及经济国际化的活动中提供高度共享的信息资源，并具有较高的效率。

二、智能建筑的分类

根据建筑物的使用功能，智能建筑可分为四种类型。

（1）智能大厦。智能大厦是指将单栋办公或商务建筑物建成为综合型智能化建筑。其基本框架是将楼宇自动化（BA）、通信自动化（CA）和办公自动化（OA）三个子系统结合成一个整体。其用途不仅仅限于办公，而是向公寓、酒店、医院、学校、银行、机场、车站、港口、商场等建筑领域扩展，即用途是多方面的。

（2）智能化住宅。智能化住宅是指通过家庭总线（Home Distribution System，HDS）将住宅内所有与信息相关的通信设施、家用电器以及家庭安防装置都纳入到网络中，进行异地集中式的监视与控制，并提供家庭事务管理功能，为住户提供工作、学习、娱乐、生活等各项服务，创造出一个舒适、安全的空间环境。

（3）智能小区。智能小区就是将在一定地域范围内多个以生活起居为主的建筑物按照统筹的方法分别对其功能进行智能化，资源充分共享，在为住户提供安全、舒适、方便、节能、可持续发展的生活环境的同时，实现统一管理与控制，并尽可能的提高性能价格比。

（4）智能城市。智能城市是"智能建筑"概念的一个具有特殊意义的扩展。在智能城市中，计算机网络已渗透到人们的工作、学习、生活、休闲等所有领域，办公事务实现无纸化和远程化；在此基础上，城市的运行、管理和防灾等全部以信息化与智能化方式进行。

三、智能建筑的基本组成

按照我国对智能建筑所做的定义，本书将采用把智能建筑划分为三个子系统的观点，即智能建筑是由建筑设备自动化系统、通信网络系统和办公自动化系统三个部分组成，三者有机地集成在建筑物环境平台之上，在统一的管理下实现各自的功能。

（1）建筑设备自动化系统。建筑设备自动化系统（Building Automation System，BAS）也称为楼宇自动化系统。BAS 将建筑物或建筑群内的电力、照明、空调、给排水、防灾、保安、停车场管理等的设备或系统，以集中监视、控制和管理为目的，构成综合系统。BAS 通过计算机对各子系统进行监测、控制、记录，实现分散控制和集中科学管理，为用户创造一个安全、舒适、方便的室内工作与生活环境，也为管理者提供一个十分方便的管理手段。

（2）通信网络系统。通信网络系统（Communication Network System，CNS）是智能建筑的神经网络，用来保证建筑物内外各种通信联系畅通无阻，并提供网络支持能力，它是建筑物内语音、数据、图像传输的基础设施，又与外部通信网络（如数据网、计算机网、卫星及广电网）相连。通信网络系统的设计应能适应通信网络数字化、智能化、综合化、宽带化及个人化的发展趋势，满足办公自动化系统的要求，为用户提供语音、数据、文本及图像等多种媒体的快捷、有效、安全、可靠的通信服务。目前，智能建筑中的 CNS 主要包括程控数字交换机、电话通信网、接入 Internet 的计算机局域网、卫星通信及有线电视系统等。

（3）办公自动化系统。办公自动化系统（Office Automation System，OAS）是指办公人员应用计算机技术、通信技术、多媒体技术和行为科学等先进技术，使人们的部分办公业务借助于各种办公设备，并由这些办公设备与办公人员构成服务于某种办公目标的人及信息系统。其目的是最大限度地提高办公效率及办公质量，缩短办公周期，尽可能地减少或避免各种差错，实现管理和决策的科学化。OAS 是由计算机技术、通信技术、系统科学等高新技术所支撑的辅助办公的自动化手段，主要包括多功能电话机、高性能传真机、各类终端、PC、文字处理机、主计算机、声像存储装置等各种办公设备，公用数据库，信息传输与网络设备和相应配套的系统软件、工具软件及应用软件等。

综上所述，智能建筑是信息时代的必然产物，是利用系统集成技术将 BAS、CNS、OAS 和建筑技术有机地结合为一体的一种适合现代信息化社会综合要求的建筑物。对应于给出的智能建筑的定义，可以用图 1-1 所示的图形来通俗地描述。其中 GCS 为综合布线系统，是指按照标准的、统一的和简单的结构化方式编制和布置各种建筑物或建筑群内各种系统的通信线路，是 BAS、CNS 和 OAS 的基础平台。

四、智能建筑的特点

智能建筑是以计算机和现代通信技术为核心，以提供信息自动化、建筑物内设备自动控制为手段，用现代化的服务与管理方式向人们提供全面的集高质量的工作、学习、生活环境的多功能建筑。归纳起来，智能建筑主要有五个特点。

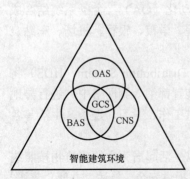

图 1-1　智能建筑组成示意图

（1）安全性。在智能建筑中，通过火灾自动报警、消防联动控制和保安监控系统，确保人们的生命和财产安全；智能大厦的空调系统能检测出空气中的有害污染物含量，并自动消毒，使之成为"安全健康大厦"。除了要保证生命、财产、建筑物安全外，还要考虑信息的安全性，智能建筑的内联网大多采取了防火墙或代理服务器等安全措施，有效地保护计算机网络中的信息资源，防止用户的信息资源被非法访问、非法使用及非法操作等，免受外来入侵者的干扰和破坏。

（2）舒适性。智能建筑必须具备能够提高人们工作效率的舒适环境。因此，对智能建筑环境控制也提出了更高的要求，除了温度、湿度、照度、通风与卫生等基本控制内容外，建筑物的空调、照明、声响、色彩、采光、洁净度及其他环境条件方面都要求达到最佳状态，以使人们获得生活和心理上的舒适，提高其工作效率与创造力。

（3）高效率。智能建筑应具有完善的数据、语音、图像等多媒体通信设施与信息服务系统，创造出一个能够迅速获取信息、处理信息的良好工作环境，使依托智能建筑工作的用户在处理信息交互、办公事务和从事经济活动中具有较高的效率。

（4）经济性。智能建筑功能的提高，无疑会增加网络通信与环境控制等设备与系统初投资，其能耗也会相应地增加，如何得到最优的性价比是十分重要的。在智能建筑中，节能是提高其经济性的重要一环。以现代化的大厦为例，其空调与照明系统的能耗很大，约占大厦总能耗的 50%～60%。在满足使用者对环境要求的前提下，智能大厦可以通过对空调设备的最佳启停时间的计算和控制，缩短不必要的空调开启时间，达到节能的目的。此外，自动调节新风量、对照明及电梯等系统实行自动控制、优化建筑电气设备的运行方式等措施都可以带来显著的节能效果。同时，对楼宇电气设备实行自动控制会延长设备的使用寿命，实行楼宇电气设备的自动运行控制会大大减少运行人员的开支费用。总之，通过上述措施可以更好地节约能源、减少运行管理费用，提高智能建筑的性能价格比，给用户带来较大的经济利益。

（5）适应性。当今社会是一个信息社会化的时代，信息技术日新月异，如何将最新的科学技术应用在智能建筑中，已经成为智能建筑设计者、业主和用户的共识。在智能建筑中，用户通过国际直拨电话、可视电话、电子邮件、视频会议、信息检索与统计分析等多种手段，及时获得国际金融情报、科技情报以及各种数据库系统中的最新信息，提高其决策与竞争能力。

适应性的另一个特点是对办公组织机构、办公方法和程序的变更及设备更新的适应性强，当网络功能发生变化和更新时，不妨碍原有设备及系统的使用。

总之，智能建筑必须适应时代的发展，为智能建筑的投资者及用户带来可观的经济效益，才能够促进智能建筑技术的不断发展，使智能建筑具有旺盛的生命力。

1.2　建筑智能化技术概述

建筑智能化技术，是指利用现代通信技术、信息技术、计算机网络技术、自动控制技术等，通过对建筑和建筑设备的自动检测与优化控制、信息资源的优化管理，实现对建筑物的智能控制与管理，以满足用户对建筑物的监控、管理和信息共享的需求，从而使智能建筑具有安全、舒适、节能、高效和环保的特点，达到投资合理、适应信息社会需要的目标。

智能建筑与建筑智能化技术是既有相互联系又有明显区别的两个概念。智能建筑是指建筑的系统整体，是一个建设目标。建筑智能化技术则是指为了建设智能建筑所涉及的各种工程应用技术，其具体的体现就是具有智能性的建筑设备和环境。

随着生活水平的提高，人们越来越注重工作和生活的方便、舒适和安全。伴随着现代化相关技术日新月异的发展及社会需求的增长，建筑智能化技术也在迅速地发展，并会不断有新的概念融入。建筑智能化已经成为 21 世纪建筑业发展的主流，也是建筑业不可缺少的一部分。

建筑智能化技术提供的功能应包括：

（1）具有信息处理功能，其应用范围不应只局限于建筑物内，而是应该能在城市、地区或国家间进行。

（2）能对建筑物内照明、电力、暖通、空调、给排水、防灾、防盗、运输设备进行综合自动控制。

（3）能实现各种设备运行状态监视和统计记录的设备管理自动化，并实现以安全状态监视为中心的防灾自动化。

（4）建筑物内应具有充分的适应性和开放性。

（5）其功能应能随技术进步和社会需要而进行扩展。

与普通建筑相比，智能化建筑的优越性体现在以下几个方面：①具有良好的信息接收和反应能力，提高工作效率。②提高建筑物的安全性、舒适性、高效和便捷性。③具有良好的节能效果。能对空调、照明等设备进行控制，不但提供舒适的环境，还有显著的节能效果。④节省设备运行维护费用。一方面系统能正常运行，发挥其作用可降低机电系统的维护成本；另一方面由于系统的高度集成，操作和管理也高度集中，人员安排更合理，从而使人工成本降到最低。⑤可以满足用户对不同环境功能的需求。

1.3　与智能建筑环境相关的测控指标

所谓建筑环境，从广义上讲，是指周围的一切事物，狭义上包括两大部分，即建筑外环境与建筑室内环境。就本书所研究的范畴而言，智能建筑环境主要是指室内空气品质、室内温湿度、建筑光环境，建筑声环境及气流环境等若干部分。定性地说，包括智能建筑的相应声环境、视环境、热环境、空气环境及电磁辐射环境。

1.3.1　与声环境相关的测控指标

室内声环境的主要技术指标有最大声压级、传声增益、声场不均匀度、传输特性频率、系统噪声、系统失真、语言清晰度等。

对任何一个声频系统都存在着对其声音质量的评价问题，良好的声音质量应具备如下条件：混响感和清晰度有适当平衡，具有适当的响度；有一定的空间感，具有良好的音色，即低、中、高音适度平衡，没有畸变和失真。

理想的室内声环境应满足以下几个方面的要求：①无使人讨厌的噪声；②无印象障碍；③有能够满足室内需要的音响效果；④声音有足够的响度。

室内声环境的主要测控指标有：

（1）室内允许噪音级。根据人的听觉特性和噪声对语言的掩盖特性，将不同频率的噪声限制在不同的声音级水平上，以达到室内噪声要求。

（2）语言干扰级。人耳能识别的声音频率为 20～20000Hz，语言声能集中在 500～1000Hz 范围内。为了方便起见，人们把声音的频率划分为几个有限的频段（也称为频程），将两个频率之比为 2:1 的频程定义为倍频程。目前国际上通用的倍频程中心频率为 31.5，63，125，250，

500，1000，2000，4000，8000，16000Hz。而语言干扰级即指以 500，1000，2000，4000Hz 四个倍频程的背景噪声声压级的平均值。

（3）保护听力的噪声允许标准。为了保护听力，我国的《工业企业噪声卫生标准》规定，每天工作 8h，允许连续噪声级为 90dB（A）。在高噪声环境连续工作的时间减少一半，允许提高 3dB（A），以此类推。但在任何情况下均不得超过 115 dB（A）。如果人们连续工作处在的噪声环境的 A 声级是起伏变化的，则应以等效声级评价。

（4）允许标准。我国的 GB 3096—1993《城市区域环境噪声标准》规定了城市 5 类区域的环境噪声最高限值，见表 1-1。其中昼间是指 6:00～22:00，夜间指 22:00～6:00。GB 50352—2005《民用建筑设计通则》规定的民用建筑室内允许噪声级见表 1-2。

表 1-1	城市 5 类环境噪声标准值		dB（A）
类别	适 用 区 域	昼间	夜间
0	疗养区、高级别墅区、高级宾馆区等特别需要安静的区域	50	40
1	以居住、文教机关为主的区域	55	45
2	居住、商业、工业混杂区	60	50
3	工业区	65	55
4	城市中的道路交通干线道路两侧区域，穿越城区的内河航道	70	55

表 1-2	民用建筑室内允许噪声级					dB（A）
建筑类别	房 间 名 称	时间	特殊标准	较高标准	一般标准	最低标准
住宅	卧室、书房（或卧室兼起居室）	白天 夜间		≤40 ≤30	≤45 ≤35	≤50 ≤40
	起居室	白天 夜间		≤45 ≤55	≤50 ≤40	≤50 ≤40
学校	有特殊安静要求的房间			≤40	—	—
	一般教室			—	≤50	—
	无特殊安静要求的房间			—	—	≤55
医院	病房、医护人员休息室	白天 夜间		≤40 ≤30	≤45 ≤35	≤50 ≤40
	门诊室			≤55	≤55	≤60
	手术室			≤45	≤45	≤50
	听力测听室			≤25	≤25	30
旅馆	客房	白天 夜间	≤35 ≤25	≤40 ≤30	≤45 ≤35	≤50 40
	会议室		≤40	≤45	≤50	≤50
	多功能大堂		≤40	≤45	≤50	—
	办公室		≤45	≤50	≤55	≤55
	餐厅、宴会厅		≤50	≤55	≤60	—

1.3.2　与视环境相关的测控指标

在视环境设计中需要用一些物理量来描述视环境质量要求,其中最基本的有光通量、发光强度、亮度及照度等。

人眼的构造决定了人的视觉特性。人眼的视觉特性制约物体的清晰程度及视度。在明视觉状态下(亮度为 1.0cd/m² 以上),人眼具有颜色的感觉。在暗视觉状态下(亮度为 0.1cd/m² 以下),人眼几乎不能识别物体的颜色。此外,影响视觉的其他因素有亮度、尺寸、亮度对比、识别时间与面积、适应、眩光等。

一个优良的视环境,应能充分发挥人的视觉功效,使人轻松、安全、有效地完成视觉作业,同时在心理上感到舒适满意。视环境的基本评价指标有四个。

(1)照度。目前,国际上均以照度水平为照明设计的数量指标。CIE(国际发光照明委员会)对每种作业都规定了照度范围,以便设计人员根据具体情况选择适当的数值。我国近年在新编照明设计标准时,也逐渐与国际标准接轨,同时也考虑到我国疆域辽阔,各地区经济、民族习惯及建筑物的使用效率不同,也将照度值按一个有三个相邻照度等级值组成的照度范围给出,以利于工程设计人员灵活地应用照明设计标准。

(2)亮度比。在工作房间内,除工作对象外,作业区、顶棚、墙、窗、地面、灯具及家具等都会进入人的眼帘,它们的亮度水平会对人的视觉产生影响。所以无论从可视度,还是从舒适感的角度,工作房间内需要构建周围视野的适应亮度,房间主要表面要具有平均亮度分布。

(3)显色性。光源色的选择主要取决于光环境所要形成的气氛。从建筑的功能、艺术效果的角度来看,光源的良好显色性具有很重要的作用。

(4)眩光。当人们直接或通过反射看到亮度极高的光源,或视线内出现强烈的亮度对比时,使人感到昏花或刺眼的光,即眩光。眩光可以损害视觉,也能造成视觉上的不舒适感,前者称为失能眩光,后者称为不舒适眩光。眩光对人的生理和心理都有明显的危害,会对劳动生产率产生较大的影响。眩光是一种环境污染,必须采用技术手段对眩光加以限制。

1.3.3　与热环境相关的测控指标

随着社会的发展,人们对于建筑室内的环境质量要求越来越高。室内热环境不仅是室内环境的基本构成要素,而且是衡量室内环境好坏的重要指标。所以室内热环境的好坏对于整个建筑环境的构建显得尤为重要。

室内空间的热环境是人们正常工作、生活的基本保证。在建筑设计中,通常以热舒适来评价人们对热环境的满意度。根据人的感觉不同,室内热环境可以分为舒适、可以忍受和不能忍受几种情况。而人的冷热感觉对室内的热环境因素依赖性很大,这些因素主要有空气湿度、温度、气流速度和壁面温度等。

(1)室内空气温度。温度是分子动能的宏观度量,温度的高低用温标作为标尺。国际单位制(SI)规定摄氏温标为实用温标,用 T 表示,单位为℃(摄氏度)。

人体健康的基本卫生条件,要求室内温度不能低于 10℃ 或高于 30℃。如果超出此范围,人体机能的正常运行将受影响,特别是血液循环和消化系统将不正常,这种情况下人体不能在建筑内正常工作和生活。在我国,实践中推荐的室内空气温度为夏季 26~28℃,冬季 18~22℃,根据房间的使用性质不同,室内设计温度也有所不同。

（2）室内空气相对湿度。在一定温度下，空气中所含的水蒸气量有一个最大的限度，空气中水蒸气的含量达到这一极限时，该空气称为"饱和"湿空气。相对湿度表示空气接近饱和的程度。一般来说，相对湿度在 40%～70%较为适宜。我国民用及公共建筑室内相对湿度推荐值为：夏季 40%～60%；冬季对一般建筑不作规定，高级建筑应大于 35%。而在工程设计中，一般是针对不同的温度来确定适宜的湿度。

（3）空气平均流速。空气平均流速是影响人体对流散热和水蒸发散热的主要因素之一。当室内温度相同，空气流速不同时，人的热感觉也不同。我国室内空气平均流速的计算值为：夏季 0.2～0.5m/s，冬季 0.15～0.3m/s。

（4）环境辐射温度。环境辐射温度决定了人体辐散热的强度，环境辐射温度高于人体表面温度时，人体经辐射热交换得热，反之失热。我国 GB 50176—1993《民用建筑热工设计规范》对维护结构内表面温度的要求是："冬季保证内表面最低温度不低于室内空气露点湿度，及表面不结露；夏季要保证内表面最高温度不高于室外空气计算最高温度"。

1.3.4　与空气环境相关的测控指标

智能化建筑的室内空气品质是近年来各国学者研究的重点，而室内空气品质的改善又直接影响到初投资和耗能量。

一个良好的空气环境，会使在其中工作和生活的人们感觉舒适，从而提高人们的工作效率。但根据最新调查统计，室内空气污染已经成为全球影响人类健康的主要因素之一。随着生活质量的不断提高，人们对建筑空气环境中有害物质的关注程度日益提高。

2003 年 3 月 1 日，国家质量监督检验检疫局、卫生部和国家环保总局联合制定并颁布实施了 GB/T 18883—2002《室内空气质量标准》，在该标准中，规定了室内空气品质的标准，见表 1-3。

表 1-3　　　　　　　　　　《室内空气质量标准》规定的主要控制指标

序号	参数类别	参　数	单位	标准值	备　注
1	物理性	温度	℃	22～28	夏季空调
				16～24	冬季采暖
2		相对湿度	%	40～80	夏季空调
				30～60	冬季采暖
3		空气流速	m/s	0.3	夏季空调
				0.2	冬季采暖
4		新风量	$m^3/(h \cdot p)$	300	
5	化学性	二氧化硫 SO_2	mg/m^3	0.5	1h 均值
6		二氧化氮 NO_2	mg/m^3	0.24	1h 均值
7		一氧化碳 CO	mg/m^3	10	1h 均值
8		二氧化碳 CO_2	%	0.1	日平均值
9		氨 NH_3	mg/m^3	0.2	1h 均值
10		臭氧 O_3	mg/m^3	0.16	1h 均值
11		甲醛 HCHO	mg/m^3	0.1	1h 均值

序号	参数类别	参　　数	单位	标准值	备　　注
12		苯 C_6H_6	mg/m^3	0.11	1h 均值
13		甲苯 GH_8	mg/m^3	0.2	1h 均值
14	化学性	二甲苯 C_8H_{10}	mg/m^3	0.2	1h 均值
15		苯并 [a] 芘 B (a) P	mg/m^3	1.0	日平均值
16		可吸入颗粒 PM10	mg/m^3	0.15	日平均值
17		总挥发性有机物 TVOC	mg/m^3	0.6	8h 平均值
18	生物性	氡 222Rn	Cfu/m^3	2500	依据仪器定
19	放射性	菌落总数	Bq/m^3	400	年平均值

注　1. 新风量要求不小于标准值，除温度、相对湿度外的其他参数要求不大于标准值；

　　　2. 行动水平即达到此水平建议采取干涉行动，以降低室内氡浓度。

由上可见，对室内空气质量的准确评价、对室内空气污染的有效控制离不开对室内环境中有害物质的准确测量。

1.3.5　与电磁辐射环境相关的测控指标

随着现代科技的高速发展，一种看不到摸不着的污染源日益受到科技界的关注，这就是被人们称为"隐形杀手"的电磁辐射。在用词上，我国的常用术语是电磁辐射，国外一般常称其为"电磁暴露"或者"电磁照射"。GB/T 4365—1995《电磁兼容术语》中，对电磁辐射的定义是：电磁辐射是能量以电磁波形式由源发射到空间的现象，或能量以电磁波形式在空间传播。

当今世界，各种频率的电磁波充满了地球每一个角落，这些电磁波对人体构成了多方面的危害。1998 年世界卫生组织调查显示，电磁辐射对人体有五大影响：

（1）电磁辐射是心血管疾病、糖尿病、癌突变的主要诱因；

（2）电磁辐射对人体生殖系统、神经系统和免疫系统造成直接伤害；

（3）电磁辐射是造成孕妇流产、不育、畸胎等病变的诱发因素；

（4）过量的电磁辐射直接影响儿童组织发育、骨骼发育、视力下降，肝脏造血功能下降，严重者可导致视网膜脱落；

（5）电磁辐射可使男性性功能下降，女性内分泌紊乱，月经失调。

为适应国际电磁兼容领域的发展趋势，减少电磁辐射所造成的危害，维护人身健康、设备安全和环境，国家质量监督局发布了《电磁兼容认证管理办法》和《第一批实施电磁兼容安全认证的产品目录》，首先对进入流通领域的广播电视设备、信息技术设备、家用电器等 9 大类与人们生活密切相关的产品实行强制性监督管理，没有通过电磁兼容认证的产品，不得在我国境内销售，也不得出口他国或地区。

电磁效应对环境的破坏作用主要有两方面：一是电磁干扰，即无用的杂乱信号叠加到有用的信号上，或外部强电磁场使信号畸变甚至使设备失效，都是电磁干扰的表现。二是电磁污染，即恒磁场、低频辐射场、静电场等对人体细胞的理化作用，高频辐射、微波等对人体带来一定的影响。当辐射强度超过一定限度会对健康产生危害。

电磁辐射防护限值分基本限值和导出限值两种。基本限值是指判定人体对电磁场产生生理反应的基本量。基本限值适用于身体存在场中的情形。人体暴露的基本限值通常以比吸收率（Specific Absorption Rate，SAR）来表示。

导出限值是指可以产生与基本限值相应的电场、磁场和功率通量密度的值。由于基本量很难测出，所以大多数文件给出了电场、磁场和功率密度的导出（参考）限值。当暴露条件可以产生低于基本限值的 SAR 电流密度时，导出限值有可能被超出。换句话说，如果场强符合导出限值，那么就一定符合基本限值。导出限值适用于身体的存在不会影响电磁场的情形。

《电磁辐射防护规定》规定的基本限值：①职业照射：在每天 8h 工作期间内，任意连续6min 按全身平均的比吸收率（SAR）小于 0.1W/kg。②公众照射：在一天 24h 内，任意连续6min 按全身平均的比吸收率（SAR）应小于 0.02W/kg。导出限值：①职业照射：在每天 8h工作期间内，电磁辐射场的场量参数在任意连续 6min 内的平均值应满足表 1-4 的要求。②公众照射：在一天 24h 内，环境电磁辐射场的场量参数在任意连续 6min 内的平均值应满足表1-5 的要求。

表 1-4　　　　　　　　　　　　职业照射导出限值

频率范围（MHz）	电场强度（V／m）	磁场强度（A/m）	功率密度（W／m²）
0.1～3	87	0.25	(20) *
3～30	$150/\sqrt{f}$	$0.40/\sqrt{f}$	(60/f)*
30～3000	(28) **	(0.075) **	2
3000～15000	($0.5\sqrt{f}$) **	($0.0015\sqrt{f}$) **	f/1500
15000～30000	(61) **	(0.16) **	10

注　f 是频率，单位是 MHz，表中数据作了取整处理。

*　　是平面波等效值，供对照参考。

**　供对照参考，不作为限值。

表 1-5　　　　　　　　　　　　公众照射导出限值

频率范围（MHz）	电场强度（V／m）	磁场强度（A/m）	功率密度（W／m²）
0.1～3	40	0.1	(40) *
3～30	$67/\sqrt{f}$	$0.17/\sqrt{f}$	(12/f)*
30～3000	(12) **	(0.032) **	0.4
3000～15000	($0.22\sqrt{f}$) **	($0.001\sqrt{f}$) **	f/7500
15000～30000	(27) **	(0.073) **	2

注　同表 1-4。

综上，从智能化建筑中的声环境、视环境、热环境、空气环境及电磁辐射环境的角度出发，可以并需要监控的参数有很多，而在目前的实际建筑智能化工程中，通常比较关注照度、温度、湿度、语言清晰度、噪声、新风等参数，随着科技的进步、人民生活水平的提高，对上面提到的各种指标进行全方位的测控，全面提高人们居住的舒适性和安全性，是一个必然的趋势。

1.4 智能建筑环境与建筑智能化技术的关系

如前所述，为了实现智能建筑的目标，人们在建筑平台上采用了诸多建筑智能化技术。这些技术通过建筑物自动化（BA）、通信自动化（CA）、办公自动化（OA）、安全防范自动化系统（SAS）和消防自动化系统（FAS）体现出来，但最终要结合现代化的服务与管理方式，为居住者"提供一个安全、舒适、节能、高效及绿色环保的生活、学习与工作环境"这样一个目标。这里所说的安全的含义，一是要确保建筑物内的所有设备的正常运行，二是要保障建筑物内人员的人身、财产安全。

舒适，即指要保障水、电、冷、热等能源的正常供应；为建筑物内人员提供舒适温馨又便捷的工作、生活空间；提供优美的背景音乐和信息显示，营造舒适优雅的环境。

节能，即指节约管理费用，达到短期投资、长期受益的目标；节约能源；节省人工成本；提高设备利用率；延长设备使用寿命。

高效，即指要实现信息资源共享，办公自动化；要满足建筑物内各部门之间的交流与沟通，以及与外部的联系；要实现监控、管理流程自动化，为管理者提供方便。

环保，则是指通过科学的整体设计，集成绿色配置、自然采光、低能耗围护结构、太阳能的利用、地热的利用、绿色建材和智能控制等高新技术，展示出人文与建筑、环境及科技的和谐统一。

由上可见，智能建筑环境与建筑智能化技术的关系是：建筑智能化技术是实现智能建筑环境的物质保障。只有采用先进的建筑智能化技术，才能使建筑物内的电力、空调、照明、防灾、防盗、运输设备等协调工作，才能够营造一个良好的声环境、视环境、热环境、空气环境。

复习思考题与习题

1-1　什么是智能建筑？它的主要目标是什么？

1-2　智能建筑有哪些特点？

1-3　智能建筑声环境、视环境和热环境包含哪些内容？

1-4　智能建筑空气环境标准主要包含哪些内容？

1-5　电磁辐射对人体健康是否有影响？

1-6　简述智能建筑环境与建筑智能化技术的关系。

2 过程控制系统基本概念

本章主要介绍过程控制系统的发展概况、特点、基本构成及分类，阐述过程控制系统的动态、静态特性及其性能指标。通过学习本章，要求重点理解过程控制系统的组成及各部分的主要功能，静态、动态及过渡过程的概念，掌握评价过程控制系统品质的基本方法。

自动控制技术在工业、农业、国防和科学技术发展中起着十分重要的作用，其水平是衡量一个国家科技水平先进与否的重要标志之一。过程控制是自动控制技术的重要组成部分。随着现代科学技术的迅速发展，过程控制在生产过程自动化中得到了越来越广泛的应用。

2.1 过程控制系统的发展概况

过程控制（process control）通常是指石油、化工、电力、冶金、轻工、纺织、造纸、医药、建材、核能等工业生产中连续的或按照一定周期程序进行的生产过程的自动控制。

在现代工业控制中，过程控制技术是一历史较为久远的分支。而在过程控制的发展历程中，正是由于生产过程的需求、控制理论的深入研究和控制技术工具及手段的进展三者之间相互影响、相互促进，才推动了过程控制不断地向前发展。近几十年，工业过程控制取得了突飞猛进的发展，无论是在大规模结构复杂的工业生产过程中，还是在传统工业过程改造中，过程控制技术为实现各种最优技术经济指标、提高经济效益及劳动生产率、改善劳动条件、节约能源、提高产品质量及提高市场竞争能力等方面都起着越来越大的作用。

实际上，早在 20 世纪 30 年代过程控制系统就已有应用。过程控制技术发展到今天，在控制方式上经历了从人工控制到自动控制两个发展时期，即从早期的靠经验、凭直觉的实际控制系统设计阶段上升为科学的、有条理的、有定量理论指导的过程科学阶段。在自动控制时期内，过程控制系统又经历了分散控制、集中控制和集散控制三个发展阶段。纵观生产过程自动化的发展历史，大体上经历了三个阶段。

（一）仪表自动化阶段

20 世纪 40 年代前后，大多数生产过程均处于手工操作状态，只有少量的检测仪表用于生产过程，操作人员主要根据观测到的反映生产过程的关键参数，用人工来改变操作条件，凭经验去控制生产过程。过程控制系统的对象主要是温度、压力、流量、成分几个参数的定值控制，劳动生产率很低。

20 世纪 50 年代至 60 年代，气动单元组合仪表、电动单元组合仪表和巡回检测装置先后问世，实现了集中监视、集中操作和集中控制，部分生产过程实现了仪表化和局部自动化。这对提高设备效率和强化生产过程起到了有力的促进作用，同时也适应了工业生产设备日益大型化与连续化的客观需要。过程控制理论主要采用以频率法和根轨迹法为主体的经典控制理论，用来解决单输入、单输出的简单控制系统的分析与综合问题。

（二）计算机控制阶段

20 世纪 70 年代至 80 年代，随着微电子技术的发展，大规模集成电路制造成功且集成度越来越高，专门用于过程控制的小型计算机、微型计算机的出现及应用都为过程控制系统的发展创造了物质条件。由于计算机硬件的可靠性高、成本较低，其 CRT 显示可以显示生产过程的状况、供操作员对生产过程发出操作命令、显示操作控制的结果，提供了十分方便的操作监视环境；小型计算机与微型计算机的结构紧凑，既没有常规模拟仪表的数量多、体积巨大的缺点，也不会像大型计算机集中控制方式那样，局部故障就会导致系统的瘫痪，因而得到了广泛的应用。

在控制结构上，直接数字控制系统和监督计算机控制系统开始应用于过程控制领域。直接数字控制（Direct Digital Control，DDC）系统是用一台计算机配以 A/D、D/A 转换器等输入/输出设备，对被控参数进行检测，获取生产过程的信息；根据设定值，按照预定的控制算法进行运算，给出控制量；然后输出到执行机构，使被控参数稳定在给定值上，从而实现对生产过程的闭环控制。在 DDC 系统中，计算机的分时处理功能可以通过多路采样，直接对多个控制回路实现控制。在这类系统中，计算机参加闭环控制过程，可以在不改变硬件的情况下，通过改变软件程序来实现对多种较为复杂的控制规律的控制。

计算机集中监督控制（Supervisor Computer Control，SCC）系统是将操作指导和 DDC 结合起来的一种形式的控制系统。在 SCC 系统中，计算机根据反映生产过程状况的数据和数学模型进行必要的计算，计算出最佳设定值和最优控制量等直接传送给 DDC 系统的计算机，由 DDC 系统的计算机控制生产过程，实现分级控制。这种控制结构改进了 DDC 系统在实时控制时对采样周期长度的限制，可以完成较为复杂的计算，可实现实时最优化控制。

随着现代工业的迅速发展，生产规模不断扩大，过程参数不断增加，控制回路更加复杂，控制要求也越来越高。集中式计算机控制系统在将控制集中的同时，也将危险集中，降低了系统的可靠性和抗干扰能力。为了满足生产过程自动化的新要求，70 年代中期集散控制系统（Distributed Control System，DCS）问世了。DCS 是控制技术、计算机技术、通信技术、图形显示技术和网络技术相结合的产物，是利用计算机技术对生产过程进行集中监视、操作、管理和分散控制的一种全新的分布式计算机控制系统。DCS 由集中操作管理部分、分散过程控制部分和通信部分组成。其集中操作管理部分是操作管理人员与集散控制系统的界面，生产过程的各种参数集中在操作站上显示，操作管理人员通过操作站了解生产过程的运行状况，通过操作站还可以操纵生产过程、组态回路，以及调整回路参数、监测故障和存储过程数据等。分散过程控制部分是集散控制系统与生产过程的界面，生产过程的各种过程变量及状态信息通过分散过程监控装置转换为操作监视的数据，而操作的各种信息通过分散过程监控装置送至执行机构中。通信部分连接集散控制系统的各个分布部分，完成数据、指令及其他信息的传递。通信电缆一般采用双绞线、同轴电缆或者光纤，以 1、5Mbit/s 或更高的速率传输各种数据，传输距离大多为几千米。

与常规模拟仪表及集中型计算机控制系统相比，DCS 具有以下几个显著的特点：①系统构成灵活。从总体上看，DCS 就是由各个工作站通过网络通信系统组网而成的。②操作管理便捷。DCS 的人机反馈都是通过 CRT 和键盘、鼠标等实现的。③控制功能丰富。原来用模拟控制回路实现的复杂运算，通过高精度的微处理器来实现。④信息资源共享。可以把工作站想象成因特网上的各个网站，只要在 DCS 系统中，并且权限够大，就能了解到所要的任何参数。⑤安装、调试方便。⑥安全可靠性高。

由于集散控制系统采用的是分级递阶控制结构，能够实现优化的最佳管理，它一问世就受到了工业控制界的青睐，实现了过程控制最优化和生产调度与经营管理自动化的成功结合，使生产过程自动化的发展达到了一个新水平，使生产过程由原来的分散的机组或车间控制，向全车间、全厂和整个企业的综合自动化方向发展。

（三）综合自动化阶段

20 世纪 90 年代以来，信息技术飞速发展，管控一体化、综合自动化成为生产过程控制的发展方向。所谓综合自动化，即在自动化技术、信息技术、现代电子技术、计算机控制和各种生产加工技术的基础上，从生产过程的全局出发，通过生产活动所需的各种信息的集成，把控制、优化、调度、管理、经营、决策融为一体，形成一个能够适应各种生产环境和市场需求、多变性的、总体最优的高质量、高效益、高柔性的生产管理系统。

随着测量仪表数字化、通信系统网络化和集散控制的日趋成熟，现场总线（fieldbus）技术，以及基于现场总线技术的网络化分布式控制系统逐步推广、使用，使过程控制系统的开放性、兼容性和现场仪表与装置的智能化水平发生了质的飞跃。

现场总线是 20 世纪 80 年代末 90 年代初发展形成的，用于过程自动化、制造自动化、楼宇自动化等领域的现场智能设备互连通信网络。现场总线控制系统（Fieldbus Control System，FCS）是一种以现场总线为技术的分布式网络自动化系统。它作为一种现场通信网络系统，具有开放式数字通信功能，可与各种通信网络互连。它作为一种现场自动化系统，把安装于生产现场的具有信号输入、输出、运算、控制和通信功能的各种现场仪表或现场设备作为现场总线的节点，并直接在现场总线上构成分散的控制回路。现场总线采用公开的、标准的网络协议，易于与其他网络集成，便于共享信息，为综合自动化奠定了坚实的基础。它的出现，引起了过程控制系统体系结构和功能结构的重大变革。现场仪表的数字化和智能化，形成了真正意义上的全数字过程控制系统。

综合自动化系统是集常规控制、先进控制、在线优化、生产调度、企业管理、经营决策等功能于一体的控制系统。由于这种系统是靠计算机及其网络来实现的，因此也称为计算机集成过程系统（Computer Integrated Process System，CIPS）。GIPS 是在计算机、通信网络和分布式数据库的支持下，实现信息与功能的集成、综合管理与决策，最终形成一个能适应生产环境不确定性和市场需求多变性的全局最优的高质量、高柔性、高效益的智能生产系统。

综上可见，以计算机为主的控制系统经历了直接数字控制、集散控制、现场总线控制和计算机集成过程系统四个发展阶段，CIPS 是当前发展的趋势和热点，代表了当代自动化的潮流。

2.2　过程控制系统的特点

过程控制系统的主要任务是对生产过程中的有关参数进行控制，使其保持恒定或者按照一定的规律变化，在保证产品质量及生产安全的前提下，使生产过程自动地进行下去。从控制的角度上看，可以把工业过程分为连续型、离散型和混合型三种类型。连续型生产过程的基本特征是过程参数的变化不仅受过程内部环境和条件的影响，也会受到外界因素的影响，而且在很多情况下影响生产的参数大多不止一个，其作用也各不相同，这些都造成了过程控制系统的复杂性和多样性。因此，过程控制系统与其他自动控制系统相比，除了具有一般自动化技术所具有的共性之外，还具有六大特点。

（一）生产过程具有连续性

在过程控制系统中，大多数被控过程都是在密闭的设备中以长期的或间歇形式连续运行，因此被控变量会不断地受到各种扰动的影响，过程控制的目的则是自动克服这些扰动，满足生产工艺的要求。

（二）过程控制系统由过程检测、控制仪表组成

过程控制系统是通过采用各种过程检测、控制仪表和计算机等自动化工具，对整个生产过程进行自动检测、自动监督和控制的系统。传统的过程控制系统通常被看成是由被控过程和过程检测控制仪表两部分组成。如图2-1 所示，一个完整的过程控制系统一般由调节器、执行器、被控对象和测量变送器四个环节组成，其中的调节器、执行器和测量变送器都属于过程检测控制仪表。

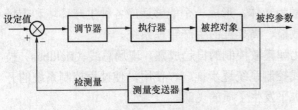

图 2-1　过程控制系统框图

（三）被控过程的复杂性和多样性

随着人们物质生活水平的提高以及市场竞争的日益激烈，产品的质量和功能也向更高的档次发展，制造产品的工艺过程变得越来越复杂，过程控制所涉及的范围也越来越广泛，如石化生产过程的精馏塔、反应器，热工过程的换热器、锅炉，冶金过程中的平炉、转炉等，其被控对象不同、规模大小不一、生产工艺各异、产品千差万别，使得过程控制系统在复杂性和多样性上要明显高于其他控制系统。如有的生产过程进行得很缓慢，而有的则进行得十分迅速。由于机理不同，不同生产过程的控制参数也不同。若参数相同，但系统由于产品质量的不同要求，控制的品质也会有很大的差别。另一方面，任何生产过程的被控参数都不止一个，不同参数的变化规律各不相同，参数之间的关系、对生产过程的影响也不一样。但各种过程控制系统的共性是动态特性多为大惯性、大滞后特点，且具有非线性、分布参数和时变特性。

（四）过程控制方案十分丰富

被控过程对象特性各异、工艺条件及要求不同，针对这些不同设计的过程控制系统的控制方案也各异，因此决定了系统的控制方案非常丰富。既有单变量控制系统，也有多变量控制系统；有常规仪表过程控制系统，也有计算机集散控制系统；有典型的通用控制系统，也有为满足特定要求而开发的控制系统；有常规 PID 控制、串级控制、前馈—反馈控制，也有新型的模糊控制、预测控制、最优控制等。为了满足生产过程中越来越高的要求，未来的控制方案会越来越丰富。限于篇幅，本书主要介绍前馈控制、串级控制、大滞后补偿控制、多变量解耦控制，以及几种先进控制系统，即预测控制、模糊控制和神经网络控制。

（五）过程控制多属慢过程参数控制

在过程控制系统中，通常用温度、流量、压力、转速、液位、浓度等物理量来表征生产过程的正常与否。由于被控过程大多具有大惯性、大滞后等特点，使得多半过程控制具有慢过程控制、参数控制的特点。

（六）定值控制是过程控制的一种主要控制形式

在大多数现代工业生产过程中，过程控制的主要目的是减小或消除外界扰动对被控参数的影响，使被控参数维持在设定值或其附近，从而使工业生产能实现稳定、高产、优质的目标。因此，定值控制是过程控制的一种主要控制形式。

2.3 过程控制系统的基本构成

过程控制系统通常是指工业生产过程中自动控制系统的被控量是温度、流量、压力、液位、成分等一些过程变量的系统。虽然这些工业生产的过程控制千差万别，但其主要内容都包含自动检测、自动信号、继电保护、自动操纵、自动启停及自动控制几个部分。

下面以生产过程中最常见的锅炉控制为例说明过程控制系统的基本组成。锅炉是生产中几乎不可缺少的动力设备，用来生产蒸汽，应用十分广泛。对于锅炉而言，保持汽包内的水位在一定范围内是非常重要的。如果水位过低，锅炉有可能被烧干甚至导致爆炸；如果水位过高，会使蒸汽中的含水量过大，使蒸汽的质量降低，而且水还有可能溢出。因此，必须严格控制汽包内液位的高低，以保证锅炉的正常运行。

当蒸汽的蒸发量与锅炉的给水量保持平衡时，锅炉汽包的液位保持在设定值不变。当锅炉的给水量不变，如蒸汽负荷突然增加或减少时，液位就会下降或上升；当蒸汽负荷不变而给水量突然发生变化时，也会引起锅炉汽包的液位发生变化，也即实际的液位高度与应该维持的正常液位值之间出现了偏差。因此，必须随时观察汽包水位的变化，以调整给水量，使其随蒸汽排量的大小而增加，从而达到液位在规定的范围内变化的目的。

为了便于应用控制理论分析过程控制系统，根据系统的工作过程，分别画出手动控制过程和自动控制过程的方框图，如图 2-2（a）、（b）所示。分析图 2-2（a）的手动控制过程，人用眼睛观察水位计，判断与期望的液位是否相等，并作出决策，用手调节进水阀门的开度增大或减小，使液位维持在希望值上。采用仪表进行控制时，由水位计检测水位，经过液位变送器转换成标准信号送给控制器，与水位设定值进行比较、运算后发出控制命令，通过执行器改变进水阀门的开度，改变供水量的大小，以保持给水量与蒸汽负荷之间的平衡，如图 2-2（b）所示。

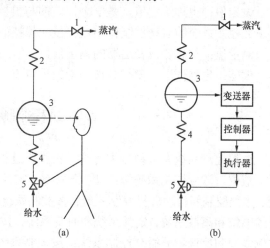

图 2-2　锅炉水位控制原理图

（a）手动控制过程；（b）自动控制过程

1—蒸汽阀门；2—过热器；3—汽包；4—省煤器；5—给水阀

由上可见，要实现对锅炉液位的自动控制，必须要有监测水位变化的测量及变送器、比较水位高低并进行控制运算的控制器、执行控制命令的执行器、改变锅炉给水量的给水阀门等，再加上其他一些必要的辅助装置，就构成了常规仪表过程控制系统。其组成方框图如图 2-3 所示。

结合上面锅炉液位自动控制的例子和其方框图介绍如下几个常用术语：

被控对象：也称被控过程，简称对象或过程，指被控制的生产设备或机器等。在锅炉液位控制的例子中，被控对象就是锅炉。

被控参数：也称过程变量。按照生产过程的要求，某些参数应该维持在预定的范围内，如对其进行控制，这些参数就称为被控参数。在锅炉液位控制的例子中，汽包液位就是被控参数。如果一个控制系统中只控制一个参数，则此控制系统称为单变量控制系统，控制两个及两个以上参数的称为多变量控制系统。

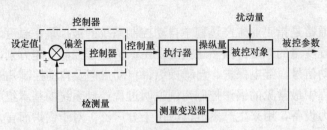

图 2-3　基本过程控制系统的方框图

操纵变量：指受控制器操纵，用来克服扰动的影响使被控量保持给定值的物料的进料量。在锅炉液位控制例子中，即指锅炉的给水量。

扰动：也称干扰。在生产过程中，凡是影响被控参数的各种作用都称为扰动。扰动有内扰和外扰之分。所谓内扰是指在控制通道内，控制阀没动作时，由于通道内某种因素变化而造成的扰动。在锅炉液位控制系统中，给水温度和压力的变化即属于内扰。所谓外扰是指内扰以外的其他一切干扰。在锅炉液位控制例子中，蒸汽量的变化即属于一种外扰。

设定值：也称给定值，是一个恒定的与被控参数相对应的信号值，通常是按照生产工艺要求经控制系统的自动控制作用被控量应保持的正常参数值。

测量值：传感器或变送器的输出值。

偏差：也称作用误差，是被控量的设定值与实际测量值之差。

2.4　过程控制系统的分类

过程控制系统有多种分类方法，按生产过程的工艺参数来分，有温度、流量、压力、转速、液位、浓度控制系统等；按控制系统的任务不同来分，有比值控制、均匀控制、前馈控制、分程控制和自动选择控制系统；按控制系统的性能来分，可分为线性系统和非线性系统、连续系统和离散系统、定常系统和时变系统；按调节器的控制规律来分，有比例、比例积分、比例微分和比例积分微分控制系统；按控制系统所处理的信号来分，有模拟控制系统和数字控制系统；按控制器类型来分，有常规过程控制系统和计算机过程控制系统；按被控制量的数量来分，有单变量控制系统和多变量控制系统；按控制系统组成回路来分，有单回路控制系统和多回路控制系统；按控制系统基本结构来分，有开环控制系统、闭环控制系统和复合控制系统等。

以上每一种分类方法都只是反映了过程控制系统某一方面的特点，人们可以从不同的角度出发采用不同的分类方法。但是，在实际生产中经常采用的分类方法主要有两种，即按系统的结构特点分类和按给定信号的特点来分类。

2.4.1　按系统的结构特点分类

（1）反馈控制系统。在过程控制系统中，反馈控制系统是一种最基本的控制系统结构。反馈控制系统依据被控参数与设定值之间的偏差进行工作，系统运行的最终目标是减小或消除偏差。图 2-3 所示的锅炉液位控制系统就是一个反馈控制系统。如果反馈信号不止一个，就构成了多个闭合回路，也称多回路控制系统。

（2）前馈控制系统。前馈控制系统是依据扰动量进行工作的，其理论基础是不变性原理。由于系统中无被控量的反馈，因此也称其为开环系统。图 2-4 是前馈控制系统原理图。

（3）前馈—反馈控制系统。前馈控制的主要优点是能及时迅速地克服主要扰动对被控参数的影响。反馈控制则可以有效地克服系统中的次要扰动，使控制系统按照给定量所设定的规律运行。因此，将前馈控制系统和反馈控制系统结合在一起，就构成了图 2-5 所示的前馈—反馈控制系统，也称复合控制系统。这种系统可以取得更好的控制效果。

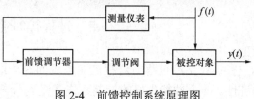

图 2-4　前馈控制系统原理图

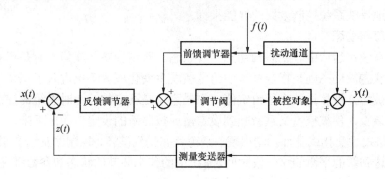

图 2-5　前馈—反馈控制系统原理图

2.4.2　按给定信号的特点分类

在分析控制系统的特性时，给定形式不同，会涉及不同的分析方法。按照控制系统给定值的不同情况来分类，可将自动控制系统分成三类。

（1）定值控制系统。定值控制系统的给定值是恒定不变的。生产过程中常常要求控制系统的被控参数保持在一个正常标准值上不变，这个正常标准值就是给定值。这种系统的输出量也是恒定不变的。

工业生产中大多数自动控制系统都属于定值控制系统，如常见的恒温、恒速、恒压自动控制系统等。在前述的锅炉液位控制系统中，系统的控制目标就是要使汽包液位保持在设定值附近一个小范围内波动，系统的设定值是不变的，因此是一个定值控制系统。在定值控制系统中，由于设定值是不变的，其变化量 Δx 为零，引起系统产生变化的是扰动信号，所以定值控制系统的输入信号是扰动信号。

（2）随动控制系统。有一类生产过程，输入信号是随时间变化的，其规律事先未知，要求输出量能够迅速、准确地跟随给定量的变化而变化，此类系统为随动控制系统。随动控制系统在火炮控制系统、雷达引导系统、加热炉燃料与空气的混合比控制系统等国防和工业生产的控制系统中得到了广泛的应用。

（3）程序控制系统。程序控制系统的给定量按照已知的规律变化，要求其输出量与给定量的变化规律相同，如数控机床的程序控制系统、造纸中制浆蒸煮的温度控制、程序控制电液伺服系统和周期性工作的加热设备控制系统等。程序控制系统的设定值按照预先设定的程序自动改变，系统按设定程序自动运行，直至全部程序运行完为止。程序控制系统可以是开环的，也可以是闭环的。

上述三种系统都可以是连续的或离散的、线性的或非线性的、单变量的或多变量的。本书将主要以定值控制系统为例，介绍控制系统的基本原理。

2.5 过程控制系统的性能指标与要求

工业生产过程对过程控制系统的要求最终可以归纳为三个方面，即安全性、稳定性和经济性。一个性能良好的控制系统在受到外部干扰或给定值发生变化后，应该能够平稳、快速、准确地恢复到给定值。控制系统各种各样，完成的任务和工作方式也有所不同，对系统的具体要求也各有差异。在设计自动控制系统时，需要对不同的控制方案进行比较，因此必须有各种能够准确地反映系统控制效果的性能指标。

2.5.1 稳态与动态

过程控制系统在运行中有稳态和动态两种状态。所谓稳态（或静态）是指被控量处于相对平衡稳定的状态。动态则是指当系统的给定值发生变化或者干扰进入了系统时，系统的平衡状态受到了破坏，被控量偏离了给定值。如果系统是稳定的，此时系统的控制器、调节阀等做出相应的调整，使被控量又重新回到设定值或按照新的设定值稳定下来，系统又恢复了平衡。从给定值发生变化或外部扰动出现、平衡状态受到破坏、控制器及调节阀等开始动作，到整个系统又达到新的平衡的这一段时间，系统中的各个环节的状态和参数都在不断地变化，这种状态称为动态或暂态。

显然，要评价一个过程控制系统的控制品质，除了对系统的稳态进行考察外，要重点分析和研究系统的动态性能。

2.5.2 控制系统的过渡过程

控制系统从原有的平衡状态，经过动态过程达到一个新的平衡状态的动态历程称为控制系统的过渡过程。

在过渡过程中，系统的各个环节和参数都处于变动之中，都随时间不断地变化，即所谓的动态，可见动态过程要远复杂于稳态。在实际生产过程中，被控过程会受到各种各样的扰动的影响，而控制系统的作用就是要使进入动态过程的生产过程尽快地恢复到稳态。因此，了解控制系统的动态性能指标对于指导实际生产过程、设计控制系统都是十分重要的。

在实际生产中，出现的干扰通常是随机性的，没有固定的形式。而在设计、分析控制系统时，为了方便起见，通常选择一些典型输入形式，如阶跃输入。所谓阶跃输入就是在某一时刻，系统的输入突然从一个数值跳跃到另一个数值，并保持这个幅值不变。对系统而言，阶跃扰动是一种剧烈的扰动，对系统被控参数的影响较大。但从另一个角度看，如果控制系统的被控参数对阶跃扰动有较好的动态响应特性，那么对于较缓的扰动也会有较为满意的效果。同时，比起其他形式，阶跃输入形式简单、易于实现，也便于分析、计算或进行实验。

下面以定值控制系统为例，介绍阶跃扰动情况下的过渡过程的几种常见的基本形式（见图2-6）。

（1）单调衰减过程，指系统受到扰动后，被控参数呈非周期振荡过程，响应曲线在设定值的一侧变化，最后稳定在某一数值上，如图2-6（a）所示。

（2）振荡衰减过程，指系统受到扰动后，被控参数呈非周期波动变化，变化幅度逐渐变小，最后稳定在某一数值上，如图2-6（b）所示。

（3）等幅振荡过程，指系统受到扰动后，被控参数既不衰减也不发散，呈周期等幅波动的形态，波动幅值保持不变，如图2-6（c）所示。

（4）振荡发散过程，指系统受到扰动后，被控参数呈非周期振荡过程，变化幅度越来越大，越来越偏离给定值，如图2-6（d）所示。

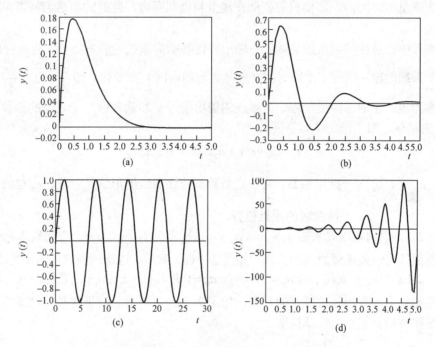

图 2-6　阶跃扰动下过渡过程的几种基本形式

（a）单调衰减；（b）振荡衰减；（c）等幅振荡；（d）发散振荡

从系统稳定性的角度看，上述过渡过程的四种形式可归纳为三类：

第一类为稳定系统的过渡过程，包括单调衰减和振荡衰减两种情况，如图2-6（a）、（b）所示。稳定系统过渡过程的主要特征是被控参数在偏离了设定值后，经过一段时间的调整，会重新回到原设定值上，重新进入稳态。实践证明，图2-6（b）所示的系统经过2~3个周期波动后就基本趋于稳定，这种过渡过程被认为是可以接受的；图2-6（a）所示的系统虽然没有周期性的波动，但需相当一段时间才能重新回到设定值附近，这种过渡过程被认为是不理想的，除非生产过程有特殊的要求时才采用此种方案。

第二类为不稳定系统的过渡过程，如图2-6（d）所示。不稳定系统过渡过程的主要特征是，被控参数在偏离了设定值后，其变化幅度越来越大，越来越偏离设定值，最后会超出限度而发生事故。

第三类为临界稳定系统的过渡过程，如图2-6（c）所示。临界稳定系统过渡过程的主要特征是，被控参数在偏离了设定值后，被控参数表现为等幅振荡，处于稳定与不稳定的边界。这种系统始终不能达到新的稳定工作状态，一般被视为不稳定系统。

2.5.3　过程控制系统的性能指标

过程控制系统各种各样，完成的任务和工作方式不同，对系统的要求也不一样。因此，要对系统的性能进行评价，就必须先规定出评价控制系统优劣的性能指标。

过程控制系统的性能指标分为静态特性指标和动态特性指标两类。下面分别对两个方面性能指标进行介绍。

一、静态特性

所谓静态测量是指在测量期间其值可认为是恒定量的测量。当被测量为缓慢变化量时，如果在一次测量的时间内，其幅值的变动在测量精度范围内，此时的测量也可当作静态测量来对待。

静态测量中，过程控制系统的输入—输出特性被称为系统的静态特性，也称标度特性。此时，由于系统的输入信号 x 不随时间（或基本不随时间）而变化，即 $\dfrac{\mathrm{d}x}{\mathrm{d}t}=0$ 或 $\dfrac{\mathrm{d}x}{\mathrm{d}t}\to 0$，因而属于稳态测量。在稳态测量过程中，系统的输出信号 y 和输入信号 x 之间的函数关系可用式（2-1）来描述，即

$$y = a_0 + a_1 x + a_2 x^2 + \cdots + a_n x^n \tag{2-1}$$

式中　a_0，a_1，$\cdots$，a_n——标定系数，它决定着静态特性曲线的形状及位置。a_0 对应于静态特

　　　　　　　　性曲线的零点位置。

当式（2-1）中的多项式系数 $a_0 = a_2 = a_3 = \cdots = a_n = 0$ 时，$y = a_1 x$，表明输入和输出之间的静态特性曲线为一条通过原点的直线，如图 2-7（a）所示。这是一种理想的线性检测状态。

当式（2-1）中的多项式系数 $a_2 = a_3 = \cdots = a_n = 0$ 时，$y = a_0 + a_1 x$，表明输入和输出之间的静态特性曲线为一条不经过原点的直线，如图 2-7（b）所示。对于这样一种线性输出，在实际应用时往往需要零点补偿或校准。

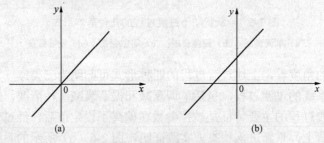

图 2-7　线性输出系统的静态特性

二、静态性能指标

（一）测量范围和量程

过程控制系统所能测量到的最小输入量 $x_{\min}$ 与最大输入量 $x_{\max}$ 之间的范围称为系统的测量范围。系统测量范围的上限值 $x_{\max}$ 与下限值 $x_{\min}$ 的代数差称为量程，可表示为 $L = |x_{\max} - x_{\min}|$。

（二）灵敏度

灵敏度 K 是指在静态测量条件下，过程控制系统的输出量的增量与输入量增量的比取极限值，可用式（2-2）表示，即

$$K = \lim_{\Delta x \to 0}\left(\frac{\Delta y}{\Delta x}\right) = \frac{\mathrm{d}y}{\mathrm{d}x} \tag{2-2}$$

其中，灵敏度的量纲为输出增量的量纲与输入增量的量纲之比。对于输出增量和输入增

量具有相同量纲的过程控制系统，灵敏度的概念常用"增益"或"放大倍数"来代替。

对于线性系统而言，其灵敏度为一常数，由于该系统的静态特性曲线为一条直线，灵敏度就是该直线的斜率，斜率越大，灵敏度越高，如图 2-8（a）所示。对于非线性系统，输入量 x 的灵敏度是变化的，其值为灵敏度曲线上该点切线的斜率，如图 2-8（b）所示。

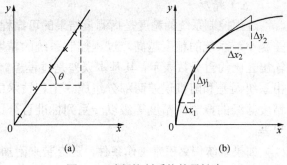

图 2-8　过程控制系统的灵敏度

（三）线性度

对于过程控制系统，输出与输入间呈线性关系是一种理想的线性检测状态。但实际上，由于种种原因，系统的输入量与输出量之间并不完全是线性关系，因此，提出了线性度的概念。线性度是指系统输出量与输入量之间的实际关系曲线偏离拟合直线的程度。其计算方法是，用过程控制系统实际测得的输入—输出特性曲线与其拟合直线间的最大偏差 $\Delta L_{\max}$ 与满量程输出 y_{FS} 比值的百分数来表示，即

$$e_L = \pm \left(\frac{\Delta L_{\max}}{y_{\mathrm{FS}}} \right) \times 100\% \tag{2-3}$$

式中　e_L——线性度。

当计算线性度时，由于线性度是以选定的拟合直线为基准，因此，线性度的确定与拟合的方法有关。求拟合直线的方法有很多种，这里仅介绍两种最常用的方法，即端点法和最小二乘法。

（1）端点法。端点法是通过连接实测的特性曲线两个端点得到一条直线，该直线被称为端基直线，以端基直线为基准确定的线性度称为端基线性度，如图 2-9（a）所示。

（2）最小二乘法。最小二乘法首先需要确定最小二乘直线，就是使实测曲线数据点到该直线距离的平方和最小。以最小二乘直线为基准所确定的线性度称为最小二乘线性度，如图 2-9（b）所示。

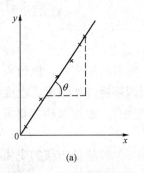 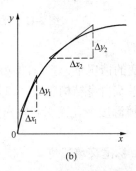

图 2-9　线性度的计算

（四）分辨力、分辨率和阈值

过程控制系统能检测到输入量最小变化量的能力称为分辨力。例如，对于某些过程控制系统，如电位器式传感器系统，当输入量连续变化时，输出量只做阶梯变化，则分辨力就是输出量的每个"阶梯"所代表的输入量的大小。对于数字式仪表，分辨力就是仪表指示值的最后一位数字所代表的值。当被测量的变化量小于分辨力时，数字式仪表的最后一位数不变，仍指示原值。当分辨力以满量程输出的百分数表示时则称为分辨率。

阈值是指能使过程控制系统的输出端产生可测变化量的最小被测输入量值，即零点附近的分辨力。有的过程控制系统在零位附近有严重的非线性，形成所谓"死区"，则将死区的大

小作为阈值。更多情况下，阈值主要取决于过程控制系统噪声的大小，因而有的系统只给出噪声电平。

（五）精度

过程控制系统的精度是指测量结果的可靠程度，是测量中各类误差的综合反映，测量误差越小，系统的精度越高。过程控制系统的精度用其量程范围内的最大基本误差与满量程输出之比的百分数表示，其基本误差是过程控制系统在正常工作条件下所具有的测量误差，由系统误差和随机误差两部分组成。工程技术中为简化控制系统精度的表示方法，引用了精度等级的概念。精度等级以一系列标准百分比数值分档表示，代表系统测量的最大允许误差。

如果系统偏离正常工作条件，还会带来附加误差，温度附加误差是最主要的附加误差。

（六）迟滞和死区

由于一些检测仪表内部含有储能元件，如弹簧、磁铁等，导致了过程控制系统在输入量由小到大（正行程）及输入量由大到小（反行程）变化期间其输入输出特性曲线不重合。也就是说，对于同一大小的输入信号，系统的正反行程输出信号大小不相等，这个差值称为迟滞或迟滞误差。存在迟滞现象的控制系统的特性曲线如图2-10所示。

过程控制系统内部的某些元器件具有死区效应，如机械传动中的摩擦及间隙等，使得系统测得的实际上升曲线和实际下降曲线出现不重合的现象。死区效应使得过程控制系统对小于一定范围的输入信号无反应，也就是在这一范围内的输入量不足以引起输出量产生任何变化，这一范围称为死区。如果系统的输入输出特性曲线呈线性关系，其特性曲线如图2-11所示。

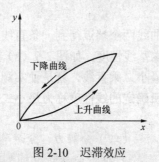 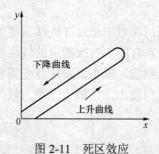

图2-10　迟滞效应　　　　　　　　图2-11　死区效应

（七）漂移

过程控制系统的漂移是指在输入量不变的情况下，系统的输出量随着时间变化，此现象称为漂移。产生漂移的原因有两个，一是系统自身结构参数；二是周围环境（如温度、湿度等）。最常见的漂移是温度漂移，即周围环境温度变化而引起输出量的变化，温度漂移主要表现为温度零点漂移和温度灵敏度漂移。

温度漂移通常用系统工作环境温度偏离标准环境温度（一般为20℃）时的输出值的变化量与温度变化量之比来表示。

（八）稳定性

稳定性表示过程控制系统在一个较长的时间内保持其性能参数的能力。理想的情况是不论什么时候，控制系统的特性参数都不随时间变化。但实际上，随着时间的推移，大多数控制系统的特性会发生改变。这是因为敏感元件或构成传感器的部件，其特性会随时间发生变化，从而影响了系统中传感器的稳定性。

稳定性一般以室温条件下经过一个规定时间间隔后，控制系统的输出与起始标定时的输出之间的差异来表示，称为稳定性误差。稳定性误差可用相对误差表示，也可用绝对误差来表示。

三、动态特性及性能指标

如果被测量随时间变化而变化，且过程控制系统能够及时准确地跟随被测量的变化，则称这种测量为动态测量。控制系统在动态测量时所对应的输入－输出特性称为系统的动态特性。动态特性是控制系统对变化着的输入量的响应特性，它不是某个定值，而是一个时间的函数。

人们对控制系统动态特性的研究主要有理论方法和实验方法两类。理论方法是指根据系统的数学模型，通过求解微分方程来研究输出量与输入量之间的关系。该方法的缺点是，实际应用中对象的数学模型往往难以建立，因此该方法仅仅局限于某些线性系统。在实际工作中，通常采用实验方法进行控制系统的动态特性分析，根据系统对某些典型信号的响应来评价它的动态特性。其中，最常用的典型信号是阶跃信号。

对于一个稳定系统，其动态特性是指系统的被控量在输入信号或扰动作用下，由原来的平衡状态调整到新的平衡状态的过程的品质衡量。动态性能指标有单项性能指标和偏差积分性能指标两类。单项性能指标即是将控制系统被控参数的单项特征量作为性能指标，主要用来评价衰减振荡过程的性能；偏差性能指标是一种综合性指标，能够全面地反映控制系统的品质。

（一）动态性能

在实际应用中，通常将过程控制系统的输入与输出关系用常系数线性微分方程来描述。其数学模型的一般表达式为

$$a_n\frac{\mathrm{d}^n y}{\mathrm{d}t^n}+a_{n-1}\frac{\mathrm{d}^{n-1} y}{\mathrm{d}t^{n-1}}+\cdots+a_1\frac{\mathrm{d}y}{\mathrm{d}t}+a_0 y=b_m\frac{\mathrm{d}^m x}{\mathrm{d}t^m}+b_{m-1}\frac{\mathrm{d}^{m-1} x}{\mathrm{d}t^{m-1}}+\cdots+b_1\frac{\mathrm{d}x}{\mathrm{d}t}+b_0 x \tag{2-4}$$

式中：x 为系统的输入量；y 为系统的输出量；t 为时间；系数 a_0，a_1，$\cdots$，a_n 及 b_0，b_1，$\cdots$，b_m 为仅由系统本身特性所决定的常数。

在分析系统的动态特性时，经常把一些典型信号作为输入信号，例如阶跃信号、正弦信号等。主要是因为这些信号较为常见，且系统对这些输入信号的响应特性比较容易用实验的方法求得。

阶跃信号可以用式（2-5）表示，即

$$x(t)=\begin{cases}0, & t<0 \\ A, & t>0\end{cases} \tag{2-5}$$

式中　A——一个不随时间变化的常数。

由于在实际应用中大部分过程控制系统都是零阶系统、一阶系统、二阶系统或它们的组合，故这里只介绍零阶、一阶和二阶系统的动态特性，即阶跃响应特性。

（1）零阶系统。零阶系统的输入输出方程为 $a_0 y=b_0 x$，即

$$y=K_0 x \tag{2-6}$$

$$K_0=b_0/a_0$$

式中　K_0——系统的静态灵敏度。

通过式（2-6）可以看出，零阶系统是一个与时间无关的系统，它的输出量幅值与输入量幅值呈一定的比例关系，这样的系统也被称为比例系统。在实际应用中，常把变化缓慢、频率不高的系统当做零阶系统来处理。

零阶系统的阶跃响应为

$$y(t) = K_0 A, \ t > 0 \tag{2-7}$$

可见，零阶系统的阶跃响应也是阶跃信号，是一个幅值为输入量 K_0 倍的阶跃信号。

（2）一阶系统。一阶系统在实际应用中较为常见，主要有弹簧－阻尼、质量－阻尼系统，RC、RL 电路，液体温度计等。

一阶系统可用微分方程表示为

$$a_1 \frac{\mathrm{d}y}{\mathrm{d}t} + a_0 y = b_0 x \tag{2-8}$$

式（2-8）的通用形式为

$$\tau \frac{\mathrm{d}y}{\mathrm{d}t} + y = K_0 x \tag{2-9}$$

式中　τ——时间常数，是表征系统惯性的一个重要参数，$\tau = a_1 / a_0$。

一阶系统的阶跃响应为

$$y(t) = K_0 A \left(1 - \mathrm{e}^{-\frac{t}{\tau}} \right), \ t > 0 \tag{2-10}$$

如果令 $t \to +\infty$，则由式（2-10）可得系统在阶跃输入下的稳态输出为

$$y(t) \overset{t \to +\infty}{=} y(+\infty) = K_0 A \tag{2-11}$$

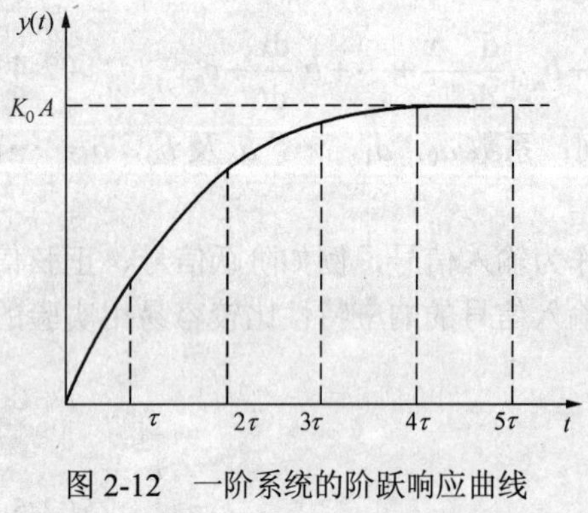

一阶系统在阶跃输入下的响应曲线如图 2-12 所示。

对比零阶系统和一阶系统的输出特性可以看出，一阶系统的输出只有在相当长的时间后才能达到稳定值 $K_0 A$，这是由于一阶系统存在惯性环节而导致输出量滞后于输入量的结果。

（3）二阶系统。二阶系统写成微分方程的形式为

$$a^2 \frac{\mathrm{d}^2 y}{\mathrm{d}t^2} + a_1 \frac{\mathrm{d}y}{\mathrm{d}t} + a_0 y = b_0 x \tag{2-12}$$

图 2-12　一阶系统的阶跃响应曲线

其通用形式为

$$\frac{1}{\omega_0^2} \frac{\mathrm{d}^2 y}{\mathrm{d}t^2} + \frac{2\xi}{\omega_0} \frac{\mathrm{d}y}{\mathrm{d}t} + a_0 y = b_0 x \tag{2-13}$$

$$\omega_0 = \sqrt{\frac{a_0}{a_2}}$$

$$\xi = \frac{a_1}{2\sqrt{a_0 a_2}}$$

式中　ω_0——系统固有的角频率；

ξ——系统的阻尼比系数。

二阶系统的阶跃响应与被测系统的阻尼比系数有关。可以分以下四种情况进行讨论：

1）当被测系统无阻尼，即 $\xi = 0$ 时，系统的阶跃响应为

$$y(t) = K_0 A[1 - \cos(\omega_0 t)] \tag{2-14}$$

由式（2-14）可见，系统的输出量 $y(t)$ 围绕着 $K_0 A$ 做等幅振荡，振荡的频率就是系统的固有频率 ω_0。

2）当被测系统的阻尼比 $0 < \xi < 1$，即欠阻尼时，系统的阶跃响应为

$$y(t) = K_0 A \left[1 - \frac{\mathrm{e}^{-\xi \omega_0 t}}{\sqrt{1 - \xi^2}} \sin(\omega_0 t + \phi) \right] \tag{2-15}$$

上式中，$\phi = \arccos \xi = \arcsin \sqrt{1 - \xi^2}$。由式（2-15）可见，当被测系统在欠阻尼的情况下，有阶跃信号输入时，系统的输出信号为衰减振荡，ξ 越大，衰减越快。

3）当被测系统的阻尼比 $\xi > 1$ 时，即过阻尼时，系统的阶跃响应为

$$y(t) = K_0 A \left[1 - \frac{\xi + \sqrt{\xi^2 - 1}}{2\sqrt{\xi^2 - 1}} \mathrm{e}^{(-\xi + \sqrt{\xi^2 - 1})\omega_0 t} + \frac{\xi - \sqrt{\xi^2 - 1}}{2\sqrt{\xi^2 - 1}} \mathrm{e}^{(-\xi - \sqrt{\xi^2 - 1})\omega_0 t} \right] \tag{2-16}$$

从上式可以看出，当系统在过阻尼条件下，系统的输出没有振荡，属于非周期过渡过程。

4）当阻尼比 $\xi = 1$，即系统处于临界振荡时，系统的阶跃响应为

$$y(t) = K_0 A[1 - (1 + \omega_0 t)\mathrm{e}^{-\omega_0 t}] \tag{2-17}$$

上式表明，在临界阻尼情况下，系统没有振荡，输出量 $y(t)$ 按指数规律逼近稳态值。

二阶系统在不同的阻尼比系数条件下的归一化阶跃响应曲线如图 2-13 所示。

（二）系统阶跃响应的单项性能指标

在工业过程控制中通常采用时域单项性能指标来定义系统的性能指标，并将阶跃扰动作用下的过渡过程作为基准。

主要的时域单项性能指标有衰减比 n、超调量 σ 与最大动态偏差 y_1、静差 C、调节时间 T_1、振荡频率 β、上升时间和峰值时间 T_2 等。

（1）衰减比。衰减比表示振荡过程衰减的程度，是衡量过渡过程稳定程度的动态指标。衰减比等于响应曲线中前后两个相邻的波峰值之比，如图 2-14 所示，即

$$n = \frac{y_1}{y_2} \tag{2-18}$$

衰减比习惯上用 $n:1$ 表示。在实际生产中，一般希望自动控制系统的衰减比为 4:1，这样大约振荡 2 个周期之后就可以认为是稳定下来了。

（2）最大动态偏差与超调量。最大动态偏差是指在扰动发生以后，被控量偏离稳态值或设定值的最大偏差值，也称为最大过调量或过控量，即图 2-14 中的第一个波峰 y_1。

超调量表示最大动态偏差偏离设定值的程度。超调量是第一个波峰值与最终稳态值之比，一般以百分数的形式给出，即

$$\sigma = \frac{y_1}{y(\infty)} \times 100\% \tag{2-19}$$

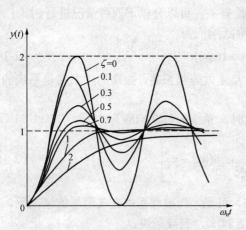

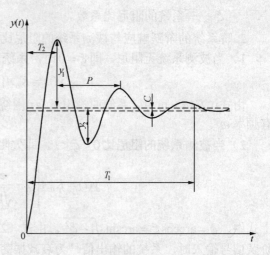

图 2-13　二阶系统的阶跃响应曲线　　　　　图 2-14　过程控制的质量指标

最大偏差值表示工艺状态偏离给定值的状态。因此，在生产中必须根据工艺条件对其进行严格的限制，并且不允许超过这个限制，否则就会发生事故。

（3）静差。静差是指过渡过程终了时被控参数新的稳态值与给定值之差（如图 2-14 中的 C 所示），是控制系统的一个静态指标。在生产中，工艺上对静差有一定的要求，超过规定值是不允许的。对于一个自动控制系统而言，静差越小越好，最好为零。但在实际生产中，不同的情况有不同的要求。有时允许有一定的静差，如居民生活水箱的液位控制，由于要求不高，液位只要控制在一定的范围内即可；但是对一些温度控制系统，如科学研究用的电加热系统，对控制质量的要求往往较高，这时要求控制系统能消除静差。

（4）调节时间和振荡频率。调节时间是指从过渡过程开始到结束所需的时间（如图 2-14 中的 T_1 所示）。一般认为当被控变量进入新的稳态值附近 ±5% 或 ±2% 之后并一直在此范围内波动，就认为过渡过程已经结束，此时所需的时间称为调节时间。调节时间是反映控制系统快速性的指标，一般要求调节时间越短越好。

（5）振荡频率。过渡过程中相邻的两个同向波峰之间的时间间隔称为振荡周期 P（如图 2-14 所示），振荡频率 β 是振荡周期的倒数，即

$$\beta = \frac{2\pi}{P} \tag{2-20}$$

（6）上升时间和峰值时间。从过渡过程开始到被控变量达到第一个波峰的时间称为上升时间（如图 2-14 中的 T_2 所示）。从过渡过程开始至被控变量达到最大值的时间称为峰值时间。上升时间和峰值时间都是反映控制系统快速性的指标。

（7）振荡次数。在调节时间内，阶跃响应曲线穿越稳态值 $y(\infty)$ 次数的一半称为振荡次数 N。

上述性能指标之间的关系是相互制约、相互联系的。对于不同的控制系统，这些性能指标的侧重点也有所不同，要同时满足这些性能指标是不容易的。在实际生产中，要根据生产工艺的具体要求，综合分析、分清主次，优先满足系统的主要性能指标。

（三）偏差积分性能指标

偏差积分性能指标也称为误差积分准则，它是从偏差的幅度和偏差存在的时间综合评价

系统的性能，是评价和设计控制系统的综合性能指标。偏差积分指标可以兼顾衰减比、超调量、调节时间等方面的因素，其值越小越好。常用的偏差积分性能指标有误差积分指标（IE）、平方误差积分指标（ISE）、时间乘误差的平方积分指标（$ITSE$）、误差绝对值积分指标（IAE）、时间乘误差的绝对值积分指标（$ITAE$）等，如果这些指标都能达到最小，其控制系统即为最优系统。

（1）误差积分指标（IE）。

$$IE = \int_0^\infty e(t)\mathrm{d}t \tag{2-21}$$

式中　$e(t)$——给定值与测量值之差，即 $e(t) = y(t) - y(\infty)$。

误差积分指标不能保证控制系统有合适的衰减率。

（2）平方误差积分指标（ISE）。

$$ISE = \int_0^\infty e^2(t)\mathrm{d}t \tag{2-22}$$

本项指标侧重于抑制控制过程中的大偏差。

（3）时间乘误差的平方积分指标（$ITSE$）。

$$ITSE = \int_0^\infty te^2(t)\mathrm{d}t \tag{2-23}$$

本项指标侧重于同时对控制过程中的大偏差和大偏差存在的时间进行抑制。

（4）误差绝对值积分指标（IAE）。

$$IAE = \int_0^\infty |e(t)|\mathrm{d}t \tag{2-24}$$

本项指标侧重于衡量响应曲线在零误差线两侧总面积的大小。

（5）时间乘误差的绝对值积分指标（$ITAE$）。

$$ITAE = \int_0^\infty t|e(t)|\mathrm{d}t \tag{2-25}$$

由上可见，采用不同的偏差积分公式，意味着对过渡过程性能的侧重点有所不同，因此可以根据控制系统的实际需要选用。此外，按照不同的性能指标进行设计，其控制器将会有不同的最佳参数值。

2.6　过程控制系统在智能建筑中的应用

在本书第 1 章中讲到，为了实现智能建筑的功能，主要将计算机技术、通信技术、自动控制技术、信息技术应用于建筑平台上，而作为自动控制的重要组成部分，过程控制系统以各种各样的形式在上述领域中发挥着极其重要的作用。

过程控制系统已在工业生产、科学技术和人民生活中得到了广泛的应用。近年来在建筑领域的应用也在不断地扩展，特别是在楼宇智能化中发挥着十分重要的作用。随着楼宇智能化技术的不断发展，其管理及监控手段也在不断地完善，直接数字控制、离散控制系统、现场总线系统、智能控制等新技术在该领域得到了越来越多的重视，并得到了广泛的应用，如目前广为应用的恒压供水系统、楼宇设备自动化系统、中央空调用户水循环控制系统，以及建筑中大量应用的以温度、压力、液位、流量等为被调参数而组成的控制系统。按照过程控制系统的定义，只要是在无人直接参与的情况下，利用自动装置使生产活动或环节以一定的准确度进行自动调节的过程都可以称其为过程控制，而在智能建筑中，这种过程随处可见、不胜枚举。随着计算机技术及建筑智能化技术的不断发展，过程控制系统在智能建筑中必定会发挥更大的影响和作用。

复习思考题与习题

2-1　简述过程控制系统的发展概况及各个阶段的主要特点。

2-2　过程控制系统有哪些主要特点？为什么说过程控制系统多属慢过程参数控制？

2-3　什么是过程控制系统？典型的过程控制系统由哪几部分组成？

2-4　简述过程控制系统的分类。

2-5　简述被控对象、被控参数、操纵变量、扰动、设定值、测量值和偏差的含义。

2-6　什么是被控对象的稳态特性？什么是被控对象的动态特性？为什么在分析过程控制系统的性能时更关注于其动态特性？

2-7　评价控制系统动态性能的单项指标主要有哪些？各自的定义是什么？

2-8　偏差积分性能指标与时域单项指标有什么不同？

3 建筑环境检测仪表

本章首先介绍了检测仪表的基础知识，然后依次介绍了温度类检测仪表、湿度类检测仪表、压力类检测仪表、流量类检测仪表、物位类检测仪表及热量类检测仪表。在介绍每一类检测仪表时，主要介绍仪表中所使用的传感器及其测量电路，阐明各类传感器的基本概念及具体检测方法。通过本章的学习，要求学生重点掌握各类检测仪表的工作原理，结构组成，使用方法、场合及注意事项。

在智能建筑环境检测与控制中，为了实现对建筑物用电设备的自动化控制，需要获取与建筑环境密切相关的各种数据信息，诸如温度、湿度、压力、流量等过程参数，这些参数是智能建筑控制系统在执行相应控制策略时用以进行比较、判断和控制的依据。用来将上述参数检测出来的技术工具称为检测仪表。一般情况下，检测仪表由传感器或敏感部件、测量电路及转换电路、显示器件三部分组成。传感器的作用是将被测参数转换成易于传输和控制的信号（例如电信号或气压信号）。输出为符合单元组合仪表中规定的标准信号（直流 4～20mA 或 0.02～10kPa）的传感器通常称为变送器。由于传感器大多都存在着一定的非线性，因此，经常需要在检测仪表或检测系统中加入测量电路及转换电路，对传感器的输出进行校正和处理。显示器件是指能把检测元件、变送器（或传感器）传送来的信号与标准单位进行比较以显示其数值的仪器。

本章内容主要对应于智能建筑环境检测与控制技术中的检测环节。考虑到本书主要针对建筑环境检测与控制，因此，这里只介绍在建筑环境检测中常用的检测仪表，如温度检测仪表、湿度检测仪表、压力检测仪表、流量检测仪表、液位检测仪表及热量检测仪表。

3.1 检测仪表的基础知识

3.1.1 检测仪表的分类

检测仪表的分类方法很多，通常可按下面几种方式进行分类。

（一）按被测参数的不同分类

按被测参数的不同分类，可分为温度测量仪表、压力测量仪表、流量测量仪表、物位测量仪表、机械量测量仪表（如转速表、加速度计等）及工业分析仪表（如 pH 计、溶解氧测定仪等）等。

（二）按检测原理或检测元件的不同分类

按检测原理或检测元件的不同分类，可分为电容式、电磁式、压电式、超声波式、红外辐射式、弹簧式、活塞式及靶式检测仪表等。

（三）按仪表输出信号的特点与形式分类

按仪表输出信号的特点与形式分类，可分为模拟式、数字式、开关报警式。模拟式检测仪表的输出信号是连续变化的模拟量，如各种指针式仪表及笔式记录仪表等。数字式检测仪表的输出信号是离散的数字量远传变送式。这类检测仪表常称为变送器，是一种单元组合式仪表。开关报警式检测仪表的输出信号是高低电平的开关量，如液位开关、行程开关等。

（四）按仪器本身的结构和功能特点分类

（1）按照仪器是否自带显示功能来分类，可分为将测量与显示集于一身的一体化仪表和单元组合仪表。前者将测量结果就地显示，后者将测量结果转换成标准信号，并传输至远程控制室集中显示。

（2）按照仪器是否带有微处理器来分类，可分为常规仪表和微机化仪表。目前微机化仪表的集成度越来越高，功能也越来越强大，有的仪表甚至具有一定的人工智能，也称智能化仪表。更为复杂、强大的仪表当属"虚拟仪器"。所谓"虚拟仪器"是指在普通微机化仪表基础上，添加一些软硬件，可充分利用最新的计算机技术来实现和扩展传统仪表的功能，也就是基本硬件确定后，通过改变软件的方法来适应不同的需求，实现不同的功能。这样做的好处是给使用者带来了极大的方便和自由度。用户可自行设计，通过改写软件来更新自己的仪表或检测系统，从而节省开发、维护费用，缩短了专用检测系统的研发周期。

3.1.2 测量误差分析及数据处理

一、测量误差的定义及分类

（一）测量误差的定义

被测变量的测量值与其真实值之间总是存在一定的误差。所谓真实值也称为真值，这只是严格意义上的理想值，是无法测量到的。在实际测量中，常常用"约定真值"的概念来代替真值，它与真值之差可以忽略不计。一个被测量的约定真值一般用适合该特定情况的精确度的仪表和方法来确定。一般情况下，当高一级标准器的误差与低一级标准器或者普通仪表的误差相比，如果为其 1/10～1/3 时，即可认为前者的示值是后者的约定真值。此外，在实际应用中，也可在无系统误差的情况下，以足够多次测量所获得的一系列测量结果的算术平均值作为约定真值。

误差根据表示方法的不同，一般分为绝对误差、相对误差和引用误差三种。

（1）绝对误差。被测量的测量值 x 与该被测量的真值 A_0 之间的代数差 Δ 称为绝对误差。可表示为

$$\Delta = x - A_0 \tag{3-1}$$

绝对误差反映了测量值与真值的偏离程度，它与真值具有相同的量纲。式（3-1）中的真值可用约定真值 X_0 代替，则式（3-1）可改写为

$$\Delta = x - X_0 \tag{3-2}$$

（2）相对误差。由于绝对误差不能反映不同大小被测量的测量精度，因而引入了相对误差的概念。相对误差的量纲为 1，通常以百分数来表示。相对误差有两种表示方法，即实际相对误差和公称相对误差。

实际相对误差是指绝对误差 Δ 与约定真值 X_0 之比，记为

$$\delta_A = \frac{\Delta}{X_0} \times 100\% \tag{3-3}$$

公称相对误差是指绝对误差 Δ 与仪表公称值（即仪表示值）X 之比，记为

$$\delta_x = \frac{\Delta}{X} \times 100\% \tag{3-4}$$

（3）引用误差。引用误差是指绝对误差与测量范围的上限值、量程或仪表标度盘满刻度

B 之比，记为

$$\delta_m = \frac{\Delta}{B} \times 100\% \tag{3-5}$$

式中　B——仪表的量程，等于仪表的测量范围上限值和下限值之差，若测量范围的下限值为零，则 B 为仪表测量范围的上限值（或标度盘满刻度值）。

（二）测量误差的分类

按照误差产生的性质和原因分类，测量误差可分为三类。

（1）系统误差。系统误差是指在相同条件下，多次测量同一被测量的过程中出现的误差。其绝对值和符号或者不变，或者在条件变化时按照某种规律变化。

系统误差的特征是误差出现的规律性和产生误差的可知性。因此，在测量过程中可分析各种系统误差的成因，设法消除其影响及估计出未能消除的系统误差值。

（2）随机误差。随机误差又称偶然误差，是指在相同条件下，多次测量同一个被测量的过程中出现的误差，它的绝对值和符号的变化是不可预知的。它是由许多微小的、独立的、偶然的因素引起的综合误差。

尽管单次测量的随机误差没有规律，且不能用实验的方法进行消除。但多次测量的随机误差在总体上服从统计规律，因此，可以用统计学的方法来研究这些误差的总体分布特性，估计其影响并对测量结果的可靠性做出判断。

（3）粗大误差。与测量结果明显不符的误差称为粗大误差，简称粗差。产生粗差的主要原因是测量方法不当或实验设备不合要求，或测量人员操作不当，计算错误等。

从本质上讲，粗差并不是一个单独的类别，它本身就包括了系统误差和随机误差（前提是这两种误差已经存在），只不过在一定测量条件下其值特别大而已。对其进行处理的方法也相对简单，把含有粗差的值称为坏值或异常值，并将其从测量数据组相应剔除即可。所以，在进行误差分析时，要估计的只有系统误差和随机误差两类。

在测量过程中，系统误差和随机误差往往同时发生，很难从测量结果中严格区分，而且，两者在一定条件下可相互转化，有时可把某些暂时没有掌握或分析起来过于复杂的系统误差当成随机误差来处理。对于按随机误差处理的系统误差，通常只能给出系统误差的可能取值范围，即系统的不确定度。此外，对于某些随机误差如能设法掌握其确定的规律，也可视为系统误差来进行修正。

前面提到的不确定度一词用来表征随机误差的可能范围，称为随机不确定度。当系统误差和随机误差同时存在时，用测量的不确定度来表征总的误差范围。

（三）准确度、精密度和精确度

（1）准确度。准确度表示测量结果中的系统误差大小程度。系统误差越小，测量的准确度越高，测量结果偏离真值的程度越小。

（2）精密度。精密度表示测量结果中的随机误差大小程度。检测系统的随机误差越小，其精密度越高，说明系统每次测量结果的可重复性越好。

（3）精确度。精确度综合地反映出测量的系统误差与随机性误差的大小，反映了被测量的测量结果与真值之间的一致程度。精确度是由准确度和精密度共同决定的，精确度高说明系统误差和随机误差都小。

准确度、精密度和精确度之间既有区别又相互联系。为了在使用中不致混淆，以图 3-1

的形式形象地说明三者之间的关系。图 3-1 中，圆心表示被测量的真值，×号代表了各次测量的结果。由图可见，测量结果的高精密度并不代表一定同时具有高准确度，只有消灭了系统误差，才可能获得正确的测量结果。

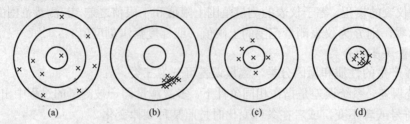

图 3-1　准确度、精密度和精确度之间的关系

（a）低准确度，低精密度；（b）低准确度，高精密度；（c）高准确度，低精密度；（d）高准确度，高精密度

二、测量误差的处理

系统误差的消除方法主要有以下几种：

（1）消除产生误差的根源。消除产生误差的根源即正确选择测量方法和测量仪器，尽量使测量仪表在规定的使用条件下工作，消除各种外界因素造成的影响。

（2）对测量结果进行修正。在测量之前，用上一级标准（或基准）对仪器仪表进行检定，取得受检仪器的修正值。在用受检仪器测量时，将修正值 C 加入测量值 x 中，即可消除系统误差，求出实际值，即

$$x_0 = x + C \tag{3-6}$$

C 是指与测量误差的绝对值相等而符号相反的值。例如，用标准温度计检定某温度传感器时，在 20℃的测温点处，温度传感器的显示值为 20.3℃，则测温误差为

$$\Delta x = x - x_0 = 20.3 - 20 = 0.3℃ \tag{3-7}$$

于是，修正值为 $C = -\Delta x = -0.3℃$。将测量值 x 与修正值相加即可求出该温度点的实际温度，即

$$x_0 = x + C = 20.3 - 0.3 = 20℃$$

修正值并不一定以具体数据的方式给出，也可以是曲线、公式或图表的形式。在某些自动检测仪表中，已预先编制好相应的软件，可对测量结果中的某些系统误差进行自动修正。

·（3）采用特殊测量方法。在测量过程中，选择某些特殊的测量方法，可使系统误差（简称系差）抵消，不带入到测量结果中去。经常采用的有恒定系差消除法和变值系差消除法。

恒定系差消除法包括 5 种方法：①零值法。零值法（又称平衡法）是把被测量与作为计量单位的标准已知量进行比较，使其效应相互抵消，当两者的差值为零时，被测量就等于已知的标准量。②替代法。替代法（又称置换法）是先将被测量 x 接入测量装置使之处于一定状态，然后以已知量 A 代替 x，并通过改变 A 的值使测量装置恢复到 x 接入时的状态，于是 $x = A$。③交换法。交换法又称对照法。在测量过程中，将测量中的某些条件（如被测物的位置等）相互交换，使产生系差的原因对先后两次测量结果起反作用。将这两次测量结果加以适当的数学处理（通常取其算术平均值或几何平均值），即可消除系差或求出系差的数值。④补偿法。补偿法是替代法的一种特殊运用形式，在两次测量中，第一次令标准器的量值 N 与被测量 x 相加，在 $N+x$ 的作用下，测量仪器给出一个示值；然后去掉被测量 x，改变标准

器的量值为 N'，使仪器在 N' 的作用下给出与第一次同样的示值，则 $x = N' - N$。⑤微差法（虚零法）。微差法只要求标准量与被测量相近，而用指示仪表测量标准量与被测量的差值。这样，指示仪表的误差对测量的影响会大大减弱。

变值系差消除法包括两种方法：①等时距对称观测法。可以有效地消除随时间成比例变化的线性系统误差。②半周期偶数观测法。可以消除周期性的系统误差。

3.1.3 检测仪表的发展趋势

近年来，传感器正处于传统型向新型传感器转型的发展阶段。新型传感器的特点是微型化、数字化、智能化、多功能化、系统化、网络化，它不仅促进了传统产业的改造，而且可导致建立新型工业，是 21 世纪新的经济增长点。微型化是建立在微电子机械系统（MEMS）技术基础上的，目前已成功应用在硅器件上形成硅压力传感器。微电子机械加工技术，包括体微机械加工技术、表面微机械加工技术、LIGA 技术（X 光深层光刻、微电铸和微复制技术）、激光微加工技术和微型封装技术等。MEMS 的发展，把传感器的微型化、智能化、多功能化和可靠性水平提高到了新的高度。传感器的检测仪表在微电子技术基础上，内置微处理器，或把微传感器和微处理器及相关集成电路（运算放大器、A/D 或 D/A、存储器、网络通信接口电路）等封装在一起完成了数字化、智能化、网络化、系统化。网络化方面，目前主要是指采用多种现场总线和以太网（互联网），这要按各行业的特点，选择其中的一种或多种，近年内最流行的有 FF、Profibus、CAN、LonWorks、AS-Interbus、TCP/IP 无线传感网及物联网等。

除 MEMS 外，新型传感器的发展还有赖于新型敏感材料、敏感元件和纳米技术，如新一代光纤传感器、超导传感器、焦平面陈列红外探测器、生物传感器、纳米传感器、新型量子传感器、微型陀螺、网络化传感器、智能传感器、模糊传感器及多功能传感器等。

多传感器数据融合技术正在形成热点。它形成于 20 世纪 80 年代，不同于一般信号处理，也不同于单个或多个传感器的监测和测量，而是对基于多个传感器测量结果基础上的更高层次的综合决策过程。有鉴于传感器技术的微型化、智能化程度提高，在信息获取基础上，多种功能进一步集成以至于融合，这是必然的趋势。多传感器数据融合技术也促进了传感器技术的发展。多传感器数据融合的定义可概括为把分布在不同位置的多个同类或不同类传感器所提供的局部数据资源加以综合，采用计算机技术对其进行分析，消除多传感器信息之间可能存在的冗余和矛盾，加以互补，降低其不确定性，获得被测对象的一致性解释与描述，从而提高系统决策、规划、反应的快速性和正确性，使系统获得更充分的信息。其信息融合在不同信息层次上出现，包括数据层融合、特征层融合、决策层（证据层）融合。由于它比单一传感器信息有如下优点，即容错性、互补性、实时性、经济性，所以逐步得到推广应用，除应用于军事领域外，已适用于自动化技术、机器人、海洋监视、地震观测、建筑、空中交通管制、医学诊断、遥感技术等方面。

3.2 温度检测仪表

温度检测一直是智能建筑环境与控制的重要环节。例如，在中央空调的节能监控系统中，温度是系统所要获得的最重要的数据信息。目前，能用于测控系统中的温度检测仪表都是利用温度传感器进行由温度信号到电信号的转换，传感器的输出信号再通过测量电路及转换电路变成标准的电信号，供测控系统进行运算和显示。对于温度检测仪表，这里只介绍它所使用的传感器及其测量电路。

温度检测仪表的种类很多，按照它们所使用传感器的不同，这里只介绍基于热电偶型传感器和热电阻型传感器的温度检测仪表。此外，作为知识的补充，还将介绍 DS18B20 型数字温度传感器及红外测温等相关内容。

3.2.1　热电偶测温

热电偶是一种比较常见的测温传感器，它的测温范围一般为 $100 \sim 2000\,℃$，具有结构简单、使用方便、精度高、热惯性小等优点。

一、热电偶的测温原理

热电偶的测温原理主要是基于热电效应。热电效应是塞贝克（Seebeck）在 1823 年发现将两种不同材料的导体或半导体 A 和 B 连在一起组成一个闭合回路，一端的温度为 T_0，另一端的温度为 T，如果两个接触点的温度不同，假设 $T > T_0$，则在回路内将会产生热电动势 $E_{AB}(T, T_0)$，该电动势称为塞贝克电动势，而其极性则取决于 A 和 B 的材料，热电偶就是利用这个温差电动势来测量温度的。在测量技术中，把这样的由两种不同材料构成的热电交换元件称为热电偶，导体 A，B 称为热电极。两个接触点，接触温度为 T 的一端称为工作端，接触温度为 T_0 的一端称为冷端或参考端。热电效应如图 3-2 所示。

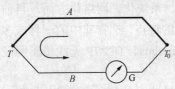
图 3-2　热电效应示意图

二、热电动势的产生

研究表明，热电动势是由帕尔贴（Peltier）效应和汤姆孙（Thomson）效应引起的。下面分别介绍这两种物理现象。

（1）帕尔贴效应。将两种不同材料的金属 A 和 B 相互接触，由于它们各自内部的自由电子密度不同，在 A 和 B 的接触处就会发生自由电子的扩散现象，如图 3-3 所示。如果 A 的自由电子密度比 B 大，自由电子从 A 向 B 扩散。金属 A 失去电子带正电，金属 B 得到电子带负电，这样就建立了阻止自由电子扩散的电场。随着这个电场的增强，使扩散达到了平衡。当扩散达到平衡时，在两接触点处产生的电动势称为帕尔贴电动势，又称接触电动势，其大小由两种金属的特性和接触点处的温度决定，可表示为

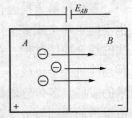
图 3-3　接触电动势

$$
\left.
\begin{aligned}
E_{AB}(T) &= \frac{kT}{q} \ln \frac{N_A}{N_B} \\[2mm]
E_{AB}(T_0) &= \frac{kT_0}{q} \ln \frac{N_A}{N_B}
\end{aligned}
\right\}
\tag{3-8}
$$

式中　$E_{AB}(T)$ ——A、B 两种金属在温度 T 时的接触电动势；

　　　$E_{AB}(T_0)$ ——A、B 两种金属在温度 T_0 时的接触电动势；

　　　k ——波尔兹曼常量，$k = 1.38 \times 10^{-23}$ J/K；

　　　q ——电子电荷量，等于 1.6×10^{-19} C；

　　　N_A、N_B ——两种金属的自由电子密度。

因此，在热电偶回路中，总的接触电动势为

$$E_{AB}(T) - E_{AB}(T_0) = \frac{k}{q}(T - T_0)\ln\frac{N_A}{N_B} \tag{3-9}$$

（2）汤姆孙效应。对于匀质的单一导体而言，若其两端的温度不同，则导体内的自由电子将会从温度高的一端向温度低的一端扩散，并在温度低的一端聚集起来，使导体内部建立起一个电场，如图 3-4 所示。当这个电场对自由电子的作用力与扩散力相平衡时，扩散作用即停止，这个内建电场所产生的电动势称为汤姆孙电动势，也称温差电动势。当匀质导体两端的温度分别为 T 和 T_0 时，该电场所产生的温差电动势为

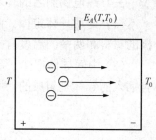

图 3-4 温差电动势

$$\left.\begin{array}{l} E_A(T,T_0) = \displaystyle\int_{T_0}^{T}\sigma_A \mathrm{d}T \\[2mm] E_B(T,T_0) = \displaystyle\int_{T_0}^{T}\sigma_B \mathrm{d}T \end{array}\right\} \tag{3-10}$$

式中 σ ——汤姆孙系数。

σ 表示温度差为 1℃时所产生的电动势值。σ 的大小与材料的性质及导体两端的平均温度有关，是金属本身所具有的热电能。例如，铜的热电能在 0～100℃温度范围内的平均值为 7.6μV/℃。一般规定，当电流方向与导体温度降低的方向一致时，σ 取正值。当电流方向与导体温度升高的方向一致时，σ 取负值。

热电偶回路总的温差电动势为

$$E_A(T,T_0) - E_B(T,T_0) = \int_{T_0}^{T}(\sigma_A - \sigma_B)\mathrm{d}T \tag{3-11}$$

综上所述，在热电极 A、B 组成的热电偶回路中，当接触点温度 $T > T_0$ 时，其总热电动势（如图 3-5 所示）为

热电偶回路的总热电动势=总接触电动势－总温差电动势

即

$$\begin{aligned} E_{AB}(T,T_0) &= [E_{AB}(T) - E_{AB}(T_0)] - [E_A(T,T_0) - E_A(T,T_0)] \\ &= \frac{k}{q}(T - T_0)\ln\frac{N_A}{N_B} - \int_{T_0}^{T}(\sigma_A - \sigma_B)\mathrm{d}T \\ &= F(T) - F(T_0) \end{aligned} \tag{3-12}$$

式（3-12）表明，如果构成热电偶的两个热电极 A 和 B 所用材质相同，即 $N_A = N_B$，$\sigma_A = \sigma_B$，两接触点的温度不同时，热电偶回路的总热电动势为零。热电动势 $E_{AB}(T,T_0)$ 为两接触点温度 T 和 T_0 的函数，即

$$E_{AB}(T,T_0) = F(T) - F(T_0) \tag{3-13}$$

如果 T_0 为常数，则热电动势 $E_{AB}(T,T_0)$ 为温度 T 的函数，即

$$E_{AB}(T,T_0) = F(T) - C = \varPhi(T) \tag{3-14}$$

热电动势和温度 T 之间是单值对应关系。如果热电偶已经确定，T_0 为给定常数热电偶的热电动势可通过实验测定，利用式（3-13）即可确定被测温度 T。

如果 $T_0 = 0$ ℃，由小到大地逐点给定测量点的温度值 T 端，并计算出每一给定 T 值下的热电势，可制作出标准的分度表，见本书附录 1。热电偶测温时，可查热电偶分度表以确定

被测物体的温度值。

三、热电偶测温的基本定律

（1）匀质导体定律。两种匀质金属导体组成的热电偶，其热电动势的大小只与构成热电极的材料和两端的温度有关，与热电偶的尺寸及热电极长度上的温度分布无关。

（2）中间导体定律。无论在热电偶回路中插入几种导体，只要插入导体的两端温度相等，且插入的导体是匀质的，则热电偶上产生的电动势保持不变，如图 3-6 所示。

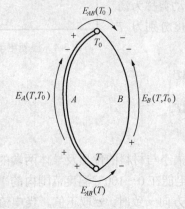

图 3-5　总热电动势

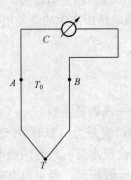

图 3-6　中间导体定律

如果热电偶在 T_0 处断开，插入第 3 种导体 C，则回路中总的热电动势表示为

$$E_{ABC}(T,T_0) = E_{AB}(T) + E_{BC}(T_0) + E_{CA}(T_0) \tag{3-15}$$

当 $T = T_0$ 时，有

$$E_{AB}(T_0) + E_{BC}(T_0) + E_{CA}(T_0) = 0 \tag{3-16}$$

即

$$E_{BC}(T_0) + E_{CA}(T_0) = -E_{AB}(T_0) \tag{3-17}$$

将式（3-17）代入式（3-15）中，得

$$E_{ABC}(T,T_0) = E_{AB}(T) - E_{AB}(T_0) = E_{AB}(T,T_0) \tag{3-18}$$

图 3-7　中间温度定律

该定律表明，在热电偶回路中接入导线和测量仪表进行测量时，对热电偶输出的测量结果无影响。

（3）中间温度定律。热电偶中间温度定律如图 3-7 所示，热电偶在接触点温度为 T、T_0 时的热电动势等于该热电偶在接触点温度为 T_n、T_0 时相应的热电动势的代数和，即

$$E_{AB}(T,T_0) = E_{AB}(T,T_n) + E_{AB}(T_n,T_0) \tag{3-19}$$

式中　　T_n——中间温度；

$E_{AB}(T,T_0)$——当热电偶热端温度为 T、冷端温度为 T_0 时的热电动势。

式（3-19）称为热电偶的中间温度定律，如果 $T_0 = 0℃$，则有

$$E_{AB}(T,0) = E_{AB}(T,T_n) + E_{AB}(T_n,0) \tag{3-20}$$

式中　　$E_{AB}(T,0)$、$E_{AB}(T_n,0)$——热电偶保持参考端为 0℃ 而工作端分别为 T 和 T_n 时的热电动势值，该值可从热电偶分度表（附表 1）查出。

根据热电偶中间温度定律，可以在冷端温度为任一恒定温度时，通过查热电偶分度表求出工作端的被测温度。

四、热电偶的冷端温度补偿

热电偶测温时，热电动势的大小与热电偶的热电极材料及两接触点的温度有关。只有当热电极材料一定且冷端温度 T_0 保持不变的情况下，其热电动势才是被测温度 T 的单值函数。由于热电偶分度表中的热电动势是在冷端温度为 $T_0 = 0℃$ 条件下测得的，因此只有满足 $T_0 = 0℃$ 的条件，才能直接使用热电偶分度表。但在实际测量中，冷端温度往往不是 $0℃$ 或其值常随环境温度的变化而变化，这将引入温度误差，因此需要采取修正或补偿方法。

（1）热电动势修正法。在热电偶测温过程中，若冷端温度不是 $0℃$ 而是某一温度 T_n 时，即当热电偶工作在温差 (T, T_n) 时，其输出热电势为 $E(T, T_n)$，根据热电偶中间温度定律，将电动势换算到冷端温度为 $0℃$ 时的热电动势，即

$$E(T, 0) = E(T, T_n) + E(T_n, 0) \tag{3-21}$$

也就是说，当冷端温度为不变的 T_n 时，如果要修正到冷端温度为 $0℃$ 的热电动势，应再加上一个修正电动势 $E(T_n, 0)$。

【例 3-1】 用镍铬－镍硅热电偶测量锅炉温度，当冷端温度 $T_0 = 30℃$ 时，测得的热电动势为 $E(T, T_0) = 39.17mV$，求实际的炉温是多少？

解 由附表 1 查出 $E(30, 0) = 1.2mV$，则

$$E(T, 0) = E(T, 30) + E(30, 0) = 39.17 + 1.2 = 40.37mV$$

再利用 $E(T, 0) = 40.37mV$，查分度表（附表 1）得出 $T = 977℃$。

（2）电桥补偿法。由于热电偶在实际测温中，冷端温度一般会受到外界影响而不断变化，不可能恒定。因此，必须采取补偿措施，以消除冷端温度变化带来的影响。

电桥补偿法是较常用的一种冷端温度补偿法，该方法的工作原理是，利用不平衡电桥产生的电动势，来动态地补偿热电偶因冷端温度变化而引起的总电动势的变化。这种装置称为冷端温度补偿器，如图 3-8 所示。

例如，将热电偶冷端与电桥置于相同的环境温度下，电桥的输出端与热电偶回路串接，桥臂电阻 R_1、R_2、R_3 和限流电阻 R_s 均为锰铜丝绕制，

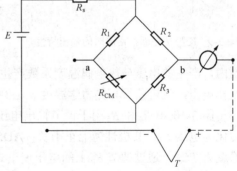

图 3-8 热电偶冷端补偿电桥

其阻值几乎不随温度变化，即温度系数很小。其中，$R_1 = R_2 = R_3 = 1\Omega$。另一电阻桥臂 R_{CM} 是由电阻温度系数较大的镍丝绕制成的补偿电阻，其阻值随温度的升高而增大，该电桥由直流电源供电。

假定在测量温度为 T_0 时，电桥处于平衡状态，此时电桥输出电压为零，该温度称为电桥的平衡点温度或补偿温度。

当环境温度变化时，冷端温度随之变化，热电偶的热电动势也随之变化，其值为 ΔE_1，同时 R_{CM} 的阻值也随之变化，使电桥失去平衡，产生一个不平衡电压 ΔE_2，由于环境温度的

变化，带来总电势的变化量为 $\Delta E = \Delta E_1 + \Delta E_2$。如果设计 ΔE_1 与 ΔE_2 的大小相等，极性相反，则热电偶的输出电势 E 的大小将不随冷端温度的变化而变化。这相当于通过电桥补偿抵消了冷端温度 T_0 变化产生的影响。

（3）集成温度传感补偿法。传统的电桥补偿电路存在着体积大，使用不方便，需要调整电路的元件参数值等缺点。采用模拟式集成温度传感器或者专用于热电偶冷端补偿式的专用集成电路，则可克服上述缺陷。这类电路具有速度快、外围电路简单、不需要调整、成本低等优点。

适合用于冷端温度补偿的模拟式集成温度传感器的典型产品有 AD592、LM334、TMP35、LM315 等。温度补偿专用芯片有 MAX6674、MAX6675、AC1226、AD594、AD595、AD596、AD597 等。这类芯片或电路使用简便，配以二次仪表可直接读出结果，有的还具有智能化特点，以消除由于热电偶本身非线性造成的测量误差。下面以 AD592 为例，介绍模拟集成温度传感器在热电偶冷端温度补偿中的应用。

AD592 型温度传感器是美国模拟器件公司（ADI）推出的一种电流式模拟集成温度传感器，具有外围电路简单、稳定性好、输出阻抗高等优点。该类型传感器的主要性能指标如下：测温范围为 $-25 \sim +105℃$，测量精度可达 $\pm 0.3℃$，灵敏度为 $1\mu A/℃$，工作电压范围为 $+4 \sim +30V$。

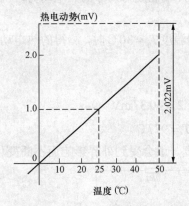

图 3-9　K 型热电偶在常温时的输出特性

由 AD592 型温度传感器构成的冷端温度补偿电路 K 型热电偶在常温时的输出特性如图 3-9 所示，横坐标以 25℃ 为中心，温度系数为 $40.44\mu V/℃$，在常温 $\pm 10 \sim \pm 20℃$ 内可看作是线性关系。所以，要对 K 型热电偶进行冷端温度补偿，可采用另外一个温度传感器，测量冷端温度。此传感器 0℃ 产生的电压与 K 型热电偶温度系数产生的热电动势相当，可利用反极性进行补偿。

由 AD592 构成的热电偶冷端温度补偿电路如图 3-10 所示。当 AD592 测量冷端温度时，在补偿温度范围内，产生的电压与热电偶温度系数产生的热电动势相当。只要对 AD592 提供 $+4 \sim +30V$ 的工作电压，就可获得与热力学温度成比例的输出电压。

图 3-10 中 R_4 和 R_5 用于调节输出电压的灵敏度，基准电阻 R_1 用来把 AD592 的输出电流转化为电压 E_1，其极性为上正下负；AD592 在 0℃ 时的输出电流为 $273.2\mu A$。因此，当环境温度为 T 时，通过调节 R_P 上的电压使下式成立

$$E_1 = -(1/K)R_1 T \tag{3-22}$$

若取 $R_1 = 40.44\Omega$，即可实现冷端温度的完全补偿，使总的热电动势不再随环境温度而变化。

（4）软件补偿法。软件补偿法是指利用单片机或计算机的软件进行温度补偿。该方式具有节省硬件资源、灵活方便、抗干扰性强等优点。下面举例说明其工作原理，对于冷端温度恒定且不为零的情况，可采用查表法。首先将各类热电偶分度表存储到计算机的存储器中以备调用。根据温度中间定律，测温时，先把计算机采样后的数据与计算机存储的分度表中冷端温度对应的数据相加，然后再把相加后的数据与分度表的热电动势进行比较，得出实际的温度值。对于 T_0 经常波动的情况，可同时用测温传感器测 T_0 端温度、T 端温度对应的热电动势，并输入给计算机，再根据中间温度定律，采用查表法进行计算，并自动修正。

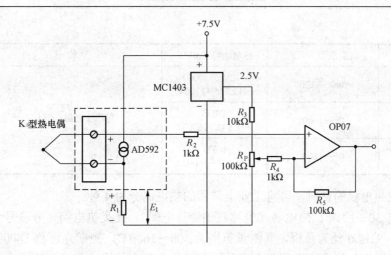

图 3-10   AD592 构成的热电偶冷端温度补偿电路

五、热电偶的材料、类型及其结构

（一）对热电偶材料的基本要求

理论上，任何两种导体（或半导体）都可配成热电偶。当两个接点温度不同时，就能产生热电动势，但作为实用的测温元件，并不是所有导体都适合于制造热电偶。对热电极材料通常有以下几种基本要求：①热电特性稳定，也就是热电动势与温度之间的对应关系不变；②在同样温差下，输出的热电动势要足够大；③热电动势与温度为单值关系，最好是线性关系或者是简单的函数关系；④熔点要高，且物理、化学性能稳定；⑤有良好的导电性和抗氧化性；⑥机械强度高。

在实际生产中要找到一种能完全满足上述要求的材料很难，一般来讲，纯金属制造的热电极输出热电动势较小，平均仅为 20μV/℃；而非金属热电极可输出的热电势较大，可达 100μV/℃，且熔点较高，但稳定性较差；合金热电极的热电性能和工艺性能介于两者之间。因此，要根据实际情况，选用不同的材料来制成热电偶。

（二）热电偶的类型

热电偶的类型很多，分类方法也很多，可按测温范围、热电极材料、热电偶结构等方面进行分类。

根据热电偶测温范围的不同，可将其分为 7 种规格，见表 3-1。

表 3-1   热电偶按测温范围分类

类	型	测量范围（℃）	热电动势（mV）	优 点
高温	K	−200～+1200	−5.981/−200℃ +48.828/+1200℃	工业上用得最多，抗氧化性强，线性度好
中温	E	−200～+800	−8.821/−200℃ +61.02/+800℃	热电动势大
	J	−200～+750	−7.89/−200℃ +42.28/+750℃	热电动势大，适用于还原性环境
低温	T	−200～+350	−5.603/−200℃ +17.816/+350℃	最适于−200～+100℃，适应弱氧化环境

续表

类　型		测量范围（℃）	热电动势（mV）	优　　点
超高温	B	+500～+1700	−1.241/+500℃ +412.246/+1700℃	可用于高温、氧化、还原性环境
	R	0～+1600	0/0℃ +18.842/+1600℃	
	S	0～+1600	0/0℃ +16.771/+1600℃	

按照构成热电极的材料，可将工业上常用的热电偶分为 4 种：

（1）铂铑 30—铂铑 6 热电偶（也称双铂铑热电偶）。此类热电偶（分度号为 B）以铂铑 30 丝为正极，铂铑 6 丝为负极。其测量范围为 300～1600℃，短期亦可测 1800℃。其热电特性在高温条件下更加稳定，适用于在氧化性和中性介质中使用。但产生的热电动势小、造价高，在低温时热电动势极小，当冷端温度在 40℃以下范围使用时，一般不需要进行冷端温度修正。

（2）铂铑 10—铂热电偶。在此类热电偶（分度号为 S）中，以铂铑 10 丝为正极，纯铂丝为负极。测温范围为−20～+1300℃，在良好的环境下，短期可测 1600℃；适用于在氧化性或中性介质中使用。其优点是耐高温，不易氧化；化学性能较为稳定；有较高的测量精度，可用于精密温度测量和作基准热电偶

（3）镍铬—镍硅（镍铬−镍铝）热电偶。在该类热电偶（分度号为 K）中，镍铬为正极，镍硅（镍铝）为负极；测温范围为−50～+1000℃，短期可测 1200℃；适用于在氧化性或中性介质中使用，500℃以下的低温范围内，也可用于还原性介质中测量。此种热电偶其热电动势大，线性好，测温范围较宽，价格相对低廉，因而应用范围很广。

镍铬—镍铝热电偶与镍铬—镍硅热电偶的热电特性几乎完全一致。但镍铝合金在高温下易氧化变质，引起热电特性变化。镍硅合金在抗氧化及热电动势稳定性方面都比镍铝合金要好。目前，我国基本上都使用镍铬—镍硅热电偶取代了镍铬—镍铝热电偶。

（4）镍铬—考铜热电偶。该类热电偶（分度号为 XK）以镍铬为正极，考铜为负极，适用于在还原性或中性介质中使用，测温范围为−50～+600℃，短期可测 800℃。这种热电偶的热电动势较大，比镍铬—镍硅热电偶高一倍左右，且价格便宜。其缺点是测温上限不高，在不少情况下不能适应；此外，考铜合金易氧化变质，且由于其材料质地坚硬而不易得到均匀的线径，故此种热电偶将被淘汰。国内使用镍铬—铜镍（康铜）（分度号为 E）热电偶取代此类热电偶。

各种热电偶的热电动势与温度的一一对应关系均可从标准数据表中查到，这种表称为热电偶的分度表，而与某分度表所对应的该热电偶用它的分度号来表示。

表 3-2 列出了我国已定型生产的几种热电偶，并将它们的特性进行了比较。

表 3-2　　　　　　　　　　　　工业用热电偶分类及性能

名　称	分度号	电极材料		测量范围 （℃）	适用气氛	稳定性
		正极	负极			
铂铑 30—铂铑 6	B	铂铑 30	铂铑 6	200～1800	O，N	<1500℃，优；>1500℃，良

名　称	分度号	电极材料		测量范围（℃）	适用气氛	稳定性
		正极	负极			
铂铑13－铂	R	铂铑13	铂	−40～1600	O，N	<1400℃，优；>1400℃，良
铂铑10－铂	S	铂铑10	铂			
镍铬－镍硅（铝）	K	镍铬	镍硅（铝）	−270～1300	O，N	中等
镍铬硅－镍硅	N	镍铬硅	镍硅	−270～1260	O，N，R	良
镍铬－康铜	E	镍铬	康铜	−270～1000	O，N	中等
铁－康铜	J	铁	康铜	−40～760	O，N，R，V	<500℃，良；>1400℃，差
铜－康铜	T	铜	康铜	−270～350	O，N，R，V	−170～200℃，优
钨铼3－钨铼25	WRe₃-WRe₂₅	钨铼3	钨铼25	0～2300	N，R，V	中等
钨铼5－钨铼26	WRe₅-WRe₂₆	钨铼5	钨铼26			

注　表中适用气氛这一列中，O 为氧化气氛，N 为中性气氛，R 为还原气氛，V 为真空。

3.2.2　热电阻测温

利用导体或半导体的电阻率随其温度而变化的特性制成的感温器件，称为热电阻。按照热电阻的性质可以分为金属热电阻和半导体热电阻两大类，前者通常简称为热电阻，后者称为热敏电阻。

热电阻的优点是信号可以远传、灵敏度高、无需参比温度；由于其测量精度高，常作为标准仪表。其主要缺点是需要外接电源，且金属热电阻的热惯性较大。

一、金属热电阻

金属热电阻由电阻体、内引线、绝缘套管、保护套管和接线盒等部件组成，如图3-11（a）所示。热电阻丝绕在绝缘骨架上，绝缘骨架一般采用石英、云母或陶瓷等材料制成，为了使电阻体不产生电感，热电阻丝一般采用双线并绕法，如图3-11（b）所示。

（1）铂热电阻。铂热电阻的精度高、稳定性好、测量范围宽、再现性好，可以用来测量−200～+850℃的温度，在高温下，只适合于氧化气氛中使用。

铂热电阻与温度的关系可以表示为

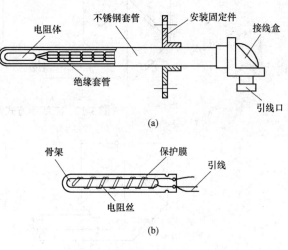

图 3-11　热电阻结构

$$R_t = R_0(1 + At + Bt^2)，\quad t \geqslant 0 \tag{3-23}$$

$$R_t = R_0[1 + At + Bt^2 + Ct^3(t-100)]，\quad t < 0 \tag{3-24}$$

$$A = 3.9083 \times 10^{-3}\,℃^{-1}，\quad B = -5.775 \times 10^{-7}\,℃^{-2}，\quad C = -4.183 \times 10^{-12}\,℃^{-4}$$

式中　R_t、R_0——铂电阻在 t 和 0℃时的电阻值。

我国工业铂热电阻分别有 $R_0 = 10\Omega$ 和 $R_0 = 100\Omega$ 两种，分度号分别为 Pt10 和 Pt100，后者

更为常用。

（2）铜热电阻。由于铂属于贵金属，因此在一些测量精度要求不太高且温度较低的场合，可以采用铜热电阻测温。铜热电阻的测温范围为 $-50\sim+150℃$，在这个范围里，其电阻－温度特性近乎线性，可近似地用式（3-25）表示

$$R_t = R_0(1+At) \tag{3-25}$$

其中，$A=4.289\times10^{-3}℃^{-1}$，我国工业铜热电阻分别有 $R_0=50\Omega$ 和 $R_0=100\Omega$ 两种，分度号分别为 Cu50 和 Cu100。

同热电偶一样，上述两种热电阻也有分度表（附表2）可查，也可以直接用上述公式进行计算。

（3）热电阻的引线方式。热电阻一般安装在生产现场，距离控制室往往较远。因此，热电阻需要通过外接引线将其信号引至控制室。目前，热电阻的外接引线方式有二线制、三线制和四线制三种。二线制方式是在热电阻两端各连接一根导线。这种引线方式连线简单、安装费用低，但引线的电阻会带来附加误差，因此多用于近距离、低精度的测温场合（见图3-12）。三线制方式是在热电阻的一端连接两根导线，另一端连接一根导线。这样可以很好地消除引线电阻的影响，明显提高了测量精度，在工业检测中得到了广泛的应用（见图3-13）。四线制方式是在热电阻两端各接两根导线，其中两根导线为热电阻提供恒流源，用电压测量仪表来测量热电阻上的电压降。由 R_1 和 R_4 引起的电压降，不在测量范围内，而 R_2 和 R_3 上虽然有电压降，但无电流，故四根导线的电阻均对测量结果无影响。该接线方式适用于实验室等高精度测量。四线制方式的接线及等效电路如图3-14所示。

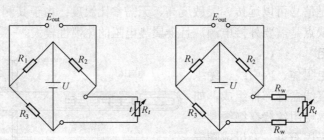

图 3-12　二线制方式及其等效电路图

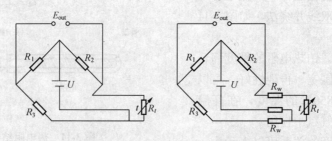

图 3-13　三线制方式及其等效电路图

二、半导体热电阻

半导体热电阻也称热敏电阻，它以金属氧化物或半导体材料作为测温元件，将温度的变化转化为电阻的变化，其外形如图3-15所示。

与金属热电阻相比，半导体热敏电阻的电阻温度系数大，为金属热电阻的十几倍到几十倍，故灵敏度高；电阻率高、热惯性小，适用于动态测量；体积小、结构简单，可用于点温

度测量。其缺点是稳定性和互换性较差。按照电阻随温度变化的关系，半导体热敏电阻可分为正温度系数热敏电阻（PTC）、负温度系数热敏电阻（NTC）和临界温度系数热敏电阻（CTR）三种类型，其温度特性曲线如图 3-16 所示。利用 PTC 型和 CTR 型半导体热敏电阻的阻值在特定温度下急剧变化的特性可以制成温控开关，而在温度检测中则主要采用 NTC 型半导体热敏电阻。

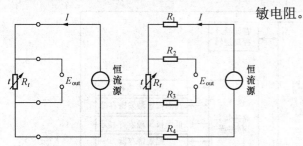

图 3-14　四线制方式及其等效电路图

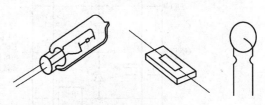

图 3-15　常见热敏电阻的外形

NTC 型半导体热敏电阻主要材料有 Fe、Ni、Mn、Co 等，主要适用于 $-100^\circ\!\sim\!+300^\circ\!C$ 测温，可以测量高达约 $800^\circ\!C$ 的高温，其温度—电阻的关系见式（3-26）

$$R_t = R_{t_0} e^{B\left(\frac{1}{t} - \frac{1}{t_0}\right)} \text{ 或 } R_t = R_{t_0} \exp B\left(\frac{1}{t} - \frac{1}{t_0}\right) \quad (3-26)$$

式中　R_t——热敏电阻在温度 t 时的电阻值；

　　　R_{t_0}——热敏电阻在温度 t_0 时的电阻值；

　　　B——热敏电阻常数，取决于半导体的材料和结构。

热敏电阻在常温下的阻值很大，连线电阻对测量几乎无影响，因此无需考虑三线制或四线制接法。热敏电阻的阻值随温度变化改变显著，小电流即可产生明显的电压变化，加之电流对热敏电阻本身的加热作用，应注意不要使用过大的电流，避免带来测量误差。

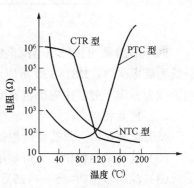

图 3-16　热敏电阻的温度特性

3.2.3　数字温度传感器

DS18B20 是美国 DALLAS 半导体公司生产的数字温度传感器，能够直接读出被测温度。并且，从 DS18B20 中读取或写入数据只需要一根线（单线接口）。DS18B20 在工作时既可以由电源单独供电，也可以由数据总线供电（寄生供电模式）。因此，其接线方式极为灵活，广泛地应用于各个领域。

一、DS18B20 引脚说明及内部结构

DS18B20 外部引脚排列如图 3-17 所示。DQ 为数据输入/输出端（单线接口）；V_{DD} 为外部电源接口，当芯片工作在寄生供电模式下时接地；GND 为地；NC 为空脚。

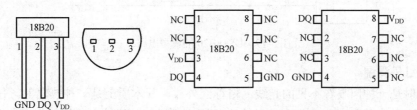

图 3-17　不同封装的 DS18B20 芯片引脚图

DS18B20 内部结构如图 3-18 所示。它主要由以下几部分组成：寄生电源电路；温度传感器；64 位 ROM 和单线接口；高速暂存存储器，主要用于存放中间数据；高、低温报警触发寄存器，分别用于存储用户设定的温度上、下限；配置寄存器，用于设置温度值的数字转换分辨率；存储器及控制逻辑；8 位循环冗余校验码（CRC）生成器。

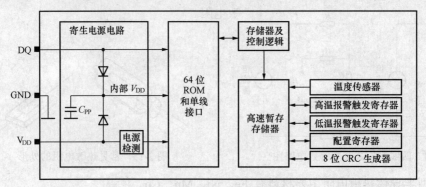

图 3-18　DS18B20 内部结构图

DS18B20 既可由外部电源供电，也可由单线总线寄生供电。在寄生供电模式下，当外部总线为高电平时，DS18B20 可以通过 DQ 引脚从总线上获得能量并储存在内部电容 C_{PP} 中，当总线为低电平时，由内部电容 C_{PP} 向 DS18B20 供电，此时，V_{DD} 引脚须接地。

二、性能特点

（1）单线接口，只需要一根信号线即可实现 DS18B20 与 CPU 的双向通信；

（2）既可单独供电，又可利用数据总线供电，工作电压范围为 3.0～5.5V；

（3）测温范围为–55～+125℃，在–10～+85℃范围内精度可达±0.5℃；

（4）每个 DS18B20 芯片中都含有一个唯一的 64 位序列号，单线总线上可以接多个 DS18B20，实现多点测量；

（5）用户可以自由设定温度报警上下限值，并存于非易失性存储器中。

三、DS18B20 与微处理器的连接

图 3-19 所示为寄生供电工作方式下 DS18B20 的典型电路。单片机的 P1.1 口接单线总线，为保证在有效的 DS18B20 时钟周期内提供足够大的电流，可用一个 MOS-FET 管和单片机的 P1.0 口来完成对总线的上拉。此时，DS18B20 的 GND 端与 V_{DD} 端都接地。

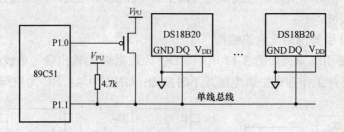

图 3-19　DS18B20 的典型电路

3.2.4　红外测温

红外辐射是一种肉眼看不见的光线，俗称红外线，其本质上是一种热辐射。任何物体，只要其温度高于绝对零度（–273℃），就会向周围空间以红外线的方式辐射能量。物体的温度越高，辐射出来的红外线越多，辐射出来的能量就越强。另一方面，红外线被物体吸收后可以转化成热能。

一、红外测温仪的结构及工作原理

常见的红外测温仪主要由光学系统、调制器、红外探测器、放大器和指示器等部分组成，如图 3-20 所示。光学系统可以是透射式的，也可以是反射式的。图 3-20 中所示即为透射式光学系统，其部件是用红外光学材料制成的，根据红外波长选择光学材料。一般测量高温（700℃以上）的仪器，有用波段主要在 0.76～3μm 的近红外区，可选用一般光学玻璃或石英等材料；测量中温（100～700℃）的仪器，有用波段主要在 3～5μm 的中红外区，常采用氟化镁、氧化镁等热压光学材料；测量低温（100℃以下）的仪器，有用波段主要在 5～14μm 的中远红外波段，则多采用锗、硅、热

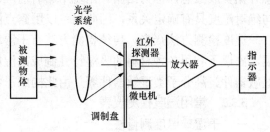

图 3-20   红外测温仪结构原理图

压硫化锌等材料。为了滤掉不需要的波段，增大有用波段的透射率，一般还在镜片表面蒸镀红外增透层。反射式光学系统多采用凹面玻璃反射镜，表面镀金、铝或镍、铬等在红外波段反射率很高的材料。

调制盘被微电机带动，对入射的红外辐射进行斩光，将红外辐射变换为交变辐射。红外探测器接受入射辐射并将其转换为电信号，安装时应保证其光敏面落在透镜的焦点上。

二、红外测温的主要特点

红外测温应用范围广，测温范围宽，几乎可在所有测温场合使用。其特点总结如下：

（1）红外测温是非接触测温，可用于远距离测温，特别适合于高速运动的物体、带电体、高温及高压物体的温度测量；

（2）反应速度快，不需要与物体达到热平衡的过程，只要收到被测目标的红外辐射即可测定温度，反应时间一般在毫秒级甚至微秒级；

（3）灵敏度高，由于物体的辐射能量与温度的 4 次方成正比，物体温度微小的变化就可引起辐射能量较大的变化，便于红外探测器快速地检测出来；

（4）准确度高，由于是非接触测温，不会破坏物体原来的温度分布状况，测得的结果较为真实，测量准确度可以达到 0.1℃，甚至更小。

3.3 湿度检测仪表

在通风与空气调节工程中，空气的湿度和温度是两个相关的热工参数，都具有十分重要的意义。对于工业生产来说，空气湿度的高低会影响产品的质量。对于家居环境来讲，空气湿度的高低也会影响舒适度。因此，对湿度的检测与控制很有必要。湿度因受环境影响比较大，因此检测起来具有一定的难度。

3.3.1 湿度检测的相关概念

湿度是用来描述气体中水汽含量的物理量。气体中所含水汽越多，则认为气体越潮湿，即气体的湿度越大。湿度的表示方法有多种，常用的有三种。

（1）绝对湿度。绝对湿度是指当温度、压力一定的条件下，单位体积气体中所含水汽的质量，也称为水汽浓度和水汽密度，单位为 g/m^3。

（2）相对湿度。相对湿度是指单位体积气体中所含水汽的质量与相同条件下饱和水汽质量之比，常表示为%RH（Relative Humidity）。生活中常说的空气湿度，即是指相对湿度。

（3）露点温度。压力一定的前提下，降低环境温度可以使未饱和水汽变成饱和水汽，气态开始变成液态，称为结露。出现结露时对应的温度则称为露点温度，简称露点。露点温度与绝对湿度具有确定关系，因此也可以用露点温度表示绝对湿度。

湿度检测方法众多，传统检测方法有干湿球温度测量法、露点法等。随着科学技术的发展，出现了利用各种材料的吸湿特性制成的湿敏器件，如电解质类湿敏器件、半导体陶瓷型湿敏器件、高分子类湿敏器件等，由此构成了各种类型的湿敏传感器。

3.3.2　常用湿度检测仪表

一、干湿球温度测量法

干湿球湿度计早在 18 世纪就已出现，是应用最早的湿度计。干湿球湿度计是根据干湿球温差效应原理进行湿度检测的。干湿球温差效应即是指潮湿物体表面水分蒸发而温度降低表现出来的冷却效应，冷却的程度与周围环境的相对湿度、大气压力及风速有关。当大气压力和风速保持不变时，干湿球的温度差与空气湿度呈单值关系。

一般情况下，空气中的湿度不饱和，故干球的温度 t_d 大于湿球的温度 t_w。空气中的水汽分压力为

$$p_w = p_{ws} - Ap(t_d - t_w) \tag{3-27}$$

则相对湿度为

$$\varphi = \frac{p_w}{p_{ds}} = \left(\frac{p_{ws}}{p_{ds}} - Ap\frac{t_d - t_w}{p_{ds}} \right) \times 100\% \tag{3-28}$$

式中　p_w——空气中的水汽分压力；

p_{ws}——湿球温度下的饱和水汽压力；

A——与风速、结构有关仪表系数，风速 $v \geqslant 2.5m/s$ 时，约为一个常数；

p——环境大气压力；

p_{ds}——干球温度下的饱和水汽压力。

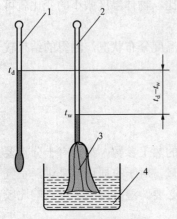

图 3-21　普通干湿球湿度计

1—干球温度计；2—湿球温度计；

3—棉纱吸水套；4—水

干湿球湿度计正是基于这一原理制成的，其结构如图 3-21 所示。它主要由两支温度计组成：一支的感温部位包裹了被水浸湿的棉纱吸水套，并保持湿润，称为湿球温度计；另外一支的感温部位直接裸露于空气中，称为干球温度计。棉纱吸水套中的水分在蒸发时，吸收湿球温度计感温部位的热量，而使湿球温度计的温度示值下降，与干球温度计的示值存在一个差值。水的蒸发速度与空气中的湿度有关，湿度越大，蒸发越慢，干湿球的温差就越小。特别的，当空气为静止或流速一定时，这种关系是单值的。为了保证风速一定，降低风速变化对测量结果造成的影响，可以在其上加装微型轴流风机，用于形成大于或等于 2.5m/s 的风速，这种湿度计

又称阿斯曼湿度计。

自动干湿球湿度计与普通干湿球湿度计的工作原理相同，只是使用热电阻取代了膨胀式温度计，便于直接将湿度信息转换为电信号，适用于自动控制系统中。

二、露点法湿度测量

露点法测量相对湿度的基本原理是先测定露点温度 t_1，然后确定对应 t_1 的饱和水蒸气压力 p_1。显然，p_1 即为被测空气的水蒸气分压力 p_w。因此，空气的相对湿度可表示为

$$\varphi = \frac{p_1}{p_b} \times 100\% \qquad (3-29)$$

式中　　p_b——干球温度下饱和水蒸气的压力。

露点温度的检测方法是，将一个光洁的金属表面放到测量的空气中加以冷却，当温度降到某一数值时，靠近该表面的相对湿度达到 100%，这时将有露在金属表面上形成。有凝露产生的瞬间对应的金属表面空气层的温度称为被测空气的露点温度。由此可知，露点温度检测的关键所在是检测凝露瞬间的空气温度。常用的仪表为露点湿度计。

（一）露点湿度计

露点湿度计主要由一个表面光滑的金属盒、一支温度计和一个橡皮球等组成，如图 3-22 所示。测量时，在金属盒内注入乙醚溶液，而后用橡皮球将空气打入金属盒，使得乙醚迅速蒸发。乙醚蒸发时吸收周围的热量而使周围空气的温度降低。当降低到一定温度时，金属盒附近空气中的水蒸气达到饱和，盒面会出现一层很薄的露珠，此时温度计的温度即是空气的露点温度。测得露点温度以后，再从水蒸气表中查出露点温度的水蒸气饱和压力 p_1 和干球温度下饱和水蒸气的压力 p_b，计算可得空气的相对湿度。

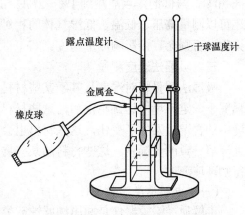

图 3-22　露点湿度计

这种湿度计要求冷却表面上出现水珠的瞬间读取温度，因此难以测准，容易造成较大的测量误差。

（二）光电式露点湿度计

光电式露点湿度计的工作原理与上面介绍的露点湿度计相同，只是它利用了光电原理，可以直接测量气体的露点温度，其结构图如图 3-23 所示。光电式露点湿度计工作稳定，测量精度高，应用范围广，尤其对于低温状态，更宜使用。

光电式露点湿度计的核心是一个可以自动调节温度的能反射光的金属露点镜及光学系统。当被测的采样气体通过中间通道与露点镜相接触时，若镜面温度高于气体的露点温度，镜面的光反射性能好，来自白炽灯光源的斜射光束经露点镜反射后，大部分射向反射光敏电阻，只有很少部分被散射光敏电阻所接收，两者通过光电桥路进行比较，将其不平衡信号经过平衡差动放大器放大后，自动调节输入半导体热电制冷器的直流电流值。半导体热电制冷器的冷端与露点镜相连，当输入制冷器的电流值变化时，其制冷量随之变化，电流越大，制冷量越大，露点镜的温度越低。当降至露点温度时，露点镜面开始结露，来自光源的光束射到凝露的镜面时，受凝露的散射作用使反射光束的强度减弱，而散射光的强度有所增加，经

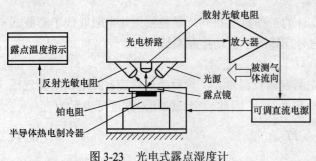

图 3-23　光电式露点湿度计

两组光敏电阻接收并通过光电桥路进行比较后，放大器与可调直流电源自动减小输入半导体热电制冷器的电流，以使露点镜的温度升高，当不结露时，再自动降低露点镜的温度，最后使露点镜的温度达到动态平衡时，即为被测气体的露点温度。通过安装在露点镜内的铂电阻及露点温度指示器即可直接显示被测的露点温度值。

光电式露点湿度计需要有一个高度光洁的露点镜面，以及高精度的光学与热电制冷调节系统，这样的冷却与控制可以保证露点镜面上的温度值在 $\pm 0.05\,℃$ 的误差范围内。

测量范围广与测量误差小是对仪表的两个基本要求。一个特殊设计的光电式露点湿度计的露点测量范围为 $-40 \sim +100\,℃$。典型的光电式露点湿度计露点镜面可以冷却到比环境温度低 $50\,℃$，最低的露点能测到 $1\% \sim 2\%$ 的相对湿度。光电式露点湿度计不但测量精度高，而且还可以测量高压、低温、低湿气体的相对湿度；但需注意采样气体不得含有烟尘、油脂等污染物，否则会直接影响测量精度。

三、吸湿法湿度测量

吸湿法测量相对湿度是基于某些材料的某些物理特性随环境湿度变化而变化。将这些材料置于一定环境内达到稳定后，这些材料本身的含湿量会与所处环境的含湿量相一致，若环境中的含湿量发生了变化，这些材料也会从环境中吸收或向环境中挥发水分，从而保持与所处环境一致的含湿量。这些材料的某些物理量与含湿量成一定关系，通过测量对应物理量来得知环境湿度。

（一）电解质类湿敏器件

电解质类湿敏器件是利用潮解性盐类如氯化锂或五氧化二钒等受潮后电阻发生变化的原理制成的。

氯化锂湿敏传感器是最常用的电解质类湿敏器件，其结构与元件感湿特性如图 3-24 所示。氯化锂是典型的离子晶体，溶液中的 Li 和 Cl 以正负离子的形式存在，因此具有导电能力。当置于一定的湿度环境中，若环境相对湿度高；则氯化锂溶液吸收水分，浓度降低，电阻率升高；反之，若环境相对湿度低，则水分蒸发，溶液浓度升高，电阻率下降，从而实现了对湿度的测量。

氯化锂湿敏传感器的长期稳定性好、精度高、响应快、受环境影响小，应用广泛，但尺寸较大，结露时易失效。

（二）半导体陶瓷型湿敏器件

将极其微细的金属氧化物颗粒（如铬酸镁－二氧化钛，$MgCr_2O_4 — TiO_2$）在高温下烧结，可制成多孔体的金属氧化物陶瓷，在其表面加上电极、引出接线端子便可做成半导体陶瓷型湿敏器件。由于湿敏器件使用时须裸露于测量环境中，而油污、尘土等都会使其吸附性能发生变化，影响测量，因此在其外围安放了一个用镍铬丝绕制的加热线圈，用于对陶瓷型湿敏器件进行加热清洗，以保持湿敏器件的湿敏特性。半导体陶瓷湿敏传感器的结构及特性如图 3-25 所示。

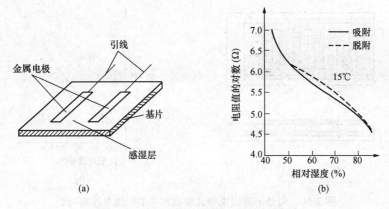

图 3-24　氯化锂湿敏传感器结构及特性

（a）氯化锂湿度传感器结构；（b）元件感湿特性

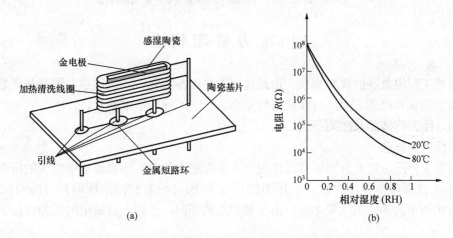

图 3-25　半导体陶瓷湿敏传感器结构及特性

（a）陶瓷湿度传感器结构；（b）元件感湿特性

陶瓷湿敏器件体积小，使用温度范围宽（0～150℃），响应速度快，一般不超过 20s，寿命长，元件特性稳定。

（三）高分子类湿敏器件

高分子类湿敏器件利用有机高分子材料的吸湿特性制成。这类材料往往具有较小的介电常数，吸湿后，由于水分子的存在，介电常数会显著增大。利用这一特性可以制成电容式湿敏元件。也有高分子类材料吸湿后电阻值发生较大变化的，可以做成电阻式湿敏器件。常见的高分子类湿敏材料有聚乙烯醇、醋酸纤维、聚酰胺等。

图 3-26 所示为高分子薄膜电容式湿敏器件的结构。在玻璃基板上蒸镀叉指状金电极作为下电极，上面均匀涂上一层高分子湿敏材料作为感湿膜，感湿膜上面再蒸镀一层多孔质金属膜作为上电极。这样上、下两个电极和中间的感湿膜构成一个湿敏平板电容器。当环境气氛中的湿度发生变化时，感湿膜通过上电极的毛细微孔吸附或脱附水分子，进而改变湿敏平板电容器的电容值。

这种湿敏器件加工方便，响应速度快，精度较高，特性稳定，但使用环境温度不能过高，一般不超过 80℃，耐老化和抗污染能力也较差，一般寿命在一年左右。

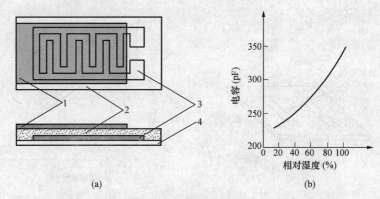

(a) （b）

图 3-26　高分子薄膜电容式湿敏器件的结构及感湿特性

（a）高分子薄膜电容式湿敏传感器结构；（b）元件感湿特性

1—上部电极；2—高分子薄膜；3—下部电极；4—玻璃基板

3.4　压 力 检 测 仪 表

压力是工程中重要的技术参数，也是重要的热工参数之一。在供热、通风与供燃气工程中，正确地测量和控制压力，是保证系统安全、经济运行的基本条件。

3.4.1　压力的概念及检测方法

一、压力的概念

在工程上，压力定义为介质垂直作用于单位面积上的力，即物理学中定义的压强，通常用 p 表示。在国际单位制中规定，压力的单位为 Pa（帕斯卡，简称帕），$1Pa=1N/m^2$。我国也规定帕斯卡为压力的法定单位。由于参照点的不同，工程上常采用的压力有以下几种表述方法。

（1）绝对压力。垂直作用于物体表面积的全部压力称为绝对压力，用于表示测量点所受的实际压力。

（2）大气压力。地球表面由空气自身的重力形成的压力称为大气压力。它随地球纬度、海拔高度及气象条件的变化而变化。

（3）表压力。通常情况下，压力的测量是处于大气压中的，即一般的压力测量是以大气压为起点的。因此，测得的压力值等于绝对压力和大气压力之差，称为表压力。

（4）负压力。当绝对压力小于大气压力时，表压力为负值，称为负压力，其绝对值称为真空度。

（5）差压。任意两个压力之差称为差压。

这几种表示法的关系如图 3-27 所示。

二、压力检测的方法

根据不同的原理，压力检测方法主要分为以下几类：

（1）液柱式压力计。液柱式压力计基于流体静力学原理，被测压力与一定高度的液柱所产生的压力相

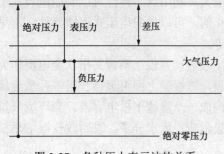

图 3-27　各种压力表示法的关系

平衡，由液柱高度来表示被测压力大小。这种压力计常用的工作液体有蒸馏水、水银、酒精

等，它结构简单、读数直观、价格低廉，信号一般不能远传，适合于测量不太大的压力，测量上限一般低于 0.3MPa。

（2）弹性式压力计。弹性式压力计基于弹性力与被测压力相平衡的原理制成，将被测压力转换成弹性元件的形变，并由弹性元件形变的多少反映被测压力的大小。这种压力计有多种类型，应用最为广泛。

（3）电参数式压力计。电参数式压力计利用某些物质的某种物理特性与所受压力的关系，把被测压力转换成电参数进行测量。这种压力计往往体积小，精度高，动态特性好，便于远传和自动控制。

3.4.2 液柱式压力计

液柱式压力计是利用液柱产生的压力与被测压力相平衡，由液柱高度反映被测压力的仪表。它一般采用水或水银作为工作液，常用于测量低压、负压及压力差。液柱式压力计结构简单，使用方便，并有较高的准确度，因此得到了广泛的应用。

（一）U 形管压力计

U 形管压力计由 U 形管、工作液及刻度尺组成，如图 3-28（a）所示。在 U 形管两端接入压力 p_1、p_2，则 p_1、p_2 与工作液垂直液柱高度差的关系为

$$p_1 - p_2 = \rho g(h_1 + h_2) \tag{3-30}$$

式中　ρ——工作液密度；

　　　g——重力加速度；

　h_1、h_2——U 形管两侧工作液相对于 0 刻度的高度差。

若是将 p_2 侧接通大气，则可检测到 p_1 的表压力为

$$p_1 = \rho g(h_1 + h_2) \tag{3-31}$$

由式（3-31）可以看出，工作液密度 ρ 一定时，被测表压力与液柱的高度成正比。改变工作液密度 ρ 时，相同的表压力对应的液柱高度发生变化。因此，提高工作液的密度，可以增加压力的测量范围，但灵敏度相应降低。

（二）单管压力计

U 形管压力计需要两次读取液面高度 h_1 和 h_2，使用不方便，因此设计出单管压力计，它仍是 U 形管结构，只是两侧管子的直径相差很大，如图 3-28（b）所示。当两侧压力不相等时，在压力差的作用下，一侧液面下降 h_1，另一侧液面上升 h_2，液体下降的体积与上升的体积相同，有

$$h_1 A_1 = h_2 A_2 \text{ 或 } h_1 = \frac{A_2}{A_1} h_2 \tag{3-32}$$

式中　A_1、A_2——宽口容器与测量管的截面积。

将式（3-32）代入式（3-30）中，有

$$p_1 - p_2 = \rho g \left(\frac{A_2}{A_1} + 1 \right) h_2 \tag{3-33}$$

当 $A_1 \gg A_2$，上式可近似为

$$p_1 - p_2 = \rho g h_2 \tag{3-34}$$

这样，只需读取一次液面高度 h_2，便可获知压力。

（三）斜管微压计

斜管微压计的结构如图 3-28（c）所示，其两侧的压力与液柱长度的关系为

$$p_1 - p_2 = \rho g l \sin \alpha \qquad\qquad (3\text{-}35)$$

式中　l——液柱长度；

　　　α——斜管的倾角。

不难看出，斜管压力计其实是将单管压力计的刻度放大了$1/\sin\alpha$倍，因此主要用于测量微小压力。但是需要注意，放大倍数并非越大越好，因为α的减小会令读数困难，因此一般$\alpha \geqslant 15°$。

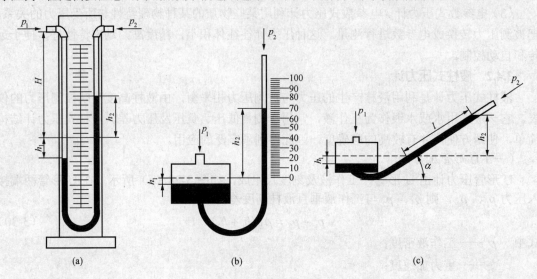

图 3-28　液柱式压力计

（a）U 型管压力计；（b）单管压力计；（c）斜管微压计

3.4.3　弹性式压力计

一、膜式弹性压力计

膜式弹性压力计分为膜片压力计和膜盒压力计两种。膜片压力计一般用于测量腐蚀性介质或黏性介质的压力，而膜盒压力计则用于测量气体的微压或负压。

（一）膜式压力计

膜式压力计的膜片呈圆形，一般用金属制成，可分为平膜片、波纹膜片和挠性膜片，如图 3-29 所示。膜片的四周被固定起来，当膜片两侧的压力不同时，膜片将向压力低的一侧弯曲，其中心产生一定的位移，通过显示机构，指示出被测压力。平膜片的使用位移很小，位移与膜片两侧的压力差具有良好的线性关系；波纹膜片是压有环状同心波纹的圆膜片，其位移与压力的关系与波纹的形状、深度和波纹数等有关；挠性膜片一般只作为隔离膜片使用，与测力弹簧配套使用。

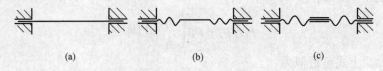

图 3-29　膜片的分类

（a）平膜片；（b）波纹膜片；（c）挠性膜片

（二）膜盒压力计

为了增大膜片中心的位移，可以将两个膜片焊接在一起，制成膜盒。它的位移是单个膜片位移的两倍，若是需要更大的位移，可以将多个膜盒串联成膜盒组。

二、波纹管式压力计

波纹管是外周表面上有许多同心环状形波纹的薄壁圆筒，如图 3-30 所示。在轴向压力作用下，将产生伸长或缩短变形。金属波纹管在轴向上容易变形，具有较高的灵敏度，且伸缩量与压力的变化成正比，因此利用它可以把压力的变化转换成位移的变化。

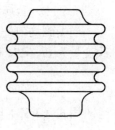

图 3-30　波纹管

三、弹簧管式压力计

弹簧管又称波登管，是弹簧管式压力计中的主要元件。其横截面呈椭圆形或扁圆形，是一根空心的金属管。弹簧管的一端封闭为自由端，被测压力通过另一端引入。在压力的作用下，弹簧管发生形变，导致自由端产生线位移或角位移，此位移通过杆系结构和齿轮结构带动指针偏转，指示出相应的压力值。弹簧管式压力计的结构如图 3-31 所示。

这种弹簧管式压力计的自由端位移量较小，一般不超过 2～5mm，测压范围为 0.03～1000MPa，也可以用来测量真空度。为了提高弹簧管的灵敏度，增加自由端的位移量，可采用螺旋型弹簧管。

弹簧管式压力计具有较高的测量精度，但测量时间明显滞后，因此一般不用于动态压力测量。

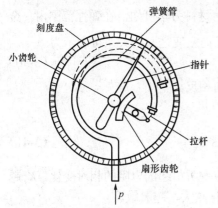

图 3-31　弹簧管式压力计

3.4.4　电气式压力计

弹性式压力计结构简单、价格便宜，使用和维护方便，因此得到了广泛的应用。然而在动态压力测量、超高压测量等方面，其动态和静态性能就难以适应，此时需要电气式压力计。

电气式压力计一般采用压力传感器将压力直接转换成电量。压力传感器根据其工作原理的不同，可分为应变式压力传感器、压阻元件和压电元件。

一、应变式压力传感器

粘贴在弹性元件上的应变片受到压力后发生形变，应变片的阻值会相应发生变化。应变式压力传感器正是利用这一原理，进行压力测量。电阻应变片一般可分为金属应变片和半导体应变片两大类。

（一）金属应变片

金属应变片的工作原理是基于金属的应变效应。应变效应是指金属丝的电阻值随着它所受的机械变形而发生相应变化的现象，如图 3-32 所示。

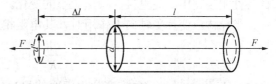

图 3-32　金属电阻丝受力变形示意图

一段金属电阻丝的电阻 R 可表示为

$$R = \rho \frac{l}{S} \tag{3-36}$$

式中　ρ——金属材料的电阻率；

　　　l——金属丝的长度；

S ——金属丝的截面面积。

当受到均匀外力作用时，金属丝发生形变，各个参数会发生相应的变化。设其各个参数改变量为 dl、dS、$d\rho$、dR，对式（3-36）进行全微分，可得

$$dR = \frac{\rho}{S}dl - \frac{\rho l}{S^2}dS + \frac{l}{S}d\rho \qquad (3-37)$$

用式（3-37）除以式（3-36），得

$$\frac{dR}{R} = \frac{dl}{l} - \frac{dS}{S} + \frac{d\rho}{\rho} \qquad (3-38)$$

若金属电阻丝的截面是圆形的，$S = \pi r^2$（r 为金属电阻丝的半径），则

$$\frac{dS}{S} = 2\frac{dr}{r} \qquad (3-39)$$

$dl/l = \varepsilon_x$ 称为轴向应变；$dr/r = \varepsilon_y$ 称为径向应变。由材料力学可知，在弹性范围内，金属丝沿轴向伸长，必然沿径向缩短，因此，轴向应变和径向应变之间的关系可表示为

$$\varepsilon_y = -\mu\varepsilon_x \qquad (3-40)$$

式中　μ ——金属丝材料的泊松系数，负号表示应变方向相反。

引入上述符号以后，式（3-38）可改写为

$$\frac{dR}{R} = \left[(1+2\mu) + \frac{d\rho}{\rho\varepsilon_x}\right]\varepsilon_x = K_s\varepsilon_x \qquad (3-41)$$

式中　K_s ——金属丝的灵敏度系数，其物理意义为单位应变所引起的电阻的相对变化。K_s 越大，则说明单位应变引起的电阻的相对变化越大，越灵敏。

实验表明，应变片电阻的相对变化 dR/R 与应变 ε_x 的关系在金属丝的弹性变形范围内是线性的，即有

$$\frac{dR}{R} = K\varepsilon_x \qquad (3-42)$$

式中　K ——电阻应变片的灵敏系数。受横向效应的影响，此时的 K 往往小于同种材料金属丝的灵敏度系数 K_s。

（二）半导体应变片

半导体应变片的工作原理是基于半导体的压阻效应。压阻效应是指半导体材料受到外力作用时，电阻率发生相应变化的现象。能产生明显的压阻效应的材料很多，半导体材料的这种特性尤为突出，能直接反映出微小的变化。

半导体应变片受轴向力作用时，其电阻相对变化为

$$\frac{dR}{R} = (1+2\mu)\varepsilon_x + \frac{d\rho}{\rho} \qquad (3-43)$$

式中　$d\rho/\rho$ ——半导体应变片电阻率的相对变化。

$\dfrac{d\rho}{\rho}$ 与应变量的关系为

$$\frac{d\rho}{\rho} = \pi E\varepsilon_x \qquad (3-44)$$

式中　π ——半导体材料的压阻系数，它与半导体材料种类及应力方向等有关。

将式（3-44）代入式（3-43），可得

$$\frac{dR}{R} = (1 + 2\mu + \pi E)\varepsilon_x \tag{3-45}$$

式中 πE 远大于 $(1 + 2\mu)$，可达到 120 左右。因此，式（3-45）可写为

$$\frac{dR}{R} \approx \pi E\varepsilon_x = K_b\varepsilon_x \tag{3-46}$$

式中 K_b——半导体应变片的灵敏系数。

半导体应变片的体积小，灵敏度高，被广泛用于压力传感器上。但它温度依赖性大，需要温度补偿电路，价格也较高。

（三）应变片的结构

电阻应变片的种类很多，但结构基本类似，主要由电阻丝（敏感栅）、基底、覆盖层、引线和黏合剂等组成，如图 3-33 所示。

常见的金属应变片有丝式、箔式和薄膜式。半导体应变片则有体型、扩散型和薄膜型。典型的结构如图 3-34、图 3-35 所示。

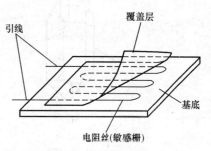

图 3-33 应变片的结构

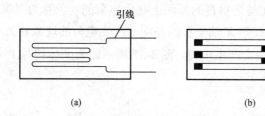

图 3-34 金属应变片的典型结构
（a）丝式应变片；（b）箔式应变片

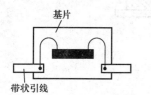

图 3-35 半导体应变片的典型结构

二、压电式压力传感器

某些物质在一定方向上受到压力或拉力作用而发生变形时，内部会产生极化现象，表面上会产生电荷；外力作用去掉后，该物质又会重新回到不带电的状态，这种现象称为压电效应。压电效应常被称为正压电效应。若在某些物质极化方向上施加电场，该物质会在一定方向上产生形变；外电场去掉后，形变又随之消失的现象称为逆压电效应，也称电致伸缩效应。压电式压力传感器一般是基于正压电效应来实现的，逆压电效应常用来产生高频振动。

具有压电效应的材料有很多，主要可以分为三类：第一类是压电晶体，如石英等，常为单晶体；第二类是经过极化处理的压电陶瓷，如钛酸钡等；第三类是新型压电材料，如有机高分子压电材料等。三种材料各有特点，适用于制作不同的传感器类型。本小节重点讲述前两种。

（一）压电晶体

压电晶体的种类有很多，典型的有石英（SiO_2）晶体，俗称水晶，是单晶体结构。它性

能稳定，机械强度高，绝缘性能好，尤其是天然石英，性能更佳，但价格较为昂贵，常用于标准传感器和高精度的传感器中。

天然结构的石英晶体呈六角形晶柱，如图 3-36 所示。它有 3 个互相垂直的晶轴。纵向的 Z 轴称为光轴，因光线沿 Z 轴通过晶体时不会发生双折射，因此可以用光学方法测定。通过相对的两条棱线而与 Z 轴垂直的 X 轴称为电轴。垂直于 XZ 平面的 Y 轴称为机械轴。

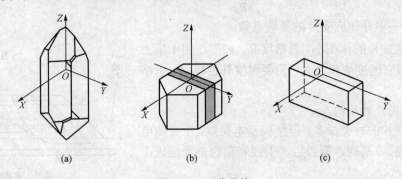

(a) (b) (c)

图 3-36　石英晶体
（a）晶体外形；（b）切割方向；（c）晶片

若是从石英晶体上切下一个六面体石英晶体切片，使其各个面与三个轴分别垂直。当在电轴 X 方向上施加力 F_X 时，在与之垂直的晶面上产生电荷的现象称为"纵向压电效应"。在机械轴 Y 方向上施加力 F_Y 时，在与 X 轴垂直的晶面上产生电荷的现象称为"横向压电效应"。而沿光轴 Z 方向上施加力时，不会产生电荷。图 3-37 所示即为晶体切片上电荷极性与受力方向的关系。

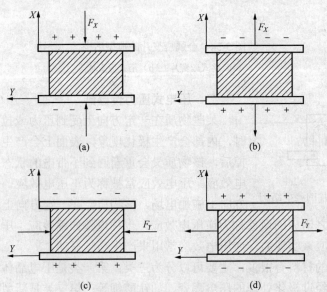

(a) (b)

(c) (d)

图 3-37　晶体切片上电荷极性与受力方向的关系
（a）X 轴方向上受压力；（b）X 轴方向上受拉力；（c）Y 轴方向上受压力；（d）Y 轴方向上受拉力

（二）压电陶瓷

压电陶瓷是人工制造的多晶压电材料，未进行极化处理时，不具有压电效应。经过极化处理后的压电陶瓷，压电效应非常明显，具有很高的压电系数，是石英晶体的几百倍。

压电陶瓷由无数细微的电畴组成，电畴实际是自发极化的小区域。未经极化处理时，这些电畴的方向是任意的，如图 3-38（a）所示。因此，在无外加电场作用下，从整体来看，压电陶瓷呈电中性，不具有压电性质。为了使压电陶瓷具有压电效应，必须对其进行极化处理。即在一定温度下，对压电陶瓷施加强直流电场，使电畴方向与外加电场方向一致，如图 3-38（b）所示。经过一段时间后，压电陶瓷内部电畴的极化方向就趋向于外加电场方向，即压电陶瓷的极化方向，如图 3-38（c）所示。

压电陶瓷灵敏度高，制造工艺成熟，通过合理配方和掺杂等人工控制可以达到所需的性能，且成本低廉，便于广泛应用。

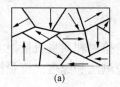 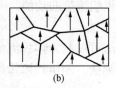 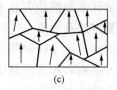

(a) (b) (c)

图 3-38　压电陶瓷的极化

（a）未极化；（b）极化中；（c）极化后

3.5　流量检测仪表

在建筑环境与设备工程中，经常需要测量各种介质的流量，以便于为自动控制提供依据。另外，为了经济核算，又常常需要测量介质的总流量。本节仅对常用的流量检测仪表进行阐述。

3.5.1　流量检测的基本概念

一、流量的概念

流量是指单位时间内流过某一流通截面的流体的体积或质量，又称瞬时流量。当流体以体积表示时称为体积流量，以质量表示时称为质量流量。其表达式分别为

$$q_v = \frac{\mathrm{d}V}{\mathrm{d}t} = vA \tag{3-47}$$

$$q_m = \frac{\mathrm{d}M}{\mathrm{d}t} = \rho vA \tag{3-48}$$

式中　q_v——体积流量，m^3/s；

$\quad\quad q_m$——质量流量，kg/s；

$\quad\quad V$——流体体积，m^3；

$\quad\quad M$——流体质量，kg；

$\quad\quad t$——时间，s；

$\quad\quad v$——流体平均流速，m/s；

$\quad\quad A$——流通截面面积，m^2。

很明显，体积流量与质量流量有以下关系

$$q_m = \rho q_v \tag{3-49}$$

某段时间内，流体通过某一流通截面的体积或质量的总和，称为累积流量或流过总量。它是体积流量或质量流量在该段时间内的积分，可表示为

$$Q_v = \int_t q_v \mathrm{d}t \tag{3-50}$$

$$Q_m = \int_t q_m \mathrm{d}t \tag{3-51}$$

式中　　Q_v——体积总量；

　　　　Q_m——质量总量；

　　　　t——测量时间段。

通常情况下，将测量流量的仪表称为流量计，测量流体总量的仪表称为计量表或总量计。实际使用中，流量计多数都兼有显示累积流量的功能。

二、流量检测方法及分类

根据流量的概念，流量检测的方法可以归为体积流量检测和质量流量检测两大类。常见的体积流量检测方法有容积式流量检测法、差压式流量检测法和速度式流量检测法等。质量流量检测又分为直接法和间接法。

3.5.2　容积式流量检测

（一）椭圆齿轮流量计

椭圆齿轮流量计的工作原理如图 3-39 所示。A 和 B 是一对相互啮合的椭圆齿轮，与壳体构成一个封闭的流体计量空间。当被测流体由左侧进入流量计时，由于流量计进出口存在压力差，使得椭圆齿轮 A 和 B 受力矩的作用按照图中所示方向绕各自轴作非均匀角速度转动。每个椭圆齿轮旋转一周，都可以向出口排出 2 个月牙形容积的流体。两个椭圆齿轮每旋转一周，则可以排出 4 个月牙形容积的流体。因此，通过流量计的体积流量 Q_v 可表示为

$$Q_v = 4nV_0 \tag{3-52}$$

式中　　n——椭圆齿轮的转数；

　　　　V_0——每个月牙形的容积。

图 3-39　椭圆齿轮流量计工作原理

齿轮的转数 n 可以通过变速机构直接驱动机械计数器来显示总流量，也可以采用电磁转换的方式转换为脉冲输出，通过对脉冲的计数来反映总流量。

椭圆齿轮流量计借助于固定的容积来计量流量，测量误差主要来源于椭圆齿轮之间及椭圆齿轮与壳体之间的间隙造成的泄露，适用于高黏度液体的测量。在使用过程中，工作温度不可过高，以防止椭圆齿轮因热膨胀而卡死；还要注意防止齿轮的磨损和腐蚀，被测流体不能含有固体颗粒及杂质，必要时要在上游加装过滤装置。

另外，还有结构类似，工作原理相同的腰轮流量计，其工作原理如图 3-40 所示。

（二）薄膜式气体流量计

薄膜式气体流量计又称干式气体流量计，其工作原理如图 3-41 所示。在刚性容器内由两

个柔性薄膜（用薄羊皮或合成树脂薄膜制成）分隔而成
1 室、2 室、3 室和 4 室四个计量室，可以左右移动的两
个滑阀在气体进出口差压的作用下作往复运动。在图
3-41（a）中，气体通过滑阀进入 1 室和 3 室，薄膜在压
力的作用下将 2 室和 4 室中的气体排出，当 1 室和 3 室
充满气体以后，此时 2 室和 4 室的气体也已经排尽；在
图 3-41（b）中，滑阀换向，气体进入 2 室和 4 室，薄
膜在压力的作用下将 1 室和 3 室中的气体排出，当 2 室
和 4 室充满气体以后，此时 1 室和 3 室的气体也已经排
尽。图 3-41 中带箭头的实线表示气体进入的过程，带
箭头的虚线表示气体排出的过程。薄膜往复一次，将通

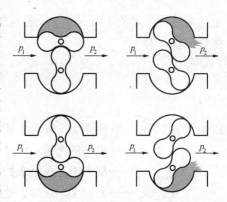

图 3-40　腰轮流量计工作原理

过一定体积的气体，通过测得薄膜的往复次数，即可获得所通过的气体的体积。

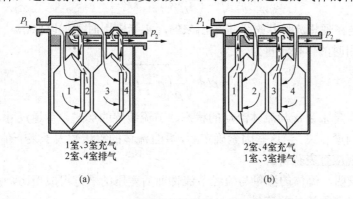

图 3-41　薄膜式气体流量计工作原理

　　薄膜式气体流量计结构简单，价格便宜，维修方便，主要应用于城市气体和丙烷气体的
测量，也可测量常压下的其他气体。

3.5.3　差压式流量检测

　　差压式流量计是应用历史最长，技术最为成熟，应用也最为广泛的流量计。差压式流量
计主要由节流装置及差压检测仪表组成。当流体通过设置于流通管道上的流动阻力件时会产生
压力差，这个压力差与流体流量之间有确定的函数关系。差压式流量计正是通过测量这个差压
值来计算求得流体流量的。这种流量计目前使用较多，常用于气体、液体、蒸汽流量的测量，
具有性能稳定、结构牢固的优点，但测量精度偏低。它主要有节流式流量计和浮子式流量计。

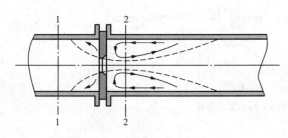

图 3-42　节流式流量计测量原理图

一、节流式流量计

节流式流量计由产生差压的节流装置和
检测差压值的仪表组成，其检测原理如图 3-42
所示。常用的节流装置有标准孔板、喷嘴和文
丘里管。

（一）测量原理

当水平管道内流体流经节流件时，流束截
面积突然缩小，流速增大，压力下降。假定管

道内为连续流动的不可压缩、无黏性的理想流体，如图 3-42 所示，根据伯努利方程和流体连续性方程，有

$$\frac{p_1}{\rho} + \frac{v_1^2}{2} = \frac{p_2}{\rho} + \frac{v_2^2}{2} \tag{3-53}$$

$$v_1 A_1 = v_2 A_2 \tag{3-54}$$

式中　p_1、p_2——截面 1、截面 2 处的绝对压力；

　　　ρ——流体的密度；

　　　v_1、v_2——截面 1、截面 2 处的平均流速；

　　　A_1、A_2——截面 1、截面 2 处的有效面积。

由式（3-53）和式（3-54）可得到理想流体的体积流量 q_v 为

$$q_v = v_2 A_2 = \frac{A_2}{\sqrt{1 - (A_2/A_1)^2}} \cdot \sqrt{\frac{2}{\rho}(p_1 - p_2)} \tag{3-55}$$

式（3-55）是在理想流体状态下推导出来的，实际应用时须加以修正。为此引入流量系数 α，则实际应用时的体积流量为

$$q_v = \alpha A_2 \sqrt{\frac{2}{\rho}(p_1 - p_2)} \tag{3-56}$$

实验表明，流量系数 α 与流体流动的状态、节流装置的形式、管道尺寸、开孔尺寸、取压点位置等多种因素有关。当这些因素确定后，并且流体的雷诺数大于某一值时，可认为 α 是一个常数，否则就应查表获得。

式（3-56）表明，流体的流量与流经节流件前后差压的平方根成正比，测量得到该差压后，通过计算便可获得流体的流量。

（二）节流装置

常用的节流装置如图 3-43 所示。标准孔板是一块中心开有圆孔的圆板，结构简单，加工方便，应用较多；但压力损失较大，测量精度低，且只能用于清洁流体测量。喷嘴是一种以管道轴线为中心线的旋转对称体，由入口收缩部分和出口圆筒形喉部组成，结构比较复杂，体积较大，加工困难，压力损失较小，测量精度较高。文丘里管是由圆锥形的入口收缩段和喇叭形的出口扩散段组成，压力损失小，三者中测量精度最高，可用于脏污流体介质的测量；尺寸大，加工困难，成本高，一般只用于有特殊要求的场合。

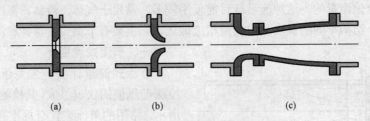

图 3-43　常用的节流装置

（a）标准孔板；（b）喷嘴；（c）文丘里管

（三）取压装置

标准节流装置规定了几种取压方式，有角接取压、法兰取压、径距取压等，如图 3-44

所示。

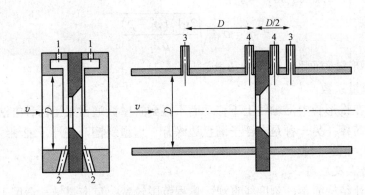

图 3-44　取压装置示意图

角接取压包括环室取压和钻孔取压两种，适用于孔板和喷嘴。环室取压（图 3-44 中 1-1 所示）的环室装在节流件的前后两侧，环缝的宽度为 1～10mm，上游和下游的静压通过环缝传入环室，由前后环室引出差压信号，环室起到均压作用，因此差压较为稳定。小管径测量时，优先选用环室取压。钻孔取压（图 3-44 中 2-2 所示）的取压孔开在节流件前后的夹紧环上，取压孔的直径为 4～10mm，当管道直径超过 500mm 时，环室加工困难，一般采用钻孔取压。法兰取压（图 3-44 中 4-4 所示）的上、下游两侧的取压孔直径相同，垂直于管道轴线，开在固定节流件的法兰上。径距取压（图 3-44 中 3-3 所示）的取压孔开在前、后测量管段上，上、下游取压孔各距孔板为 D 与 $D/2$。这两种取压方式都适用于标准孔板。

二、浮子式流量计

浮子式流量计也称转子流量计，是差压式流量计的一种，只是它的差压值基本保持不变，主要适用于小流量测量。

（一）结构与工作原理

浮子式流量计是由一根自下而上扩大的锥形管和一个可以沿锥形管轴线上下自由移动的浮子组成，如图 3-45 所示。测量时，流体自锥形管下端进入，经过浮子与锥形管之间的环形缝隙，从上端流出。由于缝隙的节流作用，在浮子的上、下端产生一个压力差，这个压力差对浮子施加一个向上的推力。当这个推力与浮子所受的重力大小相等时，浮子就稳定在一个平衡位置上，平衡位置的高度与通过的流体流量有一定的关系，因此，用浮子的高度即可反映流量的大小，也有将高度转化为圆盘指针读数的。

图 3-45　浮子式流量计测量原理图

浮子的受力平衡条件可以表示为

$$\Delta p A_f = V_f (\rho_f - \rho) g \qquad (3-57)$$

式中　Δp ——差压；

　　　A_f ——浮子的截面积；

　　　V_f ——浮子的体积；

　　　ρ_f、ρ ——浮子的密度、流体密度；

　　　g ——重力加速度。

将式（3-57）代入式（3-56），则有

$$q_v = \alpha A_0 \sqrt{\frac{2gV_f(\rho_f - \rho)}{\rho A_f}}$$

（3-58）

式中　A_0——环形缝隙面积，与高度 h 相对应；

　　　α——流量系数。

为了使浮子在锥形管中沿轴线上下移动而不碰到管壁，通常采用两种方法：一是在浮子中心装一根导向芯棒；另一种是在浮子圆盘边缘开一道道斜槽，使浮子绕轴线旋转。浮子材料一般由不锈钢、铝等制成。

（二）主要特点及应用

浮子式流量计结构简单，刻度线直观，量程范围较宽；反应灵敏，适用于低流速的流体测量。在使用时应竖直安装在管道上，不应有明显的倾斜，流体必须自下而上通过流量计。

另外需注意，浮子式流量计是一种非通用性仪表，出厂时需单个标定刻度，测量液体的一般用常温水标定。实际测量时，若被测介质与标定介质不同时，则流量计的指示值与实际流量之间存在差别，需要进行刻度换算修正。对于一般的液体介质，当温度和压力变化时，流体的黏度变化不会太大，此时只需进行密度修正，换算公式为

$$q_v' = q_v \sqrt{\frac{(\rho_f - \rho')\rho_0}{(\rho_f - \rho_0)\rho'}}$$

（3-59）

式中　q_v'——被测介质的实际流量；

　　　q_v——流量计指示流量；

　　　ρ'——被测介质密度；

　　　ρ_0——标定介质的密度；

　　　ρ_f——浮子密度。

3.5.4　涡轮流量计

涡轮流量计是一种速度式流量计，通过测量涡轮的旋转次数来测量流量。涡轮流量计具有测量精度高、动态特性好、寿命长、使用温度范围广等优点，是普遍应用的一种流量计。

（一）结构与工作原理

涡轮流量计主要由壳体、导流件、涡轮叶片和磁电转换器组成，如图 3-46 所示。壳体和导流件由非导磁的不锈钢材料制成，导流件对流体起导直作用，保证测量精度。涡轮叶片是测量元件，由导磁不锈钢材料制成，其上形成螺旋形叶片。测量时，流体自入口流经导流件后，沿平行于轴线的方向作用于叶片，使涡轮转动。在一定的流量范围内、一定的流体速度下，涡轮的转速与流体的流速成正比。磁电转换器将涡轮的转速转换为电脉冲信号，将脉冲信号转换成电流输出可以指示瞬时流

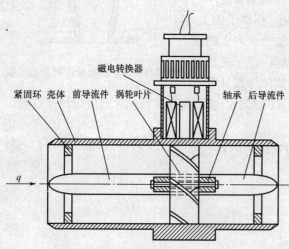

磁电转换器

紧固环　壳体　前导流件　涡轮叶片　　　轴承　后导流件

q

图 3-46　涡轮流量计结构原理图

量，对其进行计算可以显示总量。

流体推动涡轮转动时，涡轮叶片轮流接近于磁电转换器，周期性地改变其检测线圈磁电回路的磁阻，使通过线圈的磁通量周期性地发生变化，最终产生与流量成正比的脉冲信号。涡轮流量计的流量方程式可以表示为

$$q_v = \frac{f}{\xi}$$ （3-60）

式中　q_v——体积流量；

　　f——信号脉冲频率；

　　ξ——仪表常数。

仪表常数 ξ 与流量计的结构、流体的黏度及密度、流体的温度等因素有关。实验表明，流量较大时，ξ 近似为一个常数；流量较小时，ξ 变化比较大。这点使用过程中应加以注意。

（二）主要特点及应用

涡轮流量计适用于气体、液体流量的测量，但不宜用于测量蒸汽等高温流体的流量。它要求被测介质应洁净，否则应加装过滤装置；涡轮流量计一般应水平安装，流体流动的方向与流量计壳体标明的箭头方向一致，轴线与管道的轴线重合；涡轮流量计的前后应有一定的直管段，入口直管段应不小于 15 倍的管径，出口直管段应不小于管径的 5 倍。

3.5.5　电磁流量计

电磁流量计是根据法拉第电磁感应定律来检测流体的体积流量的，适用于导电性的液体介质。这种流量计没有可动部件和节流件，压力损失极小。

一、结构及工作原理

电磁流量计由磁场系统、非导磁的测量导管、电极和壳体组成，如图 3-47 所示。当导电的流体在管道中流动时，导电流体切割磁力线，因而在与磁场及流动方向垂直的方向上产生感应电动势 E。感应电动势 E 与流体平均速度 v 之间的关系可以表示为

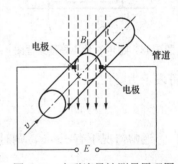

图 3-47　电磁流量计测量原理图

$$E = CBDv$$ （3-61）

式中　C——常数；

　　B——磁感应强度；

　　D——管道内径。

体积流量可表示为

$$q_v = \frac{\pi D^2}{4} v = \frac{\pi D}{4CB} E = \frac{E}{K}$$ （3-62）

$$K = \frac{4CB}{\pi D}$$

式中　K——仪表常数，对于特定电磁流量计，K 为定值。

由式（3-62）可以看出，当管道内径和磁感应强度不变时，流体的体积流量与感应电动势成正比，因此测量感应电动势即可求得流体的体积流量。

二、主要特点及应用

电磁流量计应用十分广泛，大口径仪表较多应用于给排水工程；中、小口径仪表多应用

于固液两相流体等难测流体或高要求的场合，例如煤浆等；小、微口径仪表常用于医药工业、食品工业等有卫生要求的场合。电磁流量计具有如下特点：

（1）测量管道中无阻力件，压力损失极小，也不会引起堵塞等问题，适用于含有固体颗粒或纤维的固液两相流体，如纸浆、矿浆及污水等。

（2）无机械惯性，反应灵敏，可以测量瞬时脉动流量，且线性度好，又可测量正反双向流量。

（3）测量结果与流体的压力、温度、密度、黏度及电导率等物理参数无关，测量精度高，测量结果可靠。

（4）被测介质必须是导电介质，结构较为复杂，成本较高，且易受外界电磁干扰。

3.5.6　超声流量计

超声流量计是利用超声波在流体中的传播特性来实现流量测量的。超声波在流体中的传播速度会随流体流速而变化，顺流时速度增大，逆流时速度减小。可以借助于超声波在流体中的顺流传播和逆流传播的速度变化来测量流体流速。

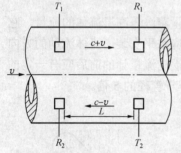

图 3-48　超声流量计测量原理图

（一）结构及工作原理

超声流量计的测量原理如图 3-48 所示。假定流体静止时超声波声速为 c，流体的流速为 v。在管道壁上设置两对超声发生/接收器 T_1 和 R_1、T_2 和 R_2，超声发生器到接收器之间的间距为 L。超声波自 T_1 和 T_2 发出后，分别以 $c+v$ 和 $c-v$ 的速度到达下游和上游的两个超声接收器 R_1 和 R_2，所用时间 t_1 和 t_2 可表示为

$$t_1 = \frac{L}{c+v}, \quad t_2 = \frac{L}{c-v} \tag{3-63}$$

通常情况下有 $c \gg v$，则时间差与流体流速的关系可表示为

$$\Delta t = t_2 - t_1 \approx \frac{2Lv}{c^2} \tag{3-64}$$

由此可知，测得时间差 Δt 即可计算出流体流速。

有必要指出的是，流体流速带给超声波声速的变化量为 10^{-3} 数量级，欲得到 1% 的流量测量精度，对声速的测量要达到 $10^{-5} \sim 10^{-6}$ 数量级，事实上检测很困难。为了提高检测精度，早期采用了相位差法，即检测 $\Delta \varphi$ 而非 Δt，而 $\Delta \varphi$ 与 Δt 有如下关系

$$\Delta \varphi = 2\pi f_t \Delta t \tag{3-65}$$

式中　f_t——超声波的频率。

以上方法存在一个弊端，必须知道声速 c，而声速随温度的变化而变化，因此，带来较大的误差。若采用频差法，频率与流速的关系可表示为

$$f_1 = \frac{1}{t_1} = \frac{c+v}{L}, \quad f_2 = \frac{1}{t_2} = \frac{c-v}{L} \tag{3-66}$$

则频率差与流速的关系为

$$\Delta f = f_1 - f_2 = \frac{2v}{L} \tag{3-67}$$

从式（3-68）中可以看出，已经消除了声速的影响。目前超声波流量计多采用频差法。

（二）主要特点及应用

超声流量计可以夹装在管道外，管道内压力损失小，特别适用于大口径管道流量测量。其测量误差一般为±2%～±3%，且可以制成便携式仪表。但因测量电路较为复杂，价格较贵，多用于不能使用其他流量计的场合。

3.6 物位检测仪表

物位检测是对容器中物料存储量多少的检测，在现代工业生产过程中具有重要地位。通常情况下，检测物位有三个目的：第一是确定容器的容量或容器中被测介质的存储量，以保证生产过程的正常运行；第二是检测和控制容器内的物料，使之维持在规定的范围内，用于连续控制生产工艺过程；第三是对容器中物料的上下限位置进行报警，保证生产过程的安全。

3.6.1 物位检测的基本概念及检测方法

一、物位检测的基本概念

物位是液位、料位及界位的总称。液位是指容器内液体表面位置的高度，测量液位的仪表称为液位计；料位是指容器内存储的块状、颗粒状或粉末状固体物料的堆积高度，测量料位的仪表称为料位计；界位是指互不相溶、密度又不同的固体与液体或液体与液体之间存在的分界面，相应的检测仪表称为界位计。

二、物位检测方法

物位的种类有很多，性质也不尽相同，针对不同的生产过程及检测对象，物位检测方法也多种多样。

物位检测仪表按测量方式可分为连续测量和定点测量两大类。连续测量能持续测量物位的变化，可以提供物位允许变化范围内任何高度的物位信息；定点测量则只检测物位是否达到了上限、下限或某些特定位置，这类仪表常被称为物位开关。

按检测原理分类，物位检测方法主要可以分为：

（1）直读式检测法。基于连通器原理，采用侧壁开窗口或旁通管的方式，直接将物位显示在标有刻度的玻璃板或玻璃管上。这种方法简单、可靠，信号只能就地读取，不能远传，一般只用于压力较低的液位测量中。

（2）静压式检测法。基于流体静力学原理，容器内密度均匀的介质的液面高度与对应液柱产生的压力成比例关系，因此可以通过测量压力差来测量物位。采用这类检测方法的仪表一般只用于液位的检测。

（3）浮力式检测法。基于阿基米德定律，漂浮在液面上的浮子的高度随液位的变化而变化，或浸没在液体中的浮筒所受浮力随液位的变化而改变，从而可以测量液位。这类仪表包括各类浮子式液位计、浮筒式液位计等。

（4）电气式检测法。将电气式物位检测元件置于被测介质中，当物位发生变化时，电气式物位检测元件的电阻、电感或电容等发生相应改变，通过检测这些电量的变化得知物位。

（5）声学式检测法。利用超声波在介质中的传播速度及在不同介质相界面之间的反射特性来检测物位。

除此之外，还有射线式、光纤式、重锤式物位检测方法等。

3.6.2　静压式液位计

静压式液位计利用一定高度的液体产生的静压与液体的高度成正比，通过检测静压力或差压来间接测量液位。因此，静压式液位计是将液位的检测转化为压力或差压的检测的仪表。

静压式液位计的测量原理如图 3-49 所示。液位 h 与 A、B 两点之间的压力差 Δp 有以下关系

$$\Delta p = p_B - p_A = \rho g h \tag{3-68}$$

式中　p_A、p_B——A、B 两点的压力；

　　　　ρ——被测介质的密度；

　　　　g——重力加速度。

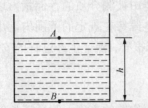

图 3-49　静压式液位计的测量原理

由式（3-68）可知，当被测介质密度均匀不变时，A、B 两点之间的压力差 Δp 与液位 h 成正比关系。测得压力差 Δp 后，可以计算得到液位 h。因此，凡是可以测压力或压力差的仪表，只要量程允许，均可用于检测液位。

对于敞口容器来说，对应于式（3-68）中的 A 点的压力即为大气压力，在容器的底部接上压力计，引出压力信号，则该压力计的表压力反映的即是液柱静压。对于密闭容器来说，将差压计的正压侧与容器底部连接，负压侧与容器内液面以上的空间连接，安装高度与容器底部处于同一水平位置，如图 3-50 所示，则有

$$h = \frac{\Delta p}{\rho g} \tag{3-69}$$

式中　h——液位的高度；

　　　　Δp——差压计测得的差压值。

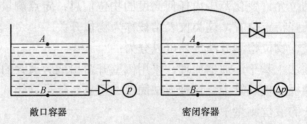

敞口容器　　　　　　密闭容器

图 3-50　敞口容器与密闭容器的液位测量原理

3.6.3　浮力式液位计

浮力式液位计是通过检测漂浮于被测液面上的浮子随液面变化而产生的位移来检测液位的，主要有浮子式和浮筒式液位计两种类型。

一、浮子式液位计

浮子式液位计是一种恒浮力式液位计，其检测原理如图 3-51 所示。作为检测元件的浮子漂浮在液面上，通过绳索和滑轮与平衡重锤相连接。浮子所受重力与浮力之差和平衡重锤所受的重力相平衡，使浮子稳定在液面上。其平衡关系为

$$G_1 - F = G_2 \tag{3-70}$$

式中　G_1、G_2——浮子、重锤所受的重力；

F——浮子所受浮力。

当液位变化时，式（3-70）所表示的平衡关系被破坏，浮子所受合力不为零，会随液位变化而变化，直至达到新的平衡位置，平衡关系式再次成立。由于 G_1、G_2 为常数，因此浮子停留在任何高度的液面时所受的浮力 F 均相等，故称恒浮力式液位计。其实质是把液位的变化通过浮子转换成位移的变化。

在实际应用中，还可以采取其他结构形式来实现液位－位移的转换，不仅可以转换成线位移，还可以转换成角位移。另外，还可以将位移信号转换成电信号，便于信号的远传。

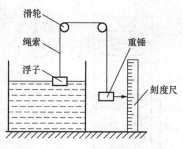

图 3-51　浮子式液位计测量原理

二、浮筒式液位计

浮筒式液位计是一种变浮力式液位计。其检测元件是一个圆柱形空心金属浮筒，工作原理如图 3-52 所示。浮筒上部由弹簧悬挂，下部有部分浸没于液体中。当浮筒有一部分浸没于液体中达到静止时，下端被固定的弹簧由于受浮筒的重力而被压缩，浮筒受向上的弹簧力、浮力和向下的重力。设浮筒的质量为 m，截面积为 A，浸没于液体中的高度为 H，液体的密度为 ρ，弹簧的刚度为 c，变形为 x_0，此时有

$$mg = cx_0 + \rho gAH \qquad (3-71)$$

当液位上升 ΔH 时，浮筒所受浮力变大，浮筒上升，弹簧的形变改变 Δx，浸没在液体中的高度则变为 $(H + \Delta H - \Delta x)$，达到新的平衡时则有

$$mg = c(x_0 - \Delta x) + \rho gA(H + \Delta H - \Delta x) \qquad (3-72)$$

由式（3-71）和式（3-72）可以求得液位的上升高度为

$$\Delta H = \left(1 + \frac{c}{\rho gA}\right)\Delta x \qquad (3-73)$$

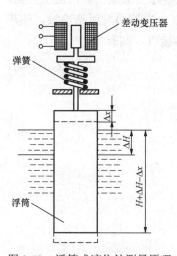

图 3-52　浮筒式液位计测量原理

式（3-73）表明，弹簧的形变与液位的变化成比例关系，通过检测弹簧的形变即可获知液位的变化。若将弹簧的变化 Δx 通过差动变压器测出，则液位信号可以进一步转换为电信号，便于远传。

3.6.4　电容式物位计

电容式物位计是电气式物位检测的一种。电气式物位计利用敏感元件将物位的变化转换为电参数的变化，根据电参数的不同，可分为电阻式、电容式和电感式。其中以电容式物位计最为常见。

电容式物位计是基于圆筒电容器工作的，其结构为同心圆柱式，如图 3-53 所示。它由两个长度为 L，直径分别为 D 和 d 的同心圆筒金属导体组成，则由两圆筒组成的电容器的电容量可表示为

$$C_0 = \frac{2\pi\varepsilon_0 L}{\ln(D/d)} \qquad (3-74)$$

式中　L ——极板的长度；

D、d ——外电极的内径和内电极的外径；

ε_0——极板间介质的介电常数。

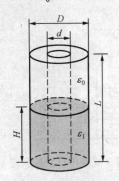

图 3-53　电容式物位
计测量原理图

当电容式物位计插入到被测介质中时，电极的一部分浸没到被测介质中，浸没高度为 H 时，被测介质的介电常数为 ε_1。电容器的电容量变为

$$C = \frac{2\pi\varepsilon_0}{\ln(D/d)}(L-H) + \frac{2\pi\varepsilon_1}{\ln(D/d)}H \qquad (3\text{-}75)$$

则电容变化量为

$$\Delta C = C - C_0 = \frac{2\pi(\varepsilon_1 - \varepsilon_0)}{\ln(D/d)}H \qquad (3\text{-}76)$$

由此可见，电容器的电容变化量正比于被测介质的物位。只要检测到电容的变化量，即可求出被测介质的物位 H。

3.6.5　超声式液位计

超声波穿过两种不同介质的分界面会生反射和折射，对于密度相差很大的介质的分界面，几乎为全反射。若是把发射超声波的超声换能器置于容器的底部，向液面发射超声波，超声波在到达液面的时候反射回来，经过时间 t 后，再由超声换能器接收，则有

$$t = \frac{2h}{v} \qquad (3\text{-}77)$$

由式（3-77）很容易计算求得液体的深度 h，即

$$h = \frac{vt}{2} \qquad (3\text{-}78)$$

式中　h——换能器到液面的距离；

　　　v——超声波在介质中的传播速度。

3.7　热量检测仪表

热量与温度一样，是热学中最基本的物理量。在生产和生活中，很多场合都需要进行热量计量。例如，在我国北方地区的集中供热系统中，必须准确地测量各用户消耗的热量，以便为缴费提供依据。

3.7.1　热流密度的概念及检测方法

单位面积上传热的强弱，称为热流密度。热量的测量一般采用两种方法，一种是基于热流计测量单位时间内通过单位面积的热量，进而求得一定时间内通过一定面积的热量；另一种则是采用热量表，直接测量热量。

一、热阻式热流传感器的工作原理

当热流通过平板状的热流传感器时，传感器热阻层上产生温度梯度，根据傅里叶定律可以得到通过热流传感器的热流密度为

$$q = -\lambda \frac{\partial t}{\partial x} \qquad (3\text{-}79)$$

式中　q——热流密度，W/m^2；

$\dfrac{\partial t}{\partial x}$ ——垂直于等温面方向的温度梯度，℃；

λ ——热流传感器材料的导热系数，W/（m·℃）；

负号——热流密度方向与温度梯度方向相反。

若热流传感器的两侧平行壁面各保持均匀稳定的温度 t 和 $t+\Delta t$，热流传感器的高度与宽度远大于其厚度，则可认为沿高和宽两个方向温度没有变化，而仅沿厚度方向变化。对于一维稳定导热，则可将式（3-79）写为

$$q = -\lambda \frac{\Delta t}{\Delta x} \tag{3-80}$$

式中 Δt ——两等温面温差，℃；

Δx ——两等温面之间的距离，m。

由式（3-80）可知，若热流传感器材料和几何尺寸一旦确定，则只需测出热流传感器两侧的温差，便可得到热流密度。根据使用条件，选择不同的材料做热阻层，以不同的方式测量温差，就能做成各种不同结构的热阻式热流传感器。

如果用热电偶测量上述温差 Δt，并且所用热电偶在被测温度变化范围内，其热电动势与温度成线性关系时，其输出热电动势与温差成正比，这样通过热流传感器的热流为

$$q = \frac{\lambda E}{\delta C'} = CE \tag{3-81}$$

$$E = C'\Delta t \tag{3-82}$$

$$C = \frac{\lambda}{\delta C'}$$

式中 C ——热流传感器系数，W/（m^2·mV）；

C' ——热电偶系数；

δ ——热流传感器厚度，m；

E ——热电动势，mV。

C 的物理意义为，当热流传感器有单位热电动势输出时，垂直通过它的热流密度。由 $C = \dfrac{\lambda}{\delta C'}$ 可知，当 λ 和 C' 为定值时，δ 越大，则 C 越小，即越容易反映出小热流值。由 δ/λ 的大小，将热流传感器分为高热阻型和低热阻型。δ/λ 值大的称为高热阻型，δ/λ 小的称为低热阻型。对于同一类热电偶，高热阻型的 C 值小于低热阻型的。因此，在所测传热工况非常稳定的情况下，高热阻型热流传感器易于提高测量精度，常用于小热流测量。但需要注意的是，高热阻型热流传感器比低热阻型热流传感器热惰性大，使得热流传感器的反应时间增加，对于热传工况波动较大的场合，测定结果会造成较大的测量误差。

热流传感器的种类很多，常用的有用于测量平壁面的板式（WYP 型）和用于测量管道的可挠式（WYR 型）两种结构，外形有平板形与圆弧形等。图 3-54 所示为平板热流传感器的结构图。平板热流传感器是由骨架、热电堆片及引线柱等组成，外形尺寸大约为 130mm× 130mm，厚约 1mm。热电堆片是由很多对热电偶串联绕在基板上组成，两端头焊接于引线柱上，如图 3-55 所示，表面再贴上涤纶薄膜作为保护层。由热电偶原理可知，热电堆片总热电动势等于各个热电偶分热电动势叠加。这样即使芯板两侧的温差 Δt 很小，也可以得到比较大

的热电动势。

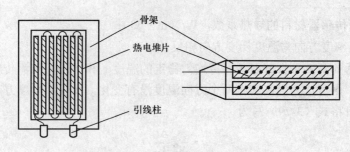

图 3-54　平板热流传感器结构

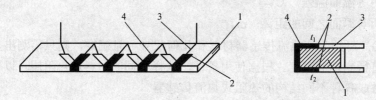

图 3-55　热电堆片示意图

1—芯板；2—热电偶接点；3—热电极材料 A；4—热电极材料 B

　　热流传感器产生的电动势，早期采用电位差计、动圈式毫伏表及数字式电压表进行测量，利用标定曲线或经验公式求出热流。近年来出现的数字式显示仪表，不但可以直接显示测量的热流，还可以自动测量数据，显示数据曲线，打印报告等。

　　二、热流传感器的标定

　　热流传感器系数 C 受传感器材质、加工工艺等影响，差别明显。因此每个热流传感器都必须分别进行标定。严格来说，热流传感器系数 C 对于给定的热流传感器来说不是一个定值，而是工作温度的函数。对于工作温度变化不大的热流传感器，可以认为 C 值是一个定值，由此带来的测量误差也不会很明显。但对于工作温度变化范围比较大，或者偏离标定时的温度较远时，就需要进行重新标定，否则会带来较大的测量误差。

　　标定热流传感器时，为了确定热流传感器的系数 C，必须要有一个稳定的具有确定方向（单向或双向）的一维热流，其热流密度的数值能够准确测定，其大小可以根据需要给出，也就是说需要一个标准热流发生器。为了满足热流传感器工作原理中关于其表面是等温面的要求，标准热流发生器的表面必须是一个等温面，其温度应能根据需要而改变。若要确定传感器的热阻，还必须在标定的同时测出传感器两面的温差及传感器的厚度。根据测定热流密度的方式，标定方法还可以分成绝对法和比较法两大类，这和测定绝热材料导热系数的稳态方法一样，而且往往就是用导热系数测定器作为标准热流发生器。常用的标定方法有平板直接法、平板比较法和单向平板法，此处只介绍前两种方法。

　　（一）平板直接法

　　平板直接法采用测量绝热材料的保护热板式导热仪作为校准热流传感器的标准热流发生器，如图 3-56 所示。加热器两侧是均热板，再外侧为热流传感器。热流传感器外侧用冷板夹紧，中间填充绝缘材料。均热板以稳定的直流加热，冷板则采用恒温水套。

　　调整保护加热器的功率，使保护加热器表面均热板的温度和主均热板温度一致，从而在

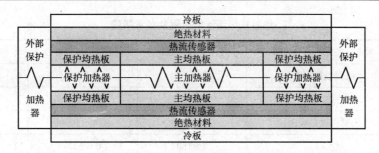

图 3-56　平板直接法原理图

热板和冷板之间建立一个垂直于冷、热板面的稳定的一维热流场。热流均匀垂直地通过热流传感器，热流密度可表示为

$$q = \frac{RI^2}{2F} \tag{3-83}$$

式中　q——热流密度，W/m^2；

　　　R——中心热板的加热电阻，Ω；

　　　I——通过加热器的电流，A；

　　　F——中心热板的面积，m^2。

在校准时，应保证冷、热板之间的温差大于 10℃。传热稳定后，每隔 30min 连续测量热流计和缓冲板两侧温差、输出电动势及热流密度。4 次测量结果的偏差小于 1%，且不是单方向变化时，标定结束。在相同的温度下，每块热流传感器至少应标定 2 次，第二次标定时，两块热流传感器的位置应该互换，取两次平均值作为该温度下热流传感器的标定系数。

（二）平板比较法

平板比较法的原理如图 3-57 所示。将待校准的热流传感器与经过平板直接法校准过的可作为标准的热流传感器，放在表面温度保持稳定的均匀的热板和冷板之间。用标准热流传感器测定的系数 C_1、C_2 和输出电动势 E_1、E_2，就可以求出热流密度 q，进而利用式（3-84）可以确定被标定的热流传感器的系数 C_B，即

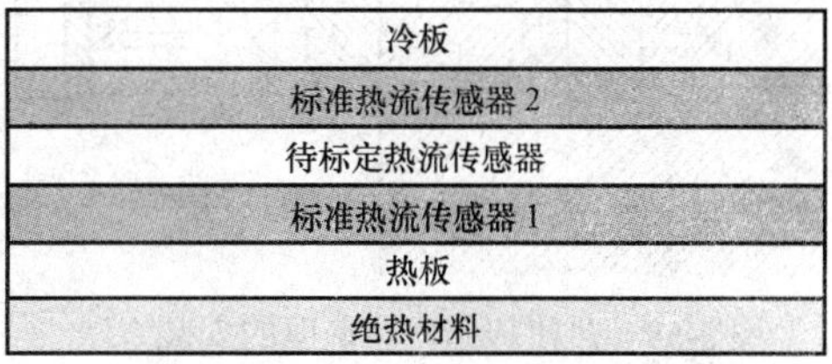

冷板
标准热流传感器 2
待标定热流传感器
标准热流传感器 1
热板
绝热材料

图 3-57　平板比较法原理图

$$C_B = \frac{q}{E} = \frac{C_1 E_1 + C_2 E_2}{2E} \tag{3-84}$$

式中　E_1、E_2——标准热流传感器输出电动势，mV；

　　　E——被标定的热流传感器输出电动势，mV。

该法由于是利用了平板直接法所校准的热流传感器作为标准热流传感器，因此校准系数具有较大的不确定度。当两种方法的校准结果产生异议时，以前一种方法为准。

三、热阻式热流传感器的安装

在使用热流传感器时，除了合理地选用仪表的量程范围，允许使用温度，传感器类型、尺寸、内阻等有关参数外，还要注意正确的使用方法，否则可能引起较大的误差。常见的热阻式热流计的应用及参考精度见表 3-3。

表 3-3　　　　　　　　　　　　　热阻式热流计的应用及参考精度

应用领域	测定对象或应用的仪器	使用温度（℃）	测量范围（W/m²）	参考精度（%）
热工学、能源管理	一般保温保冷壁面	−80～+80	0～500	5
	工业炉壁面	20～600	50～1000	5
	特殊高温炉壁面	100～800	1000～10000	10
	化工厂	0～150	0～2000	5
	建筑绝热壁面	−30～+40	0～200	5
	发动机壳	20～80	100～1000	5
	农业、园艺设施	−40～+50	0～1000	5
环境工程	一般保温保冷壁面	20～80	0～250	3
	小型锅炉、发动机	20～60	50～200	5
	坑道、采掘面	20～70	200～1000	3
	空调机器设备	0～80	0～1500	3
	建筑壁面、装修、隐蔽材料	−40～+150	0～1000	3
	蓄热、蓄冷设备	0～80	0～1500	3

热流传感器在壁面有三种安装方式，分别为埋入式、表面粘贴式和空间辐射式（见图 3-58）。其中，埋入式和表面粘贴式是热阻式热流传感器较为常用的安装方法。

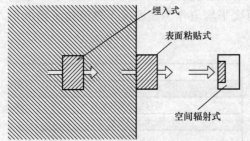

图 3-58　热流传感器在壁面的安装方法

被测物体表面的放热状况与许多因素有关，被测物体的散热热流密度与热测点的几何位置有关。例如水平安装的有均匀保温层圆形管道，所测得的保温层底部的热流密度最低，保温层侧面热流密度略高于底部，保温层上部热流密度则比下部和侧面大许多。在这种情况下，测点应选在能反映管道截面上平均热流密度的位置，一般选在截面与管道水平中心线夹角约为 45°和 135°处。最好在同截面上选几个有代表性的位置进行测量，与所得到的平均值进行比较，从而得到合适的测量位置。对于垂直平壁面和立管也可作类似的考虑，通过测试找出合适的测点位置。至于水平壁面，由于传热状况比较一致，测点位置的选择较为容易。热流传感器在壁面和管道上的安装方法如图 3-59 所示。

热流传感器表面为等温面，安装时应尽量避免温度异常点。热流传感器表面应与所测量壁面紧密接触，不得有空隙且尽可能与所测壁面平齐。为此常采用胶液、石膏、黄油、凡士林等粘贴热流传感器。对于硅橡胶可挠式热流传感器，可以采用双面胶纸。有条件时，应尽量采用埋入式安装。

3.7.2　热量及冷量表

以热水为热媒的热源生产的热量，或用户消耗的热量，需要用热量表进行测量。因热水热量测量与冷冻水冷量测量的测量原理相同，在此只介绍热水热量的测量方法。

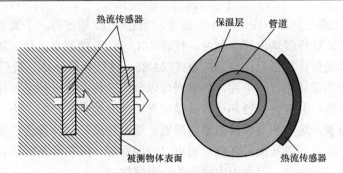

图 3-59 热流传感器在壁面和管道上的安装方法

（一）热量测量原理

热水吸收或释放的热量，与热水流量和供回水焓差有关，它们之间的关系可表示为

$$Q = \int \rho q_v (h_1 - h_2) \mathrm{d}\tau \tag{3-85}$$

式中 Q——流体吸收或释放出的热量，W；

q_v——通过流体的体积流量，m^2/s；

ρ——流体的密度，kg/m^3；

h_1，h_2——流进、流出流体的焓值，J/kg。

通过热力学中焓值与温度的关系，即焓值为其定压比热与温度之积，式（3-85）还可以表示为

$$Q = \int \rho q_v c_p (t_1 - t_2) \mathrm{d}\tau \tag{3-86}$$

式中 c_p——热水的定压比热；

t_1、t_2——供、回水温度。

从式（3-86）中可以看出，只要测出供水温度和热水流量，即可得到热水放出的热量。热量表正是基于这个原理测量热水热量的。

（二）热量表的结构

热量表也称热能表，主要由配对温度传感器、流量传感器和计算器组成。配对温度传感器即计量特性一致（或相近）的铂电阻（配对铂电阻），用以测量供水温度和回水温度。为减少导线电阻对测量精度的影响，采用 Pt1000 或 Pt500 的铂电阻测量水温。流量传感器则采用机械式热水表、电磁流量传感器或超声波流量传感器等。

图 3-60 所示为以干式热水表做基表的用户热量表的工作原理。干式热水表的叶轮与表头之间有一层隔离板，将表壳中的热水和表头分隔开。隔离板上下有一对耦合磁铁 A、B，耦合磁铁 A 位于叶轮上，耦合磁铁 B 则位于齿轮组上。当热水流过热水表时，叶轮上的耦合磁铁 A 会随着叶轮一起转动，通过磁耦合的作用，带动耦合磁铁 B 和齿轮组同步转动。齿轮组上带有 10L 或 1L 指针的齿轮上装有一小块磁铁 C，该磁铁通过齿轮组的转动与耦合磁铁 B 一起转动（速

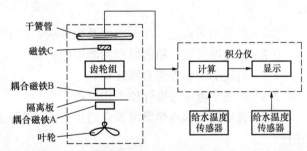

图 3-60 热量表的工作原理

度不同）。在齿轮上部（侧面）安装一个干簧管，当磁铁 C 通过时，干簧管吸合；当磁铁离开后，干簧管打开。这样就输出一个脉冲，代表 10L（1L）的热水流量。输出的脉冲信号及供、回水温度分别送至计算器，计算器按照式（3-86）进行热量计算，最后输出结果。

根据总体结构和设计原理的不同，热量表可以分为三种：第一种是一体式热量表，这类热量表的流量传感器、温度传感器和计算器是全部或部分结合在一起、不可分割的整体。第二种是组合式热量表，这类热量表的流量传感器、温度传感器和计算器是相互独立的，同型号产品中的某部分往往可以互换，各部分也可以分别标定。第三种是紧凑式热量表。这种仪表在出厂时各部件分别标定，但使用中须当作一个整体。

我国生产的热量表共分三个精度等级，即Ⅰ级、Ⅱ级和Ⅲ级，见表 3-4。从表中可以看出，热量表的精度等级并非用固定的值表示，因为同一精度等级的热量表，其误差要求也可能因工作条件不同而改变。

表 3-4 热量表的准确度等级和最大允许相对误差

级别	最大允许相对误差
Ⅰ级	$\Delta = \pm\left(2 + 4\dfrac{\Delta t_{min}}{\Delta t} + 0.01\dfrac{q_p}{q}\right)\%$ ， $\Delta = \pm\left(1 + 0.01\dfrac{q_p}{q}\right)\%$ 且 $\Delta q \leqslant \pm 5\%$
Ⅱ级	$\Delta = \pm\left(3 + 4\dfrac{\Delta t_{min}}{\Delta t} + 0.02\dfrac{q_p}{q}\right)\%$
Ⅲ级	$\Delta = \pm\left(4 + 4\dfrac{\Delta t_{min}}{\Delta t} + 0.05\dfrac{q_p}{q}\right)\%$

注 q 为实际流量，m^3/h；Δt 为流体的进出口温差；Δq 和 Δ 分别为流量传感器误差限和热量表的误差限；对Ⅰ级表，额定流量 $q_p \geqslant 100m^3/h$。

（三）热量表的安装及使用

热量表的安装主要考虑要满足流量和温度传感器的安装要求，计算器要安装在通风良好、便于观察的位置，整表的维护周期一般为 5 年。

复习思考题与习题

3-1 简述绝对误差、相对误差及引用误差的定义及区别。

3-2 简述准确度、精密度和精确度的关系。

3-3 湿度的表示方法有哪几种？

3-4 简述干湿球湿度计的工作原理。

3-5 说明热电偶冷端温度恒定的重要性，工程上常用的冷端温度恒定与补偿的方法有哪几种？

3-6 简述热电偶补偿导线的作用和选择及使用中应注意的问题。

3-7 用 Pt100 测量温度时，误用了 Cu100 的分度表，查得温度为 120℃，则实际温度应为多少？

3-8 若用铂铑 13-铂热电偶测量某介质的温度，测得的热电动势为 8.02mV，此时热电偶冷端的温度为 40℃，求该介质的实际温度为多少？

3-9　利用分度号为 E 的热电偶测量 800℃的炉温，此时热电偶冷端的温度为 30℃，求热电偶的热电势 $E(t, t_0)$ 为多少？

3-10　利于弹簧管式压力计测量某压力，工艺要求该压力为（1.5±0.05）MPa。现在可以供选择的压力表量程有 0～1.6MPa、0～2.5MPa、0～4.0MPa，精度有 1.0、1.5、2.0、2.5 及 4.0 级，试确定所选压力表的量程及精度等级。

3-11　金属应变片与半导体应变片在工作原理上有哪些不同？试比较它们的优缺点。

3-12　什么是压电效应？以石英晶体为例说明其原理。

3-13　常用的容积式流量检测仪表有哪些？

3-14　简述差压式流量计的工作原理，常见的节流装置有哪些？

3-15　有一台用水标定的浮子流量计，浮子由密度为 7900kg/m³ 的不锈钢制成，用其来测量密度为 790kg/m³ 的某液体介质，当仪表读数为 5m³/h 时，被测介质的实际流量为多少？如果浮子由密度为 2750kg/m³ 的铝制成，其他条件不变，则被测介质的实际流量又为多少？

3-16　简述电磁流量计的工作原理，以及使用中应注意的问题。

3-17　简述常见的物位检测方法。

3-18　简述静压式液位计和电容式液位计的工作原理。用电容式液位计测量导电介质与非导电介质的液位时采用的电容液位计有何不同？

3-19　简述热流传感器的标定方法。

3-20　简述电磁流量计的工作原理，以及使用时应注意的问题。

3-21　简述热流传感器的安装方式，以及使用中应注意的问题。

3-22　简述热量表的组成及各部分的功能。

4 调节器和执行器

本章主要介绍过程控制中常用的调节器和执行器的工作原理、种类、特点及其在过程控制中的应用。在调节器的讲述中，主要介绍工业控制中最为普遍和最为常用的比例（P）、积分（I）、微分（D）调节器的控制原理，以及由此基本调节器衍生出的其他类型的调节器，包括比例积分（PI）、比例微分（PD）和比例积分微分（PID）调节器。除此之外，还以 SLPC 为例介绍了目前较为先进的可编程序调节器的特点和工作原理。在执行器部分，对常用的气动、液动和电动执行器的特点、种类及工作原理进行了介绍。本章要求重点掌握比例、积分、微分控制规律的特点及应用，了解执行器的工作原理及选择方法。

调节器是一种将生产过程参数的测量值与给定值进行比较，得出偏差后根据一定的调节规律产生输出信号推动执行器消除偏差量，使该参数保持在给定值附近或按预定规律变化的控制器。在过程控制系统中，调节器按照一定的算法或规律对期望输出值与实际输出值之间的偏差信号进行调整，使得输出值能够达到与输入值相对应的期望值。

执行器是自动化技术工具中接受控制信息并对受控对象施加控制作用的装置。执行器按所用驱动能源分为气动、电动和液动执行器 3 类。执行器是调节器控制规律的具体执行者和操作者。

4.1 典型控制系统

典型的单回路控制系统的结构框图如图 4-1 所示。其中，虚线框内部分为调节器 $W_o(s)$，$W_p(s)$ 是包括执行器、被控对象和测量变送元件在内的广义被控对象的传递函数，$W_d(s)$ 为干扰通道的传递函数。

进入调节器的偏差信号定义为

$$\varepsilon = y - r \tag{4-1}$$

式中　ε——偏差；

　　　y——被控变量；

　　　r——系统设定值。

当系统稳定时，偏差信号为 0 或接近于 0。当干扰作用于系统而使被控变量偏离设定值时，偏差信号出现。调节器在接收到偏差信号以后，期望根据预设好的控制规律改变其输出信号，通过执行器作用于被控对象，使被控量向系统设定值方向改变，重新回到稳定状态。

系统是否能及时有效地回到稳定工作状态，即系统的控制品质如何，不仅取决于被控对象的特

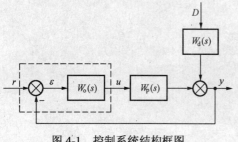

图 4-1 控制系统结构框图

性，也取决于调节器本身的特性。调节器本身的特性即是指调节器的控制规律及相关参数设

置。控制规律是指调节器的输出信号随输入信号（偏差）变化的规律。

通过以上分析可知，只有存在偏差ε时，调节单元才会真正发挥其作用。对于调节器而言，有正、反作用两种工作方式。所谓正作用方式是指调节器的输出信号u随被调量y的增大而增大，此时整个调节器的增益为"+"。反作用方式则是指u随被调量y的增大而减小，调节器的增益为"−"。通常情况下，工业调节器都设置有正、反作用开关，用于选择调节器工作于正作用或是反作用方式。这样，负反馈控制就可以通过正确选定调节器的作用方式来实现。

4.2　PID 控制规律

PID 调节器结构简单，使用方便，且其控制品质对被控对象特性不敏感。因此，具有广泛的适应性。据统计，在过程控制领域中，大约90%的控制回路都采用 PID 控制。

一、基本控制规律及其表现形式

比例（P）、积分（I）和微分（D）是调节器的基本控制规律，是所有实用控制规律的基础。

（一）比例（P）控制规律

比例控制规律的调节器的输出信号的变化量Δu与偏差信号ε之间存在比例关系，用微分方程形式可表示为

$$\Delta u = K_p \varepsilon \tag{4-2}$$

式中　　K_p——可调的放大倍数（比例增益），K_p的大小反映了比例作用的强弱。

比例调节器在阶跃输入信号作用下的输出响应曲线如图 4-2（a）所示。

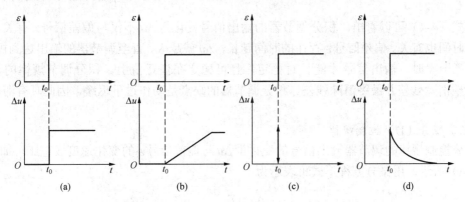

图 4-2　比例、积分、微分调节器在阶跃输入信号作用下的输出响应曲线

（a）比例调节器；（b）积分调节器；（c）理想微分调节器；（d）实际微分调节器

需要注意的是，当偏差信号ε为 0 时，由式（4-2）可知，调节器的输出信号的变化量Δu为 0。但并不意味着此时调节器没有输出或输出为 0，只能说明此时调节器的输出为某个平衡值u_0。平衡值u_0的大小一般可通过调整调节器的工作点加以改变。

比例调节是最基本、应用最普遍的控制规律，其显著特点是有差调节。比例调节器的输出信号变化量Δu与输入信号之间始终保持比例关系，也即调节作用是以偏差的存在为前提的，因此系统稳定后，被控变量也无法达到系统给定值，即存在一定的残余偏差。

在实际应用中，由于调节器的输入与输出是不同的物理量，K_p 的量纲是不同的，因此难以从 K_p 值的大小直接判断调节作用的强弱。此时，更多地采用比例度（亦称比例带）δ 来表示比例调节作用的强弱。比例度是调节器输入的相对变化量与相应输出的相对变化量之比的百分数，可以表示为

$$\delta = \frac{\dfrac{\Delta\varepsilon}{\varepsilon_{\max} - \varepsilon_{\min}}}{\dfrac{\Delta u}{u_{\max} - u_{\min}}} \times 100\% \tag{4-3}$$

式中　$\Delta\varepsilon$ ——输入偏差；

$\quad\quad \Delta u$ ——相应的输出变化量；

$\varepsilon_{\max} - \varepsilon_{\min}$ ——输入值的最大变化量；

$u_{\max} - u_{\min}$ ——输出值的最大变化量。

很明显，比例度 δ 越小，放大倍数 K_p 越大，将偏差 ε 放大的能力越强，控制作用也越强，反之亦然。比例控制作用的强弱通常是通过调整比例度 δ 实现的。

（二）积分（I）控制规律

积分控制规律的调节器输出信号的变化量 Δu 与偏差信号 ε 的积分成正比，如图 4-2（b）所示，用微分方程形式可表示为

$$\Delta u = \frac{1}{T_I} \int \varepsilon \mathrm{d}t \tag{4-4}$$

式中　T_I ——积分时间；

$\quad\dfrac{1}{T_I}$ ——积分速度。

从式（4-4）可以看出，积分调节器的输出信号变化量 Δu 不仅与偏差信号 ε 有关，与其存在的时间也有关。偏差信号 ε 存在的时间越长，Δu 就越大，直至调节器的输出达到极限值。只有 ε 等于零时，输出信号才能相对稳定，且可稳定在任意值上。积分调节规律的显著特点是希望消除残差并最终消除残差。积分调节器的缺点是动作过于迟缓，因此具有滞后调节特点。

（三）微分（D）控制规律

微分控制规律的调节器输出信号的变化量 Δu 与偏差信号 ε 的变化速度成正比，如图 4-2（c）、（d）所示。用微分方程形式可表示为

$$\Delta u = T_D \frac{\mathrm{d}\varepsilon}{\mathrm{d}t} \tag{4-5}$$

式中　T_D ——微分时间；

$\quad\dfrac{\mathrm{d}\varepsilon}{\mathrm{d}t}$ ——偏差信号的变化速度。

从式（4-5）可以看出，微分控制规律的调节作用与偏差信号的变化速度成正比，可以根据偏差信号的变化趋势及时地产生调节作用，将偏差尽早消除，因此具有超前调节能力。但是，对于偏差信号大小不变或变化缓慢的情况，此时有 $\mathrm{d}\varepsilon/\mathrm{d}t = 0$ 或接近于零，则输出 Δu 总为零或接近于零，显然不会产生调节效果；另一方面，若是强度很小但变化迅速的信号，$\mathrm{d}\varepsilon/\mathrm{d}t$ 可以很大，则输出 Δu 也会较大，会对控制作用带来很大的扰动。因此，微分调节在实际工程

中不能单独使用，只能起辅助调节作用。

二、常规 PID 控制规律

只需将比例、积分、微分这三种基本控制规律进行适当的组合，就能构成多种工业上常用的控制规律，包括比例积分（PI）、比例微分（PD）和比例积分微分（PID）控制规律。

（一）比例积分（PI）调节器

比例积分（PI）调节器由比例与积分两种调节作用结合而成，既能达到控制及时的目的，又能消除残差，可以提高控制精度。比例积分控制规律可表示为

$$\Delta u = K_P \left(\varepsilon + \frac{1}{T_I} \int_0 \varepsilon \mathrm{d}t \right) \tag{4-6}$$

积分时间 T_I 越小，积分作用越强。反之，积分时间 T_I 越大，积分作用越弱。当 T_I 取无穷大时，则没有积分作用，成为纯比例调节器。

（二）比例微分（PD）调节器

微分调节器不能单独使用，在实际应用时，至少与比例控制组合成比例微分（PD）调节器使用。比例微分控制规律可表示为

$$\Delta u = K_P \left(\varepsilon + T_D \frac{\mathrm{d}\varepsilon}{\mathrm{d}t} \right) \tag{4-7}$$

比例微分控制作用可以提高调节速度。特别是对惯性大的控制对象，可以改善控制质量，减小超调，缩短控制时间。

（三）比例积分微分（PID）调节器

当控制对象惯性较大且对控制精度要求较高时，可采用将比例、积分与微分三种调节作用结合而成的比例积分微分（PID）调节器。理想的 PID 调节规律可表示为

$$\Delta u = K_P \left(\varepsilon + \frac{1}{T_I} \int_0 \varepsilon \mathrm{d}t + T_D \frac{\mathrm{d}\varepsilon}{\mathrm{d}t} \right) \tag{4-8}$$

这种控制作用既能消除残差，又能快速调节，具有较好的控制性能。

常规控制规律在阶跃输入下的输出特性响应曲线如图 4-3 所示。

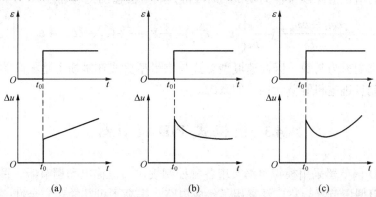

图 4-3 常规控制规律在阶跃输入下的输出特性响应曲线

（a）比例积分；（b）比例微分；（c）比例积分微分

三、数字 PID 控制规律

数字式调节器是离散系统，若用于实现 PID 调节，需要对连续系统下的 PID 控制规律进

行离散化后方可应用。在式（4-8）中，K_P、T_I、T_D 分别为模拟调节器的比例增益、积分时间、微分时间。

采用近似算法，令

$$\begin{cases} \int_0^{} \varepsilon \mathrm{d}t \approx T\sum_{i=0}^{k} \varepsilon_i \\ \dfrac{\mathrm{d}\varepsilon}{\mathrm{d}t} \approx \dfrac{\varepsilon_k - \varepsilon_{k-1}}{T} \end{cases} \tag{4-9}$$

式中　T——采样周期。

理想的 PID 调节算法有三种表达形式。

（一）位置型

将式（4-9）代入式（4-8）进行离散化，可得出位置型 PID 算式为

$$u_k = K_P\left[\varepsilon_k + \frac{T}{T_I}\sum_{i=0}^{k}\varepsilon_i + \frac{T_D}{T}(\varepsilon_k - \varepsilon_{k-1}) \right] \tag{4-10}$$

这种算式的输出 Δu_k 是通过逐次采样偏差 ε_i 进行求和、求增量获得，便于计算机实现。因 Δu_k 与实际控制中的阀位相对应，因此称为位置型算式。

（二）增量型

位置型算式的输出 Δu_k 在每个周期均需重新计算，增加了误动作的机率。利用前一次采样周期的输出值来计算本次采样周期的增量，则可有效减少误动作，即为增量型 PID 算式，即

$$\Delta u_k - \Delta u_{k-1} = K_P\left[(\varepsilon_k - \varepsilon_{k-1}) + \frac{T}{T_I}\varepsilon_k + \frac{T_D}{T}(\varepsilon_k - 2\varepsilon_{k-1} + \varepsilon_{k-2}) \right] \tag{4-11}$$

增量型算式的输出只取决于最后几次偏差，计算相对简单，提高了实时性，因此得到了广泛的应用。

（三）速度型

将调节器的增量值除以采样周期 T，则可得到调节器输出饱和速度为

$$v_k = \frac{\Delta u_k - \Delta u_{k-1}}{T} = \frac{K_P}{T}\left[(\varepsilon_k - \varepsilon_{k-1}) + \frac{T}{T_I}\varepsilon_k + \frac{T_D}{T}(\varepsilon_k - 2\varepsilon_{k-1} + \varepsilon_{k-2}) \right] \tag{4-12}$$

由于采样周期 T 为常数，因此速度型算式与增量型算式在本质上是相同的。速度型算式主要应用于控制步进电机等单元构成的系统。

4.3　模拟式 PID 调节器

模拟式 PID 调节器采用模拟电路实现各种控制规律，也称电动调节器。目前仍在使用的主要为 DDZ-Ⅲ型调节器，它广泛采用了集成电路，提高了可靠性和安全性；符合国际电工委员会（IEC）推荐的 4～20mA DC 和 1～5V DC 统一信号标准；增加了安全栅，构成安全火花型防爆系统，可适应化工厂及炼油厂的防爆要求。

4.3.1　DDZ-Ⅲ型 PID 调节器的组成

DDZ-Ⅲ型 PID 调节器主要由输入电路、给定电路、PID 运算电路、自动/手动切换电路、

输出电路及指示电路等组成，如图 4-4 所示。调节器接受来自变送器的测量信号，在输入电路中与给定信号进行比较获得偏差信号，偏差信号供调节器进行 PID 运算，而后由输出电路转换为 4～20mA DC 输出给执行器。

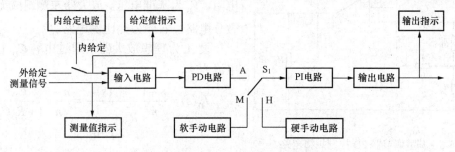

图 4-4　DDZ-Ⅲ型 PID 调节器的组成

4.3.2　输入电路

　　DDZ-Ⅲ型 PID 调节器采用直流 24V 单电源供电，而电路中的运算放大器的输出不可能为负，但偏差却有正有负，因此偏差信号的零点电压不能为 0，必须通过输入电路进行电平转换，将偏差电压的电平抬高到以 $V_B = +10V$ 为起点变化的电压，才能使 PID 运算电路正常工作。采用差动输入方式，可以消除公共地线上的电压降带来的误差。DDZ-Ⅲ型 PID 调节器的输入电路如图 4-5 所示。

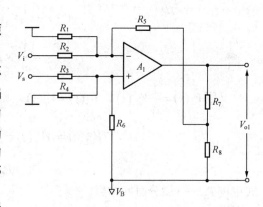

图 4-5　DDZ-Ⅲ型 PID 调节器输入电路

　　由叠加原理可写出放大器同相与反相输入端电压分别为

$$V_+ = \frac{1}{3}(V_s + V_B) \tag{4-13}$$

$$V_- = \frac{1}{3}\left(V_i + \frac{1}{2}V_{o1} + V_B\right) \tag{4-14}$$

　　设 A_1 为理想放大器，则有 $V_- = V_+$，即

$$\frac{1}{3}(V_s + V_B) = \frac{1}{3}\left(V_i + \frac{1}{2}V_{o1} + V_B\right) \tag{4-15}$$

即

$$V_{o1} = 2(V_s - V_i) + V_B = -2(V_i - V_s) \tag{4-16}$$

　　从式（4-16）可以看出，该电路实现了差动放大，并把两个以 0V 为基准电压的输入信号转换成以电平 $V_B = +10V$ 为基准的偏差输出，实现了电平移动。

4.3.3　PID 运算电路

　　DDZ-Ⅲ型 PID 调节器的运算电路是由 PD 和 PI 两个运算电路串联而成的，因微分控制规律只在输入信号发生变化时才起作用，因而先进行微分调节作用，后进行积分调节作用。PD 和 PI 运算电路是利用运算放大器形成的。

一、比例微分电路

图 4-6 所示为基型调节器 PD 控制规律电路。其中，V_{o1} 为输入电位，V_{o2} 为输出电位，C_D 为微分电容，R_D 为微分电阻，R_P 为比例度调节电阻，V_B 为基准电压。放大器左侧组成无源比例微分电路，右侧为纯比例电路。

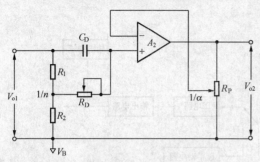

图 4-6　基型调节器 PD 控制规律电路

设 A_2 为理想放大器，通过电容 C_D 上的充电电流为

$$I_D(s) = \frac{n-1}{n} \frac{V_{o1}(s)}{R_D + \frac{1}{C_D s}} = \frac{n-1}{n} \frac{C_D s}{1 + R_D C_D s} V_{o1}(s)$$

（4-17）

则对于 A_2 的输入端，有

$$V_+(s) = \frac{1}{n} V_{o1}(s) + I_D(s) R_D$$
$$= \frac{1}{n} \times \frac{1 + n R_D C_D s}{1 + R_D C_D s} V_{o1}(s)$$

（4-18）

又因 $V_-(s) = \frac{1}{\alpha} V_{o2}(s)$，$V_-(s) = V_+(s)$，则有

$$V_{o2}(s) = \alpha V_+(s) = \frac{\alpha}{n} \times \frac{1 + n R_D C_D s}{1 + R_D C_D s} V_{o1}(s)$$

（4-19）

$$n R_D C_D = T_D$$

式中　T_D——微分时间常数。

比例微分电路传递函数为

$$W_{PD}(s) = \frac{\alpha}{n} \times \frac{1 + T_D s}{1 + \frac{T_D}{n} s}$$

（4-20）

当输入信号为阶跃信号时，可得 V_{o2} 的时域响应为

$$V_{o2}(t) = \frac{\alpha}{n} \left[1 + (n-1) e^{-\frac{n}{T_D} t} \right] V_{o1}(t)$$

（4-21）

阶跃响应曲线如图 4-7 所示。

二、比例积分电路

图 4-8 所示为基型调节器 PI 控制规律电路。其中，V_{o2} 为输入电位，V_{o3} 为输出电位，R_I 为积分电阻，C_I、C_M 为比例积分电容，V_B 为基准电压。电容 C_I、C_M 与放大器 A_3 组成比例调节电路，积分电阻 R_I 和 C_M 组成积分调节电路。

设 A_3 为理想放大器，则对比例调节电路有

$$V_{o3P}(s) = \frac{\frac{1}{C_M s}}{\frac{1}{C_I s}} V_{o2}(s) = -\frac{C_I}{C_M} V_{o2}(s)$$

（4-22）

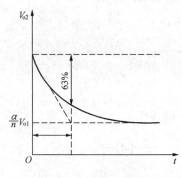

图 4-7 PD 阶跃响应

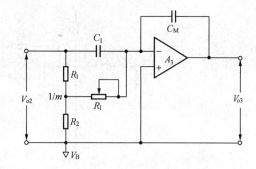

图 4-8 基型调节器 PI 控制规律电路

对积分调节电路有

$$V_{o3I}(t) = -\frac{1}{C_M}\int\frac{V_{o2}(t)}{mR_I}dt = -\frac{1}{mR_I C_M}\int V_{o2}(t)dt \qquad (4-23)$$

又因 $V_{o3}(s) = V_{o3P}(s) + V_{o3I}(s)$，假设 $V_{o2}(t)$ 为阶跃信号，则 $V_{o2}(t)$ 在 $t \geqslant 0$ 时为常数，则有

$$V_{o3}(s) = -\frac{C_I}{C_M}\left(1 + \frac{1}{mR_I C_I s}\right)V_{o2}(s) \qquad (4-24)$$

$$mR_I C_I = T_I$$

式中　T_I——积分时间常数。

比例积分电路传递函数为

$$W_{PI}(s) = -\frac{C_I}{C_M}\left(1 + \frac{1}{T_I s}\right) \qquad (4-25)$$

当输入信号为阶跃信号时，可得 V_{o3} 的时域响应为

$$V_{o3}(t) = -\frac{C_I}{C_M}\left(1 + \frac{t}{T_I}\right)V_{o2}(t) \qquad (4-26)$$

PI 阶跃响应曲线如图 4-9 所示。

4.3.4　输出电路

输出电路用于将 PID 运算输出的 1～5V 电压信号转换为 4～20mA 电流信号给执行器，鉴于调节器与执行器的距离相对较远，其恒流性能要求也较高。由放大器 A_4 和电流组成负反馈电路，以保证其恒流性能。在放大器 A_4 的后面，用晶体管 VT_1 和 VT_2 组成复合管电流放大，提高了调节器的负载能力，减轻了放大器的发热，提高总放大倍数，进一步增强恒流性能，其电路如图 4-10 所示。

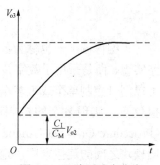

图 4-9　PI 阶跃响应曲线

设电阻 $R_3 = R_4 = 10k\Omega$，电阻 $R_1 = R_2 = 4R_3$，又假设 A_4 为理想放大器，则有

$$V_+ = \frac{R_3}{R_2 + R_3}V_B + \frac{R_2}{R_2 + R_3}\times 24 \qquad (4-27)$$

$$V_- = \frac{R_4}{R_1 + R_4}(V_B + V_{o3}) + \frac{R_1}{R_1 + R_4}V_f \qquad (4-28)$$

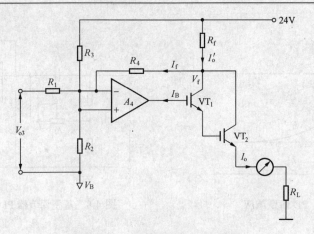

图 4-10　基型调节器输出电路

又 $V_- = V_+$，由式（4-27）和式（4-28）进行整理，可得

$$V_f = 24 - \frac{1}{4}V_{o3} \tag{4-29}$$

由图 4-10 可知

$$V_f = 24 - I_o' R_f \tag{4-30}$$

由式（4-29）和式（4-30），可得

$$I_o' = \frac{V_{o3}}{4R_f} \tag{4-31}$$

而 I_o 又远大于 I_f 和 I_B，故可近似有

$$I_o = \frac{V_{o3}}{4R_f} \tag{4-32}$$

由此可见，输出电路实际上等同于一个比例运算器。

4.4　可编程调节器

可编程调节器也称为数字式调节器，不同于模拟式调节器那样所有控制功能都由硬件电路实现，而是采用了数字技术，以微处理器（CPU）为核心部件，极大地增强了其使用功能，可以同时控制单个或者多个回路。加之配有多路模拟量及数字量输入接口，可以取代多台模拟仪表，实现复杂的控制运算。可编程调节器定义了相应的编程语言，即面向过程语言（Procedure Oriented Language，POL）。用户使用它可以将各软件功能模块进行组态，用以指明模块之间的连接顺序，定义数据的输入与输出，进行各种运算，进而实现某种确定的调节功能，以适应各种不同的控制场合。

4.4.1　可编程调节器的特点

（1）实现了模拟仪表与数字式仪表的一体化，通用性强。微处理器的引入增强了控制仪表的功能，提高了性价比。不仅具有数字量输入输出功能，还兼具模拟调节器的外特性，方便与 DDZ-III 型控制仪表相连。

（2）运算控制功能强大。借助于微处理器，可编程调节器可以实现复杂的控制运算，不仅能实现简单的 PID 控制规律，还可以实现串级控制、前馈控制、变增益控制和史密斯补偿控制等；既可以进行连续控制，也可以进行选择控制、采样控制和批量控制等，还可对输入信号进行处理，如线性化、数据滤波、逻辑运算等。

（3）所有控制功能通过软件实现。可编程调节器的软件系统提供了各种功能模块，用户可以根据控制需求选择功能模块，通过简单的编程将其连接在一起，构成用户程序，实现特定的运算与控制功能。

（4）具有通信功能，便于系统扩展。可编程调节器具有通信接口，可以与上位计算机实现串行双向的数字通信，组成 DCS 控制系统。可以将调节器的工作状态实时传送到上位监控计算机中，同时上位计算机也可对调节器的工作状态施加干预，如工作状态的变更、参数的修改等。

（5）可靠性高，具有自诊断功能，维护方便。可编程调节器可以替代数台模拟仪表，所用硬件高度集成化，可靠性高。控制功能主要通过模块软件组态来实现，具有多种故障的自诊断功能，能及时发现故障并采取保护措施。

4.4.2 可编程调节器 SLPC 简介

一、SLPC 调节器的组成及外部结构

SLPC 调节器主要由 CPU、ROM、RAM、D/A 转换器、过程输入/输出接口、数据通信接口及人机接口组成。CPU 采用 8085A 微处理器，时钟频率为 10MHz，在 0.2s 的控制周期内最多可运行 240 步用户程序，并可根据需要，将控制周期缩短为 0.1s，提高实时性。ROM 分为系统 ROM 和用户 ROM，系统 ROM 采用 27256 型 EPROM 芯片，提供 32KB 的存储空间，存放系统管理程序及各种运算子程序。用户 ROM 采用 2716 型 EPROM，提供 2KB 的存储空间，存放用户程序。RAM 采用两片 μPD4464 低功耗 CMOS 存储器，提供 8KB 存储空间以存放设定参数及计算结果等。D/A 转换器采用 1 片 μPC648D 型 12 位高速 D/A 芯片，实现 CPU 输出数字量到模拟量的转换。数据通信接口采用 8251 可编程通信接口芯片，实现与上位机的串行通信。

SLPC 调节器的外形结构和操作方式与模拟控制仪表类似，具有 5 个 1～5V DC 模拟量输入通道；6 个的可编程数字量输入/输出通道（其输入输出由用户决定）；2 个 1～5V DC 模拟量输出通道，用以输出控制信号给其他仪表；1 个 4～20mA DC 模拟量输出通道，用以驱动调节阀；1 个点故障状态输出通道和 1 个全双工串行通信通道。

二、SLPC 调节器的用户程序

SLPC 调节器所有的功能都是借助于对寄存器的定义完成的，不同的数据存放在对应的寄存器中。SLPC 调节器内部有许多与应用软件密切相关的用户寄存器，主要分为基本寄存器和功能扩展寄存器两类。

（一）基本寄存器

（1）模拟量输入数据寄存器 Xn。SLPC 调节器内部共有 5 个模拟输入数据寄存器 X1～X5，分别对应 5 个模拟输入信号。每个模拟输入信号都经 A/D 转换成内部连续数据后存入相应的数据寄存器。

（2）模拟量输出数据寄存器 Yn。SLPC 调节器共有 6 个模拟量输出数据寄存器 Y1～Y6。Y1～Y3 对应 SLPC 调节器的 3 个模拟输出信号。Y1 对应 4～20mA DC 电流输出信号，Y2、Y3 对应两个 1～5V DC 电压输出信号。Y4～Y6 作为与上位系统通信的辅助模拟输出数据寄

存器。若 SLPC 调节器与上位系统有通信连接，Y4～Y6 内的数据可由 SLPC 调节器的通信端子传输给上位系统。

（3）开关量输入寄存器 DIn。SLPC 调节器共有 6 个寄存器，与其 6 个状态输入信号相对应。由相应通道的开关量输入信号决定相应通道寄存器内状态数据，ON 为 1，OFF 则为 0。

（4）开关量输出寄存器 DOn。开关量输出寄存器 DOn 共 16 个。DO01～DO06 对应 SLPC 调节器的 6 个接点输出信号。寄存器中的状态数据若是 1，则相应的输出通道为接通，0 则对应断开。虽然 DIn 和 DOn 各有 6 个，但编程时使用的 DIn、DOn 的总数不得超过 6 个，且 DIn、DOn 对应的状态输入输出端子不得重复。SLPC 调节器的开关量输入输出通道共有 6 对，每一对通道均可由用户设定为输入或输出，但同一对端子不可同时既用作输入又用作输出。若是编程时没有设定 DIO01～DIO06 的值，则 DIO01～DIO03 自动取初始值为 0，DIO04～DIO06 自动取初始值为 1。DIO07～DIO16 用于内部状态数据寄存，没有对应的输入/输出通道。

（5）可变参数寄存器 Pn。SLPC 调节器内部有 P01～P16 共 16 个可变常数寄存器，用以存放过程控制中需要设定的可变参数，这些可变参数可通过侧面板进行设定。可变常数寄存器 Pn 的内容也可在用户程序中进行读写，其中 P01 和 P02 的数值还可由上位系统设定。

（6）固定常数寄存器 Kn。固定常数寄存器也有 K01～K16 共 16 个，用于存储运算中用到的固定常数，其数值在编程时通过编程器设定，调节器运行中不能修改，只能读取。

（7）中间数据暂存寄存器 Tn。SLPC 调节器共有 16 个中间数据暂存寄存器，用于暂时存储中间运算结果。

（8）运算寄存器 Sn。SLPC 调节器中所有的指令都是以运算寄存器为中心工作的。运算寄存器共有 5 个，为 S1～S5，是在 RAM 中指定的一个堆栈结构，S5 在最底层，S1 在最上层，数据只能从最上层的 S1 进、出栈。

（二）功能扩展寄存器

为了扩展其控制功能，SLPC 调节器还设置了 A 类、B 类和 FL 类功能扩展寄存器，每一类均包括多个寄存器。倘若不需要进行功能扩展，则可对全部寄存器置于初始值。

（1）A 类寄存器。A 类寄存器即模拟量控制寄存器。这类寄存器主要用于扩展 PID 控制的功能，借助它们可实现串级外给定、可变增益、输入输出补偿等控制功能。

（2）B 类寄存器。B 类寄存器即控制模块的整定参数寄存器。这类寄存器方便用户程序设定和改变 PID 控制的各种参数，如比例度、积分时间、微分时间、报警设定值等。

（3）FL 类寄存器。FL 类寄存器即状态标志寄存器。这类寄存器主要用于存放各种报警标志、存放由用户程序设定的调节器的工作方式、存放自诊断结果的标志等。

需要注意的是，上述所有寄存器均对应着 RAM 中不同的存储单元，这种对应关系可以通过软件进行指定和修改。之所以进行上述定义，仅仅是为了使用和表述上的方便。

三、程序控制规律的构成及实现

可编程调节器是通过控制语句来实现程序控制规律的。在可编程调节器的程序存储区（ROM）中，既存放有软件管理程序，又存放有各种运算模块和功能模块。用户只需将这些运算模块和功能模块通过指令连接起来，就完成了编程，这一过程也称为"组态"。正确编制的程序即可形成实用的、具有一定控制规律的用户程序。

SLPC 调节器的用户指令分为输入指令、输出指令、基本运算指令、函数运算指令、条件判断指令、存储位移指令、控制功能指令和结束指令 8 类，见表 4-1。

表 4-1　　　　　　　　　　　　　　SPLC 调节器的用户指令

分类	指令符号	指令含义	分类	指令符号	指令含义
输入	LD Xn	读 Xn	基本运算	HLM	高限幅
	LD Yn	读 Yn		LLM	低限幅
	LD Pn	读 Pn	函数运算	FX1，2	10 折线函数
	LD Kn	读 Kn		FX3，4	任意折线函数
	LD Tn	读 Tn		LAG1-8	一阶惯性
	LD An	读 An		LED1，2	微分
	LD Bn	读 Bn		DED1-3	纯滞后
	LD FLn	读 FLn		VEL1-3	变化率运算
	LD DIn	读 DIn		VLM1-6	变化率限幅
	LD DOn	读 DOn		MAV1-3	移动平均运算
	LD En	读 En		CCD1-8	状态变化检出
	LD Dn	读 Dn		TIM1-4	计时运算
	LD CIn	读 CIn		PGM1	程序设定
	LD COn	读 COn		PIC1-4	脉冲输入计数
	LD KYn	读 KYn		CPO1，2	积算脉冲输出
	LD LPn	读 LPn	条件判断	HAL1-4	上限报警
输出	ST Xn	向 Xn 输出		LAL1-4	下限报警
	ST Yn	向 Yn 输出		AND	与
	ST Pn	向 Pn 输出		OR	或
	ST Tn	向 Tn 输出		NOT	非
	ST An	向 An 输出		EOR	异或
	ST Bn	向 Bn 输出		COnn	向 nn 步跳变
	ST FLn	向 FLn 输出		GIFnn	条件转移
	ST DOn	向 DOn 输出		GO SUBnn	向子程序 nn 步跳变
	ST Dn	向 Dn 输出			
	ST COn	向 COn 输出		GIF SUBnn	向子程序 nn 步条件转移
	ST LPn	向 LPn 输出		SUBnn	子程序
基本运算	+	加法		RTN	返回
	−	减法		CMP	比较
	×	乘法		SW	信号切换
	÷	除法	存储位移	CHG	S 寄存器交换
	√	开方		ROT	S 寄存器旋转
	√E	可变切除点的开方	控制功能	BSC	基本控制
	ABS	取绝对值		CSC	串级控制
	HSL	高值选择		SSC	选择控制
	LSL	低值选择	结束	END	运算结束

　　SLPC 可编程调节器中的控制功能语句包含 3 条，即基本控制语句 BSC、串级控制语句 CSC 和选择控制语句 SSC，其功能如图 4-11 所示。BSC 内含一个调节单元 CNT1，相当于模拟仪表中的一台 PID 调节器，用于组成各类单回路控制系统。CSC 内含两个互相串联的调节单元 CNT1、CNT2，可组成串级调节系统。SSC 内含两个并联的调节单元 CNT1、CNT2 和一个单刀三掷切换开关 CNT3，可组成选择控制系统。

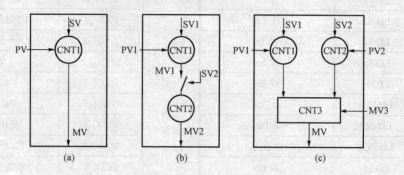

图 4-11　SLPC 的三种控制模块

（a）BSC；（b）CSC；（c）SSC

　　综上所述，可编程调节器就是在控制程序固定的数字调节器的基础上，将控制程序进行模块化，然后再将这些模块的连接顺序提供给用户来定义，并按照事先定义好的可看作是数据接口的各种寄存器，将用户编制的用户程序组态在一起，从而可以根据实际过程控制的需要，由用户独立设计控制规律并编程实现。

【例 4-1】　把两个输入变量 X1 和 X2 相加后，由 Y1 输出。

　　解　程序如下：

　　　LD　　　X1　　（读入 X1 数据）
　　　LD　　　X2　　（读入 X2 数据）
　　　＋　　　　　　（对 X1、X2 求和）
　　　ST　　　Y1　　（将结果送往 Y1）
　　　END　　　　　（程序结束）

4.5　执　行　器

　　执行器是自动控制系统中必不可少的组成部分，其作用是接受来自调节器的控制信号，将其转换为直线位移或角位移，控制调节机构的开度，最终实现对被控对象的调节，因此可以说执行器是工业自动化的"手脚"。

　　执行器因工作原理简单，容易成为控制系统中被忽视的环节。事实上，由于执行器一般安装在生产现场，直接与各类被控介质接触，并需要经受高温、高压、强腐蚀、高黏度等恶劣环境，如果选用不当，将直接影响控制系统的控制质量。

4.5.1　执行器的原理及分类

一、执行器的原理

执行器一般是由执行机构和调节机构两部分组成，如图 4-12 所示。执行机构是执行器的推动装置，根据来自调节器的控制信号的大小，产生与之对应的推力，对调节机构产生推动作用。因此，执行机构是将控制信号转变为调节机构位移的装置。调节机构是执行器的控制部分，直接与被控对象接触，在执行机构的推动下，实现对被控对象的调节。常见的调节机构是调节阀，它在工作时受执行机构的操纵，通过改变调节阀阀芯与阀座之间的流通面积来达到调节被控介质流速的目的。

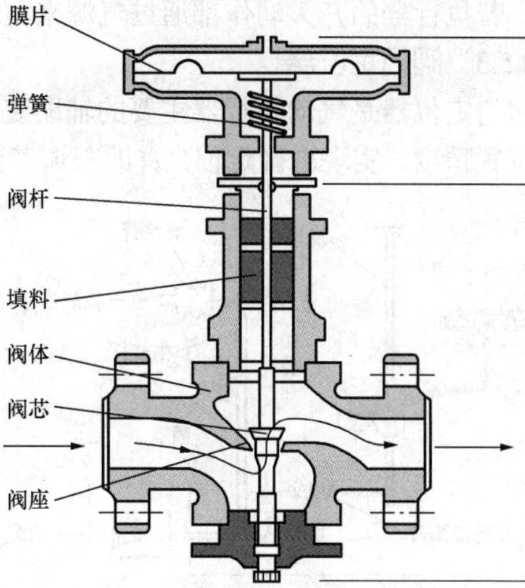

二、执行器的分类

执行器按照使用能源的不同，分为气动、液动和电动三种。

气动执行器是以压缩气体为动力能源的自动执行器，其输入信号为 0.02～0.1MPa。它接受来自调节器的气压信号，直接调节被控对象（如液体）的流速，使得被控变量满足控制

图 4-12 执行器的组成

要求，从而实现自动化。气动执行器因结构简单，动作可靠，输出动力较大，价格低廉，维修方便，防火防爆等，已广泛应用于各种工业控制系统中。

液动执行器的最大特点是输出推力很大，但由于其辅助设备往往较为笨重，体积较大，在实际生产过程中应用较少。

电动执行器是靠电动执行结构进行操作的，其输入为 0～10mA（DDZ-Ⅱ型）或 4～20mA（DDZ-Ⅲ型）的电流信号。它接受来自调节器的电压（电流）信号，并转换成相应的直线位移与角位移，完成对调节机构的自动调节。电动执行器能源取用方便，信号传递迅速，传输距离远，但结构复杂，推力小，防火防爆性能差。

4.5.2 气动执行器

常见的气动执行机构有薄膜式和活塞式两大类。气动薄膜式执行机构采用弹性膜片将输入气压转变为推力，带动膜片上的阀杆移动，使阀芯产生位移，从而改变调节阀的开度，如图 4-12 所示。这类执行机构结构简单，价格便宜，适用于输出力较小、精度较高的场合。气动活塞式执行机构采用无弹簧的气缸活塞将输入气压转换为活塞的位移，通过阀杆等结构来改变调节阀的开度。这类执行器结构可以获得较大的推力，允许活塞产生较大的位移，因而适用于长行程的场合。

气动活塞式执行机构主要由气缸、活塞、阀杆等组成，如图 4-13 所示。它靠汽缸内的活塞输出推力，可制成长行程的执行机构，主要用于双位调节的控制系统中。

气动执行器一般可分为单作用式和双作用

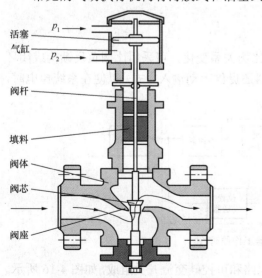

图 4-13 气动活塞式执行器结构

式两种。若执行器的开关动作中开动作是由气源驱动，关动作由弹簧复位实现，则称为单作用式。若执行器的开关动作都通过气源来驱动执行，则称为双作用式。

4.5.3 阀门定位器

阀门定位器是气动执行器主要的辅助装置，与气动执行器配套使用。其作用是提高调节阀的位置精度，实现准确定位，并改善调节阀的工作特性。图 4-14 所示为力平衡式阀门定位器原理图。

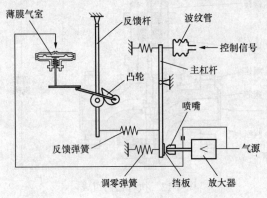

图 4-14 力平衡式阀门定位器原理图

调节器的输出控制信号首先输入至波纹管，当信号压力增大时，主杠杆绕支点逆时针转动，使得挡板接近喷嘴。喷嘴背压经放大器送至薄膜气室，推动阀杆下移，带动凸轮做逆时针转动，反馈杆也绕支点做顺时针转动，拉伸反馈弹簧。当主杠杆所受力矩为零时，定位器处于相对稳定状态，此时阀门位置与控制信号压力相对应。

电气阀门定位器与力平衡式阀门定位器具有相似的结构，只是将输入信号换为电信号。阀门定位器也有正作用与反作用之分，只需简单的调整，即可实现切换。

4.5.4 电动执行器

电动执行器也由执行机构和调节阀两部分组成，与气动执行器不同之处在于执行机构采用电动机等电的动力来启闭调节阀。根据配用的阀门的要求，电动执行器的输出方式主要有直线行程、角行程和多转式三种。电动执行器接受调节器输出的 $0\sim10\text{mA}$ 或 $4\sim20\text{mA}$ 的直流电流信号，并将其转换为对应的角位移或直线位移，用以操纵执行机构，实现对被控量的自动调整。以角行程电动执行器为例，以 I_i 表示输入电流，θ 表示输出轴转角，两者间存在下述线性关系

$$\theta = KI_i \qquad\qquad (4-33)$$

式中 K——比例系数。

因此，电动执行器可看作一个比例环节。

为保证电动执行器的输入与输出之间严格按比例关系变化，可采用比例负反馈构成闭环控制回路，如图 4-15 所示。由图可知，电动执行器还提供手动输入方式，以便在系统掉电时，可进行手动操作。

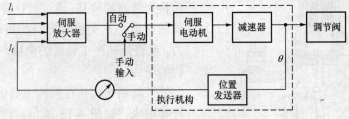

图 4-15 电动执行器工作原理图

伺服放大器由前置的磁放大器、可控硅触发电路和可控硅交流开关组成，如图 4-16 所示。伺服放大器将输入信号 I_i 与位置反馈信号 I_f 进行比较，将其偏差值经伺服放大器放大后，控

制执行机构中的两相伺服电机做正、反转动。电动机的高转速、小转矩，通过减速后，变为低转速、大转矩，然后再进一步转换为输出轴的转角或直线行程输出。位置发送器的作用是将执行机构的输出转变为对应的 $0\sim10mA$ 反馈电流信号 I_f，以便于输入信号进行比较。

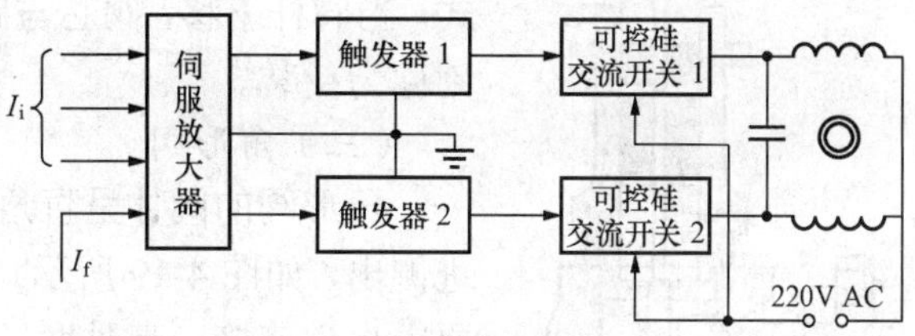

图 4-16　伺服放大器工作原理图

4.5.5　调节阀

一、调节阀的工作原理

调节阀是各种执行器的调节机构，主要由阀体、阀座、阀芯、阀杆等组成，其本质上是一个局部阻力可以改变的节流元件。通过阀杆上部与执行机构相连，下部与阀芯相连。阀芯在阀体内移动，改变阀芯与阀座之间的流通面积，从而改变被控介质的流量，达到控制工艺参数的目的。典型的直通单座阀的结构如图 4-17 所示。

二、调节阀的分类及结构

调节阀的种类很多，根据不同的使用要求，具有不同的结构。实际生产中常见的有直通单座阀、直通双座阀、角形阀、球阀、蝶阀、凸轮挠曲阀及套筒调节阀等。

（一）直通单座阀

直通单座阀的阀体内只有一个阀芯和阀座，如图 4-17 所示。其结构简单，泄漏量小，流体对阀芯上下面作用的不平衡推力较大。当阀前后差压较大或阀芯尺寸较大时，这种不平衡力可能会相当大，影响阀芯的准确定位。这种阀门一般应用在对泄漏量要求严格、小口径、低压差的场合。

（二）直通双座阀

直通双座阀的阀体内有两个阀芯和阀座，流体对上下阀芯的推力方向相反，大小近乎相等，如图 4-18 所示。因此，使用时允许有较大的差压，流通能力比同口径的单座阀要大。由于加工的限制，上下两个阀芯、阀座不易保证同时密闭，因此关闭时泄漏量较大；此外，阀体内流路复杂，高差压时流体对阀体的冲蚀较严重，也不适用高黏度与含悬浮颗粒的控制介质。

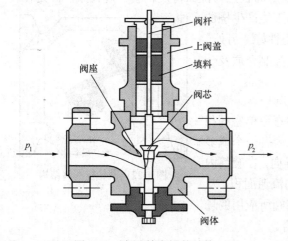

图 4-17　直通单座阀的结构

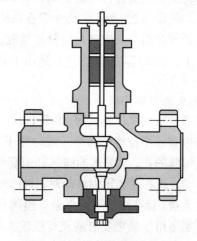

图 4-18　直通双座阀的结构

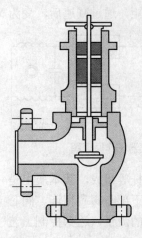

图 4-19　角形阀的结构

根据阀芯的安装方式不同，上述两种阀都有正装与反装两种形式。当阀杆下移，阀芯与阀体之间的流通面积减小的称为正装；反之，则称为反装。

（三）角形阀

角形阀的阀体呈直角形，阀芯与直通单座控制阀类似，一般为底进侧出，如图 4-19 所示。这种阀流路简单且阻力小，适用于现场管道要求直角连接，高黏度、高差压和含有少量悬浮物的控制介质。

（四）球阀

球阀的阀芯与阀体都呈球形，如图 4-20 所示。当转动阀芯使之与阀体处于不同的相对位置时，具有不同的流通面积，从而达到控制流量的目的。球阀可分为 V 形和 O 形两种。V 形球阀的阀芯是具有 V 形缺口的球形体，转动阀芯时，V 形缺口起到节流和切断的作用，适用于高黏度、含有固体颗粒的介质控制。O 形球阀的阀芯是带有圆孔的球形体，转动阀芯时起到调节和切断的作用，常用于位式控制。

（五）蝶阀

蝶阀又称翻板阀，如图 4-21 所示。它依靠圆盘形的蝶板在阀体内绕其自身的轴线旋转达到启闭或调节的目的，是一种结构简单的调节阀，体积小、重量轻、安装尺寸小、开关迅速。但其密封性较差，故一般用于低差压和大流量气体。

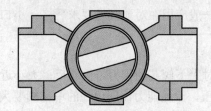

图 4-20　球阀的结构

图 4-21　蝶阀的结构

（六）凸轮挠曲阀

凸轮挠曲阀又称偏心旋转阀，其阀芯呈扇形面状，与挠曲臂及轴套一起铸成，固定在转动轴上，如图 4-22 所示。挠曲臂在压力作用下能产生挠曲变形，使阀芯面与阀座密封圈紧密接触，密封性好。另外，它体积小，重量轻，安装方便，适用于高黏度控制介质及一般场合。

（七）套筒调节阀

套筒调节阀又称笼式阀，其阀体与一般的直通单座阀相似。阀内有一个圆柱形套筒（或称笼子），上面有一个或多个不同形状的孔。套筒内的阀芯利用套筒做导向，在套筒内上下移动。阀芯在套筒内移动时，可改变孔的流通面积，从而改变流量。套筒阀适用于直通单座阀和双座阀所应用的场合，特别适用于噪声要求高及差压较大的场合。

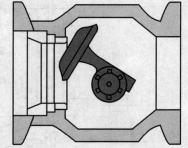

图 4-22　凸轮挠曲阀结构

以上仅列出具有代表性的各类调节阀，事实上，还有很多类型的调节阀，限于篇幅，不再赘述，可以查阅相关手册选择使用。

三、调节阀的流量特性

调节阀的流量特性是指被控介质流过阀门的相对流量和阀门相对开度之间的关系，即

$$\frac{Q}{Q_{\max}} = f\left(\frac{l}{L}\right) \tag{4-34}$$

式中　　$Q/Q_{\max}$ ——相对流量，即调节阀某一开度时流量与全开时流量之比；

　　　　l/L ——相对行程，即调节阀某一开度行程与全开行程之比。

从式（4-34）可以看出，改变调节阀的开度，即改变阀芯与阀座之间的流通面积，便可实现对流量的控制。

需要知道的是，流过调节阀的流量不仅取决于阀的开度，还与其前后压差及其工作情况有关。调节阀在实际应用中，前后差压常会发生变化，为了便于分析，可假定调节阀前后差压固定，此时得到的是调节阀的理想流量特性。

目前，常用的调节阀有四种典型的理想流量特性。第一种是线性特性。其相对流量和阀芯的相对行程成直线关系。第二种是等百分比特性，也称对数特性。这种阀的阀芯移动所引起的流量的变化与此点原有的流量成正比，即流量变化的百分比是相等的。第三种是抛物线特性。其相对流量和阀芯的相对行程之间存在抛物线关系。第四种是快开特性。这种阀在阀芯具有很小行程时便具有很大的流量变化，如图 4-23 所示。图 4-24 是对应于各种理想流量特性的阀芯形状。

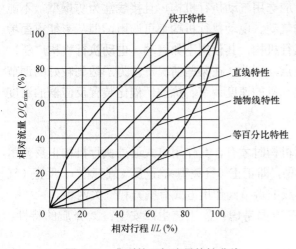

图 4-23　典型的理想流量特性曲线

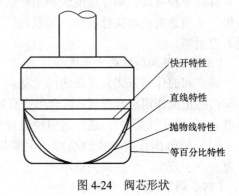

图 4-24　阀芯形状

四、调节阀的选择

（一）调节阀的阀体类型选择

阀体的选择是调节阀选择中最重要的环节。调节阀阀体种类很多，在选择调节阀之前，要对控制过程的介质、工艺条件和参数进行细致的分析，收集足够的数据，了解系统对调节阀的要求，根据所收集的数据来确定所要使用的阀门类型。在具体选择时，主要考虑五个方面：

（1）阀芯形状结构等主要根据所选择的流量特性和不平衡力等因素确定。

（2）当流体介质是含有高浓度磨损性颗粒的悬浮液时，阀芯、阀座接合面每一次关闭都会受到严重摩擦。因此阀门的流路要光滑，阀的内部材料要坚硬。

（3）由于大多数介质具有腐蚀性，因此在满足调节功能的前提下，尽量选择结构简单的阀门。

（4）当介质的温度、压力高且变化大时，应选用阀芯和阀座的材料受温度、压力变化小的阀门。

（5）闪蒸和空化只产生在液体介质中。在实际生产过程中，闪蒸和空化不仅影响流量系数的计算，还会形成振动和噪声，使阀门的使用寿命变短，因此在选择阀门时应防止阀门产生闪蒸和空化。

（二）调节阀执行机构的选择

（1）输出力的考虑。执行机构不论是何种类型，其输出力都是用于克服负荷的有效力（主要是指不平衡力和不平衡力矩，加上摩擦力、密封力、重力等有关力的作用）。因此，为了使调节阀正常工作，配用的执行机构要能产生足够的输出力来克服各种阻力，保证高度密封和阀门的开启。

对于双作用的气动、液动、电动执行机构，一般都没有复位弹簧。作用力的大小与它的运行方向无关。因此，选择执行机构的关键在于弄清最大的输出力和电机的转动力矩。对于单作用的气动执行机构，输出力与阀门的开度有关，调节阀上出现的力也将影响运动特性，因此要求在整个调节阀的开度范围建立力平衡。

（2）执行机构类型的确定。在执行机构的输出力确定后，根据工艺使用环境要求，选择相应的执行机构。对于现场有防爆要求时，应选用气动执行机构，且接线盒为防爆型，不能选择电动执行机构。如果没有防爆要求，则气动、电动执行机构都可选用，但从节能方面考虑，应尽量选用电动执行机构。对于液动执行机构，其使用不如气动、电动执行机构广泛，但具有调节精度高、动作速度快和平稳的特点，因此，在某些情况下，为了达到较好的调节效果，必须选用液动执行机构，如发电厂透平机的速度调节、炼油厂催化装置反应器的温度调节控制等。

（三）调节阀的作用方式选择

调节阀的作用方式只是在选用气动执行机构时才有，其作用方式通过执行机构正反作用和阀门的正反作用组合形成。组合形式有四种，即正正（气关型）、正反（气开型）、反正（气开型）、反反（气关型），通过这四种组合形成的调节阀作用方式有气开和气关两种。

对于调节阀作用方式的选择，主要从三方面考虑：①工艺生产安全；②介质的特性；③保证产品质量，经济损失最小。

（四）调节阀流量特性的选择

调节阀的流量特性是指介质流过阀门的相对流量与位移(阀门的相对开度)间的关系，理想流量特性主要有直线、等百分比(对数)、抛物线特性和快开特性四种，特性曲线和阀芯形状如图 4-23、图 4-24 所示。常用的理想流量特性只有直线、等百分比（对数)特性、快开特性三种。抛物线流量特性介于直线和等百分比之间，一般可用等百分比特性来代替，而快开特性主要用于二位调节及程序控制中。因此调节阀特性的选择实际上是直线特性和等百分比特性的选择。

调节阀流量特性的选择可以通过理论计算，但所用的方法和方程都很复杂。目前多采用经验准则，具体可从三方面考虑：①从调节系统的调节质量分析并选择；②从工艺配管情况考虑；③从负荷变化情况分析。

选择好调节阀的流量特性，就可以根据其流量特性确定阀门、阀芯的形状和结构。但对于像隔膜阀、蝶阀等，由于它们的结构特点，不可能用改变阀芯的曲面形状来达到所需要的流量特性，这时可通过改变所配阀门定位器的反馈凸轮外形来实现。

（五）调节阀口径的选择

调节阀口径的选择和确定主要依据阀的流通能力即 C_v。在各种工程的仪表设计和选型时，都要对调节阀进行 C_v 计算，并提供调节阀设计说明书。从调节阀的 C_v 计算到阀的口径确定，一般需经以下步骤：

（1）计算流量的确定。根据现有的生产能力、设备负荷及介质的状况，决定计算流量的 Q_{max} 和 Q_{min}。

（2）阀前后压差的确定。根据已选择的阀流量特性及系统特点选定 S（阻力系数），再确定计算压差。

（3）计算 C_v。根据所调节的介质选择合适的计算公式和图表，求得 C_{max} 和 C_{min}。

（4）选用 C_v。根据 C_{max}，在所选择的产品标准系列中选取大于 C_{max} 且与其最接近的一级 C。

（5）调节阀开度验算。一般要求最大计算流量时的开度要大于满开度的 90%，最小计算流量时的开度要小于满开度的 10%。

（6）调节阀实际可调比的验算。一般要求实际可调比≤10。

（7）阀座直径和公称直径的确定。验证合适后，根据 C 确定。

复习思考题与习题

4-1 简要说明调节器在过程控制中所起的作用。

4-2 简述 PID 调节器的工作原理。

4-3 什么是比例控制规律，积分控制规律和微分控制规律？它们各具有什么特点？

4-4 为什么说积分控制规律一般不单独使用，而比例控制规律可以单独使用？

4-5 可编程调节器的基本构成和工作原理是什么？

4-6 可编程调节器是如何实现程序控制规律的？

4-7 气动执行器、液动执行器和电动执行器在特性上有什么区别？

4-8 执行器由哪几个部分组成？各主要功能是什么？

4-9 电动执行器的工作原理和基本结构是什么？与气动执行器有何区别？

4-10 调节阀有哪几种结构形式？各有什么特点？

5 过程控制对象的动态特性

　　本章主要介绍了过程控制中被控对象的动态特性及其测量方法。首先分析了单容对象及多容对象的动态特性及其数学描述，研究了它们的阶跃响应特性曲线，为分析和设计过程控制系统提供依据。接下来，介绍了适用于过程控制系统的动态特性测定方法。对于过程控制系统的动态特性测定方法而言，目前主要有四种测量方法，即实验法、时域法、频域法和相关统计法。本章需重点掌握实验测定法，了解相关统计法。

　　在工业生产的过程控制中，被控对象经常会随时间而迅速变化。当这种情况出现时，输出量与输入量之间原有的静态平衡关系将会被打破，过程控制系统的输出将会从一种稳定的状态在经历一段时间后，经系统的调整而过渡到新的平稳输出状态。过渡期间内，过程控制对象的输出量随输入量的变化关系称为控制对象的动态特性，可用微分方程来表示。由于输出量在过渡过程中出现的起伏变化往往会对生产过程产生重大影响，是衡量系统控制品质的一项重要指标，故有必要对过程控制系统中被控对象动态特性进行研究，这有助于缩短系统的过渡时间、减小系统输出的超调量、改善控制质量。因此，本章将系统地讨论过程控制对象的动态特性。在过程控制对象的动态特性中，过程数学模型的建立是研究的重点和核心问题之一，过程的数学模型是分析和设计过程控制系统的基本依据和理论指导。在进行过程控制时，首先需要建立反映其控制规律的数学模型。建立被控过程的数学模型方法很多，其中最常用的方法主要有两类。首先，对于简单对象或系统各环节的特性，可通过分析过程的机理、物料或能量的平衡关系求出数学模型，即列出被控对象的微分方程，这种方法称为解析法。这种方法的局限性主要在于，复杂对象的数学模型不容易建立，即使建立了模型，也往往很难求解。另一类方法是通过实验测定，对测得的数据进行加工整理，进而求得对象的微分方程或传递函数，这类方法称为实验测定法。这种方法在实际应用中使用较多，也是本章将要重点讨论的内容。

5.1 单容对象的动态特性及其数学描述

　　对于不同的生产部门来说，其过程控制的调节对象各异，方法繁多，常见的被控对象有加热器、流体输送设备、水槽液位等。这里以水槽水位控制为例，介绍单容对象过程控制系统的控制方法及其动态响应特性。

　　在连续生产过程中，系统最基本的平衡关系是物料平衡和能量平衡。静态条件下，单位时间流入系统的物料或能量等于从系统流出的物料或能量。对象的动态特性是研究参数随时间而变化的规律。在动态条件下，物料平衡和能量平衡关系为：单位时间内进入系统的物料（或能量）与单位时间内流出的物料（或能量）之差等于系统内物料（或能量）的变化率。

　　为了获取系统的输入—输出之间的函数关系式（或数学表达式），需建立被控对象动态特性的微分方程式，该方程式就是通过上述的物料（或能量）平衡方程式建立的。对于一个调节对象而言，输出的参数就是被调节量，输入的各参数就是输入量，它是引起被调节量变化的原因。对于调节对象来说，其输入参数有调节作用和干扰作用。其中，调节作用到输出参数之间的信号联系称为调节通道，干扰作用与被调节量之间的信号联系称为干扰通道。

下面以水槽水位调节对象的微分方程推导为例，说明动态特性的分析方法。对该对象的一些基本性质，如容量、阻力、放大系数、时间常数、自平衡特性等做出分析及阐述。

5.1.1　水槽水位的动态特性分析

对于一个简单的水槽水位调节对象，其结构和工作原理如图 5-1 所示。图中变量 Q_1 表示流入水槽的水流量，它由进水管上的阀门来调节；变量 Q_2 表示流出水槽的水流量，它由出水管上的阀门来调节，随用户的需要而改变。在该控制系统中，水位 h 是被调节量，阀门 2 的开度可视为外部干扰，阀门 1 的开度变化对水位起着调节作用。

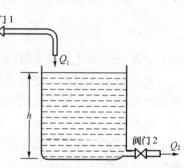

研究控制系统中被控对象的动态特性，就是要找出其输入量和输出量之间的相互作用规律，这种规律通常用对象的微分方程进行描述。要研究水槽水位的动态特性，首先定义各参数变量如下：

图 5-1　水槽水位调节

Q_1——输入水流量，m^3/s；

Q_{10}——输入稳态水流量，m^3/s；

ΔQ_1——输入水流量相比于其稳态值的微小增量，m^3/s；

Q_2——输出水流量，m^3/s；

Q_{20}——输出稳态水流量，m^3/s；

ΔQ_2——输出水流量相比于其稳态值的微小增量，m^3/s；

h——稳态水位，m；

Δh——水位相比于其稳态值的微小增量，m；

V——水槽中水的容积，m^3；

A——水槽的横断面积，m^2。

根据物料平衡关系式，在正常工作状态下的稳态方程为

$$Q_{10} - Q_{20} = 0 \tag{5-1}$$

动态方程式为

$$Q_1 - Q_2 = \frac{dV}{dt} \tag{5-2}$$

流体存储量的变化率 $\dfrac{dV}{dt}$ 与水位的关系是

$$dV = Adh , \quad \frac{dV}{dt} = A\frac{dh}{dt} \tag{5-3}$$

将式（5-3）代入式（5-2）可得

$$Q_1 - Q_2 = A\frac{dh}{dt} \quad 或 \quad \frac{dh}{dt} = \frac{Q_1 - Q_2}{A} \tag{5-4}$$

从式（5-4）可以看出，水位的变化主要由下面两个因素决定：一个是水槽的横截面面积 A，另一个是流入量与流出量之间的差值。显然，A 越大，$\dfrac{dh}{dt}$ 越小。所以，A 是决定水槽水位变化率的决定性因素，等价为液容 C，它们之间的关系是

$$C = \mathrm{d}\Delta V / \mathrm{d}\Delta h = A\mathrm{d}\Delta h / \mathrm{d}\Delta h = A$$

其物理意义是，使水槽水位升高 1m，水槽所应充入的水的体积。

式（5-4）表明，Q_1 只取决于阀门 1 的开度，假设流量 Q_1 的变化量 ΔQ_1 与阀门 1 开度的变化量 $\Delta \mu_1$ 成正比，即

$$\Delta Q_1 = K_\mu \Delta \mu_1 \tag{5-5}$$

式中　K_μ——比例系数，m^2/s。

流出的水量 Q_2 随水位而变化，二者之间的关系为

$$\Delta Q_2 = \frac{\Delta h}{R_\mathrm{s}} \ \text{或} \ R_\mathrm{s} = \frac{\Delta h}{\Delta Q_2} \tag{5-6}$$

式中　R_s——流出管路上阀门 2 的阻力，也称液阻。

R_s 物理意义是：若使流出量增加 $1\mathrm{m}^3/\mathrm{s}$，液位应该升高多少。当水位变化范围不大时，可认为 R_s 为常数，即流出量 Q_2 的大小取决于水槽中水位 h 和流出管路上阀门的阻力 R_s。但是，从严格上说，R_s 并非是一个常数，它与水位、流量的关系是非线性的。在实际应用中，为了简化问题，常常需要将非线性特性进行线性化处理，常用的方法是切线法，即在对象静特性的工作点附近小范围内以切线代替原来的曲线，线性化后流量变化和液位变化的关系式由式（5-6）来表示。

对于式（5-4），变量 Q_1、Q_2、Q_3 用额定值和增量的形式可表示为

$$Q_1 = Q_{10} + \Delta Q_1, \quad Q_2 = Q_{20} + \Delta Q_2, \quad h = h_2 + \Delta h$$

利用式（5-1），可将式（5-4）化成以增量形式表示的微分方程

$$\Delta Q_1 - \Delta Q_2 = A\frac{\mathrm{d}\Delta h}{\mathrm{d}t} \tag{5-7}$$

将式（5-5）和式（5-6）代入式（5-7）得

$$K_\mu \Delta \mu_1 - \frac{\Delta h}{R_\mathrm{s}} = A\frac{\mathrm{d}\Delta h}{\mathrm{d}t} \ \text{或} \ AR_\mathrm{s}\frac{\mathrm{d}\Delta h}{\mathrm{d}t} + \Delta h = K_\mu R_\mathrm{s} \Delta \mu_1 \tag{5-8}$$

通常将式（5-8）改写成式（5-9）所示的标准形式为

$$T\frac{\mathrm{d}\Delta h}{\mathrm{d}t} + \Delta h = K\Delta \mu_1 \tag{5-9}$$

$T = AR_s$，$K = K_\mu R_s$。

式中　T——调节对象的时间常数；

　　　K——放大系数。

式（5-9）即为水位调节对象调节通道的微分方程式。式（5-9）的拉普拉斯变换式为

$$\frac{H(s)}{\mu_1(s)} = \frac{K}{Ts+1}$$

对象的阶跃响应特性曲线反映了对象的某一输入量为阶跃函数时，其输出量随时间的变化曲线。其特性曲线如图 5-2 所示。下面对水槽水位特性曲线进行分析。

以水槽水位调节对象为例，当进料水管阀门的开度有一个阶跃变化 $\Delta \mu_1$ 时，将使进料流量有一阶跃变化 ΔQ_1，求解式（5-9），可得水位变化规律为

$$\Delta h = K\Delta \mu_1 (1 - \mathrm{e}^{-t/T}) \tag{5-10}$$

在图 5-2 中，当时间 $t \to \infty$ 时，水位趋近于稳态值，即 $\Delta h(\infty) = K\Delta \mu_1$，这就是输入量 $\Delta \mu_1$

经过水槽这个环节后放大了 K 倍而成为输出量的变化值，因此，K 被称为放大系数。式（5-10）中的时间常数 T 表示水位 Δh 在 $t=0$ 时以最大速度一直变化到稳态值所需的时间，是反映系统响应快慢的一个重要参数。

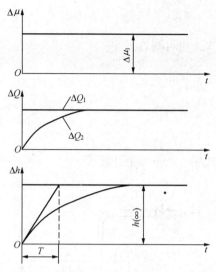

5.1.2 对象的自平衡特性

由式（5-2）和式（5-11）可以看出，当输入量有一阶跃变化时，被调量水位的变化 Δh 最后进入新的稳态 $\Delta h(\infty)=K\Delta\mu_1$。这是由于在液位变化的作用下，引起了输出流量作相应的变化所致。对象在扰动作用破坏其平衡工作状况后，在没有经过操作人员或调节器的干预下自动恢复平衡的特性，称为对象的自平衡特性。

为了进一步了解自平衡特性，这里需要对水槽对象中所发生的过程再做一个详细的分析与描述。当进水管路处的阀门增大 $\Delta\mu_1$ 时，输入流量也随之增大了 ΔQ，由

图 5-2 水槽水位的阶跃响应特性曲线

于进出的液体流量不等，使得水槽中的水位逐渐上升，反过来这又使得作用在流出阀上的液体压力增高，导致了流出量的相应增大，并且这种增高将一直持续到出料的流量 ΔQ_2 与进料的流量 ΔQ_1 相等为止。从这点可以看出，判断对象有无自平衡特性的基本标志是被调量能否对产生破坏平衡的扰动作用施以反作用。在有自平衡特性的对象中，常以自平衡率 ρ 来说明对象所具有的自平衡能力的强弱。如果通过被调量很小的变化（Δh）就能抵消较大的扰动量（$\Delta\mu$），那就表示这个对象的自平衡能力强，因此，$\rho=-\dfrac{\Delta\mu_1}{\Delta h(\infty)}$，而放大系数 $K=\dfrac{\Delta h(\infty)}{\Delta\mu_1}$。说明 ρ 和 K 互为倒数，对于一个调节对象而言，如果自平衡率 ρ 大，那么即使加上一个很大的扰动 $\Delta\mu_1$，$\Delta h(\infty)$ 的变化量也会很小。

在实际应用中，有些被调对象不具有自平衡特性，其中一个典型的例子如图 5-3 所示。它与图 5-1 所示对象不同，其输出流量靠一个水泵变送，由于这种控制方式的流出量不受水位高低的控制，与水位无关，因此，当流入量 Q_1 有一个阶跃变化后，流出量 Q_2 保持不变。这样，流入量与流出量之间的差值不随水位的改变而逐渐减小，而是始终保持不变。其结果是导致了水槽的水位以等速度不断地上升（或下降），直到水槽的水位在顶部溢出（或被抽空）。这种情况表明，如果被调量不能对扰动施以相应的反作用，只要对象的平衡工况一旦遭到破坏，就再也无法依靠自身的力量来重建平衡，这就是对象的无自平衡特性。

无自平衡特性的阶跃响应曲线如图 5-4 所示。这种对象的微分方程写法与前面有自平衡特性的水槽对象有共同之处，只是在流出量方面有差别。考虑到水位变化的过程中，这个水槽的液体流出量 Q_2 始终保持不变，所以，对于图 5-3 所示无自平衡特性对象来说，可利用前面推导的式（5-7），令 $\Delta Q_2=0$，即可获得其微分方程

$$\Delta Q_1 = A\frac{\mathrm{d}\Delta h}{\mathrm{d}t}$$

利用式（5-5）可得

$$A \frac{\mathrm{d}\Delta h}{\mathrm{d}t} = K_\mathrm{p} \Delta \mu_1 \tag{5-11}$$

也可写作

$$\frac{\mathrm{d}\Delta h}{\mathrm{d}t} = \varepsilon \Delta \mu_1$$

$$\varepsilon = \frac{K_\mathrm{p}}{A} = \frac{\dfrac{\mathrm{d}\Delta h}{\mathrm{d}t}}{\Delta \mu_1}$$

式中 ε —— 上升速度。

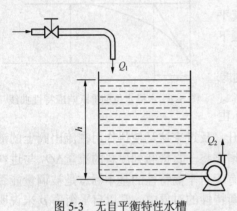

图 5-3   无自平衡特性水槽   图 5-4   无自平衡特性水槽的阶跃响应特性曲线

5.2   多容对象的动态特性

5.2.1   双容对象的调节特性

上节讨论的是只有一个存储容量的被控对象。实际上调节对象往往会更复杂一些，具有两个或多个存储容量。如图 5-5 所示的调节对象就有两个水槽，有两个可以储水的容器，称为双容对象。

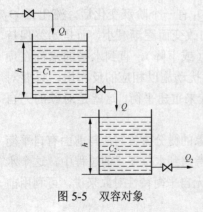

图 5-5   双容对象

双容对象是由两个周期惯性环节串联而成，被调量是第二个水槽的水位 h_2。当输入量有一个阶跃增加 ΔQ_1 时，被调量的反应曲线是如图 5-6 中变化的 Δh_2 曲线。从图中可以看出，与前面介绍的单容对象不同，它不再是简单的指数曲线，而是一条呈 S 形的曲线。由于多了一个容器，而使得调节对象的阶跃响应特性在时间上更落后一步。

在图 5-6 中 S 形的拐点处作切线，它将在时间轴上截出一段时间 OA。这段时间可近似地衡量由于多了一个容量而使响应过程向后推迟的程度。因此称其为容量滞后，通常用 τ_c 来表示。

相比于单容对象，由于双容对象的容器数由 1 变为 2，因而其阶跃输出特性响应曲线出现了一个容量滞后 τ_c，而这个 τ_c 对调节过程的影响是很大的，在调节器参数整定过程中，它是一个很重要的参数。通过研究图 5-6 所示双容调节对象的阶跃响应输出特性曲线可以看出，T 可以用对曲线拐点 P 作切线的方法求得，放大系数的求法和单容对象一样，即 $K = \dfrac{\Delta h_2(\infty)}{\Delta \mu_1}$。

前面讨论的是双容对象的阶跃响应输出特性。如果调节对象有更多的储蓄容器，那么它的阶跃响应输出特性曲线仍然呈 S 形，但是容量滞后 τ_c 更大了，如图 5-7 所示。图 5-7 表示具有 1～6 个同样大小的储蓄容量的调节对象的阶跃响应输出特性。

实际调节对象的容器数目可以是很多的，每个容量也不相同，但它们的阶跃响应输出特性曲线都和图 5-7 类似，都可以用 τ_c、T、K 这三个参数来表征。

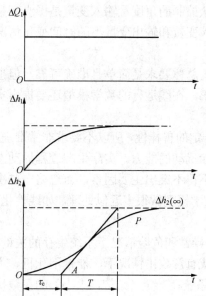

图 5-6 双容对象的阶跃响应输出特性

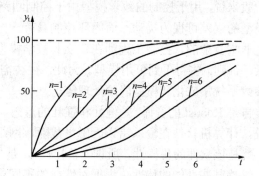

图 5-7 具有 1～6 个相同储蓄容量调节对象的
阶跃响应输出特性

5.2.2 调节对象的纯滞后

在调节对象中，所谓的"纯滞后"是指被调量的变化落后于扰动的发生和变化。上面讨论的双容对象因为比单容多了一个容器，因而产生了容量滞后。此外，还有一种滞后，它的产生不是由于储蓄量的存在，而是由于信号传输引起的，这种滞后称为传输滞后或纯滞后（也称纯延时）。

图 5-8 所示是一个用蒸汽来控制水温的系统。蒸汽量的变化必须要经过长度为 l 的路程以后才能反映出来，这是由于扰动作用点与被调量测量点间隔一定的距离所致。如果水的流速为 v，则由扰动引起的被测点温度的变化，需要一段时间 $\tau_0 = \dfrac{l}{v}$，这就是纯滞后时间。

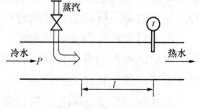

图 5-8 蒸汽控制水温系统

对于既有纯滞后又有容量滞后的调节对象，通常的做法是把这两种滞后加在一起，统称为滞后，用 τ 来表示，即 $\tau = \tau_c + \tau_0$，这样的阶跃响应输出特性，仍可用 τ、K、T 三个参数来表征。

对象的滞后特性，无论是纯滞后还是容量滞后，都将对调节系统的品质产生不良影响。由于滞后的存在，往往会对扰动作用不能及早觉察，调节效果不能实时反映，也即无法达到控制的实时性。

5.3　动态特性测定的实验法及时域法

工业过程的数学模型分为动态数学模型和静态数学模型。动态数学模型是表示输出变量与输入变量之间随时间而变化的动态关系的数学描述。从控制的角度看输入变量是操纵变量和扰动变量，输出变量是被控变量。静态数学模型是输入变量和输出变量不随时间变化情况下的数学关系。

工业过程中对数学模型的要求随其用途不同而不同，总体要求是简单且准确可靠，但也不意味着越准确越好，应根据实际应用情况提出适当要求。在线运行的数学模型还要提出实时性的要求，它与准确性要求往往发生矛盾。

一般来说，用于控制的数学模型由于控制回路具有一定的鲁棒性，所以不要求非常准确。因为模型的误差可视为扰动，而闭环控制具有一定的消除扰动的能力。实际生产过程的动态特性是非常复杂的，控制工程师在建立其数学模型时，不得不突出主要因素，而忽略一些次要因素，否则，将得不到可用模型。为此，往往需要对数学模型做很多近似处理，如线性化、分布参数系统集成化和模型降阶处理等。

鲁棒是 Robust 的音译，是健壮和强壮的意思。它是在异常和危险情况下系统生存的关键。比如说，计算机软件在输入错误、磁盘故障、网络过载或有意攻击情况下，能否不死机、不崩溃，就是该软件的鲁棒性。所谓"鲁棒性"，是指控制系统在一定（结构，大小）的参数扰动下，维持某些性能的特性。根据对性能的不同定义，可分为稳定鲁棒性和性能鲁棒性。以闭环系统的鲁棒性作为目标设计得到的固定控制器称为鲁棒控制器。

5.3.1　实验测定方法

前面介绍的机理模型的建立方法虽具有较好的普遍性，但是由于工业生产过程的机理较为复杂，很难对其建立精确的数学模型。此外，工业对象多含非线性因子，在数学推导时常常作一些假设和近似。因此，在实际工作中，常用实验方法来研究对象的特性，既可以比较可靠地得到对象的特性，也可对通过数学方法得到的对象特性加以验证和修改。此外，对于运行中的，也可用实验法测得其动态特性，虽然得到的结果较为粗略，且对生产过程有些影响，但仍然是了解对象特性的建议途径，故在工业上有着较为广泛的应用。

所谓对象特性的实验测定法，就是直接在原设备或机器中施加一定的扰动，然后测量对象的输出随时间的变化规律，得出一系列实验数据或曲线，对这些数据或曲线再加以必要的数学处理，使之转化为描述对象特性的数学形式。

对象特性的实验测定法有很多种，而用来测量对象的动态特性的实验方法主要有三种。

（一）测定动态特性的时域方法

这种方法主要是求取对象的阶跃响应曲线或方波响应曲线。如输入量作阶跃变化，测绘对象输出量随时间的变化曲线，就得到阶跃响应特性曲线。如输入量作脉冲变化，测绘对象输出量随时间的变化曲线，就得到脉冲方波响应曲线。这种方法的优点是不需要特殊的信号发生器，在很多情况下可利用调节系统中原有的仪器设备，方法简单，测量工作量小。其缺点是测试精度不高，且对生产过程有一定的影响。

（二）测定动态特性的频域方法

在对象的输入端加正弦波或近似正弦波信号，测出其输入量和输出量之间的幅度比和相位差，就得到了被测对象的频率特性。这种方法在原理上和数据处理上比较简单。由于输入信号只是在稳定值上下波动，对生产的影响较小，测试精度也较时域法高，是一种较好的测量方法。其缺点是需要专门的超低频测量设备，测试工作量较大。

（三）测定动态特性的统计方法

在对象的输入端加上某种随机信号或直接利用对象输入端本身的随机噪声，观察并记录它们所引起的对象各参数的变化，从而研究对象的动态特性，这种方法称为统计方法。所用的随机信号有白噪声、随机开关信号等。由于随机信号是在稳态值上下波动或者不需加上人为扰动，此方法对生产的影响较小，试验结果不受干扰影响，精度高。其缺点是该方法要求积累大量的数据，且需要专门的仪器或计算机对这些数据进行处理。

5.3.2　测定动态特性的时域方法

一、阶跃及方波响应的测定

当输入为阶跃函数时，可用下面的实验方法测定其输出量变化曲线。实验时，可以让对象稳定地工作于某一稳态一段时间，然后快速地改变它的输入量，使对象达到另一稳态。图5-2 所示为水位阶跃响应特性曲线，它是有自平衡特性的。图 5-4 所示为无自平衡对象的阶跃响应曲线，当输入量作阶跃变化时，被调量无限地增大（或减小），即输出量与输入量呈积分关系。

实验过程中应注意的问题如下：

（1）尽量避免其他干扰的发生，否则就会影响实验结果。为了克服其他干扰带来的不利影响，同一阶跃特性响应曲线应该重复测试 2、3 次，从中删除一些明显的偶然性误差，并求出其中相对合理的测量平均值，根据此平均值来分析对象的动态特性。

（2）在对象的同一平衡工况下，加上一个反向阶跃信号，测出其动态响应特性，与正向动态响应特性进行比较，用以检验对象的非线性特性。实验时，扰动作用的取值范围为其额定值的 5%～20%，一般取 8%～10%。

（3）应把对象稳定在其他工况下，重复上述实验。一般将对象稳定在最小、最大及平均负荷下进行实验。

（4）在实验时，必须特别注意被调量离开起始点状态时的情况，要精确记录加入阶跃作用的计时起点，以便计算对象滞后时间的大小，这对后续的调节器参数整定具有至关重要的意义。

（5）进行上述阶跃响应特性曲线实验时，当输入的阶跃值在通常的范围内，输出的变化有可能会达到不允许的数值，无自平衡对象即是一个明显的例子。为解决这一问题，可以在加上阶跃信号后经过 Δt，再撤除阶跃信号，这时，作用在对象上的信号实际上是一个宽度为 Δt 的脉冲方波，如图 5-9 所示。

当输入为脉冲方波时，输出的反应曲线被称为"方波响应特性曲线"。方波响应特性曲线与阶跃响应特性曲线有着密切的关系。一旦测得对象的方波响应特性曲线后，能够很容易地求出它的阶跃响应特性曲线。其做法是：把作用于对象上的方波信号看成是两个阶跃信号作用的代数和，其中一个是在时刻 $t=0$ 时作用的正阶跃信号 $x_1(t)$，另一个是在 $t=\Delta t$ 时作用于对象的负阶跃信号 $x_2(t)$，如图 5-10 所示。这两个信号作用于对象的结果，分别用响应曲线 $y_1(t)$ 和 $y_2(t)=-y_1(t-\Delta t)$ 来表示，而对象的方波响应 $y(t)$ 就是这两条响应特性曲线的代数和，可表示为

$$y(t) = y_1(t) + y_2(t)$$
$$= y_1(t) - y_1(t - \Delta t) \tag{5-12}$$

或

$$y_1(t) = y(t) + y_1(t - \Delta t) \tag{5-13}$$

从方波响应 $y(t)$ 可求出阶跃响应特性曲线 $y_1(t)$。在 0 到 Δt 这一时间段内，阶跃响应特性曲线和方波响应曲线是已知的，以后各段的阶跃响应特性曲线是该段的方波响应加上 Δt 之前的阶跃响应曲线值。绘图时，先把时间轴分成间隔为 Δt 的若干等分，在第一段中 $y_1(t-\Delta t)=0$，所以，$y_1(t)=y(t)$；其后每一段的 $y_1(t)$ 是该段中的 $y(t)$ 与其相邻前一段的 $y_1(t)$ 之和。这样即可由方波响应求出阶跃响应，从而得到阶跃响应特性曲线。

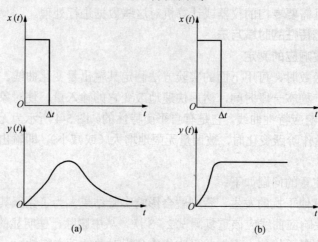

图 5-9　脉冲方波响应特性

（a）有自平衡对象的响应；（b）无自平衡对象的响应

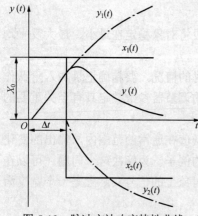

图 5-10　脉冲方波响应特性曲线

二、实验结果的数据处理

在实践中，常常用微分方程或传递函数的形式来描述生产过程的动态特性。如何将用实验法测得的各种不同对象的阶跃响应曲线进行处理，以便用一些简单的典型微分方程或传递函数来近似表达，这种处理方式就是实验结果的数据处理。

对于绝大多数的工业对象，通常采用具有纯滞后的一阶或二阶非周期环节来近似描述，即

$$G(s) = \frac{Ke^{-s\tau}}{Ts + 1} \tag{5-14}$$

或者

$$G(s) = \frac{Ke^{-s\tau}}{(T_1 s + 1)(T_2 s + 1)} \tag{5-15}$$

对于少数无自平衡特性的对象，可近似描述为

$$G(s) = \frac{Ke^{-s\tau}}{Ts} \tag{5-16}$$

或

$$G(s) = \frac{Ke^{-s\tau}}{T_1 s(T_2 s + 1)} \tag{5-17}$$

式中的 K、T 和 τ 等参数可由阶跃响应曲线确定。下面介绍求取这些参数的方法。

（一）由阶跃响应曲线来确定有纯滞后的一阶环节的参数

如果实验得到的阶跃响应曲线是一条如图 5-11 所示 S 形的非周期曲线，即可作为具有纯滞后的一阶惯性环节来处理的例子。在变化最快处做一切线，它的斜率 m 就是最快的速度 $\left(\dfrac{dy}{dt}\right)_m$，从切线与时间轴的交点可得出滞后时间 τ。同时记下输入阶跃变化量 X_0 和 y 的最终变化量 $y(\infty)$，然后用下面的公式求出 K 与 T。

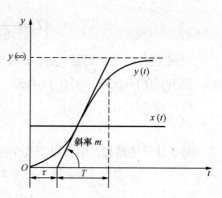

图 5-11　S 型非周期阶跃响应曲线

$$K = \frac{y(\infty)}{X_0} \tag{5-18}$$

$$T = \frac{y(\infty)}{\left(\dfrac{dy}{dt}\right)_m} \tag{5-19}$$

式（5-18）和式（5-19）用于有自平衡特性对象。同理，与之类似的方法可求无自平衡特性对象的参数，即

$$\frac{K}{T} = \frac{\left(\dfrac{dy}{dt}\right)_m}{X_0} \tag{5-20}$$

这种处理方法的特点是比较简单，但准确性不高，下面介绍一种比较准确的方法。

在求取稳态放大系数 K 时，同样可使用式（5-18），当计算时间常数 T 及纯滞后 τ 时，将 $y(t)$ 曲线修改成无因次的阶跃特性曲线 $y^*(t)$ 为

$$y^*(t) = \frac{y(t)}{KX_0} = \frac{y(t)}{y(\infty)} \tag{5-21}$$

对于有滞后的一阶非周期环节来说，在阶跃作用下的解为

$$y^*(t) = \begin{cases} 0 & , \quad t < \tau \\ 1 - e^{\frac{t-\tau}{T}} & , \quad t \geqslant \tau \end{cases} \tag{5-22}$$

为了求出 T 与 τ 的值，在无因次阶跃响应曲线上选取 $y^*(t)$ 在时间轴上的两个坐标值 t_1 与 t_2。

$$\begin{cases} y^*(t_1) = 1 - e^{\frac{t_1-\tau}{T}} \\ y^*(t_2) = 1 - e^{\frac{t_2-\tau}{T}} \end{cases} \tag{5-23}$$

式中，$t_2 > t_1 > \tau$。

通过对上述两式联立求解，可得

$$
\begin{cases}
\tau = \dfrac{t_2 \ln[1-y^*(t_1)] - t_1 \ln[1-y^*(t_2)]}{\ln[1-y^*(t_1)] - \ln[1-y^*(t_2)]} \\[4mm]
T = -\dfrac{t_1-\tau}{\ln[1-y^*(t_1)]} = -\dfrac{t_2-\tau}{\ln[1-y^*(t_2)]}
\end{cases}
\tag{5-24}
$$

由式（5-23）知，可通过 t_1，t_2 及对应的阶跃响应曲线上的两个值 $y^*(t_1)$ 及 $y^*(t_2)$ 求出 T 及 τ。若选 $y^*(t_1)=0.39$，$y^*(t_2)=0.63$，可得

$$
\begin{cases}
\tau = 2t_1 - t_2 \\
T = 2(t_1 - t_2)
\end{cases}
\tag{5-25}
$$

对于计算的结果，可在以下几个时间点上对阶跃响应曲线的坐标值进行校对，校对公式为

$$
t_3 \leqslant \tau \qquad , \quad y^*(t_3) = 0
$$
$$
t_4 = 0.8T + \tau \quad , \quad y^*(t_4) = 0.55
$$
$$
t_5 = 2T + \tau \quad , \quad y^*(t_5) = 0.87
$$

（二）由阶跃响应曲线确定二阶环节的参数

对于 S 形的实验阶跃响应特性曲线，其传递函数可近似表达为

$$
G(s) = \frac{K}{T_1 T_2 s^2 + (T_1 + T_2)s + 1}
\tag{5-26}
$$

$$
G(s) = \frac{K}{T^2 s^2 + 2Ts + 1} e^{-\tau s}
\tag{5-27}
$$

式（5-26）相当于过阻尼的二阶环节$\left(\text{传递函数的分母有两个实根} -\dfrac{1}{T_1} \text{和} -\dfrac{1}{T_2}\right)$，式（5-27）

为阻尼系数为 1 的有纯滞后的二阶环节。

5.4　动态特性测定的频域法

5.4.1　正弦波方法

所谓正弦波方法就是在所研究对象的输入端施以某个频率的正弦波信号，当输出达到稳定后，记录输出信号的稳定振荡波形，即可测出精确的频率特性。此外，还应对所选的各个频率逐个地进行实验。

具体的做法是，在对象的输入端加以所选择的正弦振荡，建立起对象的振荡过程。当振荡的轴线、幅度、形式都保持稳定后，就可测出输入和输出的振荡幅度及它们的相移。输出振幅与输入振幅之比就是幅频特性在该频率处的数值，而输出振荡的相位和输入振荡的相位差，就是相应的相频特性之值。这个实验可在对象的通频带区域内分成若干等分，对每一个分点 ω_1，ω_2，…，ω_c 进行实验，实验通带分为一般由 $\omega=0$ 到输出的振幅减小到 $\omega=0$ 时的输出幅值的 $\dfrac{1}{20}$ 乃至 $\dfrac{1}{100}$ 的上限频率为止。有时候，主要是确定某个区域内的频率特性，例如，调节对象在移相为 180° 时的频率 ω_π 附近的一段频率特性，可以在此附近作一些较为详细的实验，而在其他频率区域粗略地做几点即可，甚至也可以不做。

用正弦波输入信号来测定对象频率特性响应的优点是能够直接从记录曲线上求出频率特性，而且由于被测对象是正弦的输入输出信号，容易在实验过程中发现干扰的存在及影响，因为干扰会使正弦信号发生畸变。此方法的缺点在于不易实现所谓的正弦输入。此外，使用这种方法进行实验比较耗时，对于缓慢的生产过程存在零点漂移的情况，使得实验不能长时间进行。

5.4.2　频率特性的相关测试法

为了获取精确的实验结果，广泛采用稳态正弦波激励实验来测定。稳态正弦波激励实验是利用线性系统的频率保持性，即在单一频率强迫振动时系统的输出也是单一频率，并把系统的噪声干扰及非线性因素造成输出畸变的谐波分量均看作干扰，故测量装置滤出与激励频率一致的有用信号，并显示其响应幅值，相对于参考（激励）信号的相角，或者给出其同相分量及正交分量，以便画出在该测试点上系统响应的矢量图（奈氏图）。在一般的动态特性测试实验中，幅频特性相对较易测得，而精确测量相角信息则较为困难。

通用的精确相位计，要求其波形失真度很小。但在实际工作中，测试对象的输出常常混有大量的噪声，有时甚至会将有用的信号淹没。这要求必须采用运行的滤波手段，在噪声背景下，把有用信号有效地提取出来。滤波装置必须有恒定的放大倍数，这样可不造成移相或只有恒定的、可以标定的移相。

简单的滤波方式通常采用调谐式的带通滤波器。由于激励信号频率可调，带通滤波器的中心频率也应是可调的。为了使滤波器有较强的除噪能力，通带应相对窄一些。这种调谐式的滤波器在调谐点附近幅值放大倍数有变化，而相角的变化尤为剧烈。因此，在实际的测试中很难做到滤波器中心频率始终和系统激励频率一致。所以，调谐式的带通滤波器很难保证稳定的测幅、测相精度。

基于相关原理构成的滤波器相比于带通滤波器有明显的优势，激励输入信号经过波形变换后可得到幅值恒定的正余弦信号。把参考信号与被测信号进行相关处理（即相乘和平均），所得的直流部分保存了同频分量的幅值和相角信息。其原理如图 5-12 所示。

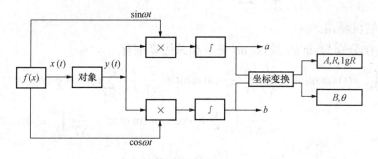

图 5-12　频率特性的相关测试原理图

图 5-12 所示信号发生器 $f(x)$ 产生正弦的激励信号 $x(t)$，送入被测对象的输入端。$f(x)$ 还产生幅值恒定的正余弦参考信号分别送到两个乘法器。经过乘法器与对象的输出信号 $y(t)$ 相乘后，再通过积分器得到两路直流信号，即同相分量 a 与正交分量 b。下面对相关测试原理进行数学描述。

一、当系统无干扰时

假定系统的输入与输出分别为

$$x(t) = R_1 \sin \omega t , \quad y(t) = R_2 \sin(\omega t + \theta)$$

式中　R_1、R_2——被测对象输入、输出信号的幅值；

　　　　θ——对象输入与输出信号的相位差。

输出信号可进一步表示为

$$y(t) = R_2 \sin(\omega t + \theta) = R_2 \cos\theta \sin \omega t + R_2 \sin\theta \cos \omega t$$
$$= a \sin \omega t + b \cos \omega t \tag{5-28}$$
$$a = R_2 \cos\theta , \quad b = R_2 \sin\theta$$

将 $y(t)$ 与正弦、余弦信号分别进行相关运算，即

$$\frac{2}{NT} \int_0^{NT} y(t)\sin\omega t \mathrm{d}t = \frac{2}{NT} \int_0^{NT} (a\sin\omega t + b\cos\omega t)\sin\omega t \mathrm{d}t \tag{5-29}$$
$$= \frac{2a}{NT} \int_0^{NT} (\sin\omega t)^2 \mathrm{d}t + \frac{2b}{NT} \int_0^{NT} \sin\omega t \cos\omega t \mathrm{d}t = a$$

及

$$\frac{2}{NT} \int_0^{NT} y(t)\cos\omega t \mathrm{d}t = \frac{2}{NT} \int_0^{NT} (a\sin\omega t + b\cos\omega t)\cos\omega t \mathrm{d}t \tag{5-30}$$
$$= \frac{2a}{NT} \int_0^{NT} \sin\omega t \cos\omega t \mathrm{d}t + \frac{2b}{NT} \int_0^{NT} (\cos\omega t)^2 \mathrm{d}t = b$$

式中　T——周期；

　　　　N——正整数。

设被测对象响应 $G(j\omega)$ 的同相分量为 A，正交分量为 B，则 $A=a/R_1$，$B=b/R_1$。且当 $R_1=1$ 时，$A=a$，$B=b$。

二、当系统有干扰时

系统的输出信号为

$$y(t) = \frac{a_0}{2} + \sum_{k=1}^{\infty} (a_k \sin k\omega t + b_k \cos \omega t) + n(t)$$

式中　$n(t)$——随机噪声。

输出信号 $y(t)$ 分别与 $\sin\omega t$ 及 $\cos\omega t$ 进行相关运算则有

$$\frac{2}{NT} \int_0^{NT} y(t)\sin\omega t \mathrm{d}t = \frac{2}{NT} \int_0^{NT} \frac{a_0}{2}\sin\omega t \mathrm{d}t + \frac{2}{NT} \int_0^{NT} \sum_{k=1}^{\infty} a_k \sin k\omega t \sin\omega t \mathrm{d}t$$
$$+ \frac{2}{NT} \int_0^{NT} \sum_{k=1}^{\infty} b_k \cos k\omega t \sin\omega t \mathrm{d}t + \frac{2}{NT} \int_0^{NT} n(t)\sin\omega t \mathrm{d}t \tag{5-31}$$
$$= a_1 + \frac{2}{NT} \int_0^{NT} n(t)\sin\omega t \,\mathrm{d}t \approx a_1$$

当 N 足够大时，式（5-31）变为

$$\frac{2}{NT} \int_0^{NT} n(t)\sin\omega t \,\mathrm{d}t = 0$$

同理可得

$$\frac{2}{NT} \int_0^{NT} y(t)\cos\omega t \mathrm{d}t = b_1 + \frac{2}{NT} \int_0^{NT} n(t)\cos\omega t \mathrm{d}t \approx b_1 \tag{5-32}$$

式中　a_1——系统输出一次谐波的同相分量；

b_1——系统输出一次谐波的正交分量。

如果选择输出振荡周期的起点在输入振荡的基波相角为零的时刻，那么输出与输入振荡之间的相位移和基波振幅分别为

$$\left.\begin{array}{l} \theta = \arctan \dfrac{b_1}{a_1} \\[3mm] R_2 \approx \sqrt{a^2 + b^2} \end{array}\right\} \tag{5-33}$$

由上可知，可将相关过程视为一个滤波过程。系统输出信号经过滤波，可较好地抑制直流分量、高次谐波及随机噪声而分离出一次谐波。然后由式（5-31）、式（5-32）可得到在该频率下系统输出的同相分量和正交分量，再经过坐标变换求得振幅比和相位差，并以极坐标或对数坐标显示出来。例如，国产的 BT-6 型频率特性测试仪就是按照上述原理设计的。

5.4.3　闭路测定法

上述两种测定法都属于开路测定法，即在开路状态下输入周期信号 $x(t)$ 测定其输出 $y(t)$，这种方法的缺点是，被调量 $y(t)$ 的振荡中线（即零点）的漂移不能消除，因此不能长期进行实验。此外，它要求输入的幅值不能太大，以免增大非线性的影响。

为避免这种不利影响，可采用调节器所组成的闭路系统进行测定。图 5-13 所示为这种实验方法的原理图。图中信号发生器所产生的专用信号加在调节器的给定值处，而记录仪所记录的曲线则是被测对象的输入/输出端的曲线。对此曲线进行分析，就能求出对象的频率特性。

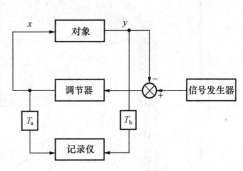

图 5-13　闭路测定法原理图

闭路测定法有三个主要优点：①首先是精度高，因为已经形成一个闭路系统，大大地削弱了对象的零点漂移，因而可长期进行实验，振幅也可以取得较大。另外，由于系统是闭路工作，如果输入加在给定值上的信号是正弦波，各坐标也将作正弦变化，可减少开路测定时非线性环节所引起的误差。采用这种方法进行测定时，主要用正弦波作为输入信号，所有这些因素都提高了测定精度。②其次是提高了系统的安全性。因为调节器串接在这个测定系统中，所以即便有干扰突然加入，由于调节器的作用也不会产生过大的偏差而发生事故。③此外，这种方法可对无自平衡特性的对象进行频率特性的测定，也可以同时测定调节器的动态特性。此法的缺点是只能对带有调节器的系统进行测定。

5.5　动态特性测定的统计方法

除了前面所述的动态特性测定方法外，有些情况下需采用统计方法，即相关分析法进行对象动态特性测定。该方法可在正常运行的生产过程中使用，有的甚至可以不用加专门信号，直接利用正常运行下所记录的数据进行分析，也可加上特殊信号，例如 20 世纪 60 年代发展起来的伪随机试探信号。这种方法的特点是抗干扰能力强，在获得同样的信息量时，对系统正常运行的干扰度比用其他方法低。目前，已出现专用的设备用来做此实验，如果配以计算机在线工作，整个实验可完全由计算机完成。实践效果表明，这是一种行之有效的方法，特

别是对反应慢、过渡时间长的系统更为适用。

5.5.1 相关分析法识别对象动态特性的工作原理

如果一个线性对象的输入函数 $x(t)$ 是一个平稳的随机过程，那么，相应的输出函数也是一个平稳的随机过程。设 $y(t)$ 是对象的脉冲响应函数，如图 5-14 所示，这里说明如何从输入 $x(t)$ 与输出 $y(t)$ 的互相关函数来确定脉冲响应函数。

在经典控制理论中，可用"脉冲响应函数"来描述线性对象的动态特性，可把任意形式的输入 $x(t)$ 看作是由无数个"脉冲"叠加而成的。由于 $x(t)$ 是由许多脉冲 $x_1(t)$，$x_2(t)$…组成的。对应于其中的每一个脉冲，对象的输出端都有一个响应，为 $y_1(t)$，$y_2(t)$…。按照适用于线性系统的叠加原理，总的输出 $y(t)$ 就是 $y_1(t)$，$y_2(t)$…的总和。因此，只要知道一个"脉冲响应函数"，就可以求出该生产过程对应的任意输入量的响应。

单位脉冲响应函数 $g(t)$ 就是对象的输入量为单位脉冲 $\delta(t)$ 时输出量随时间变化的过程。

当输入 $x(t)$，如图 5-15 所示，为任意形式的时间函数，可将它分解成多个脉冲之和，而每个脉冲的面积为 $x(\tau)\Delta\tau$（$t=\tau$）。当 $\Delta\tau \to 0$ 时，记此脉冲的面积为 $x(\tau)\mathrm{d}\tau$，这个脉冲可记为 $x(\tau)\delta(t-\tau)\mathrm{d}t$。

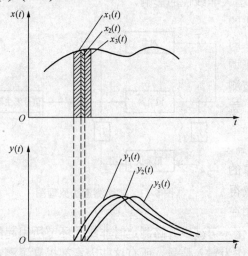

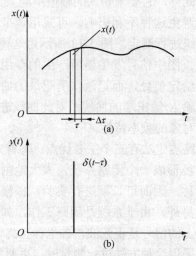

图 5-14　对象的输入—输出关系示意图　　　图 5-15　线性系统输出响应与输入关系示意图

相应于这样一个脉冲函数的响应，$y(t)$ 应当是全部 $\tau < t$ 的时间响应函数之和（积分），即

$$y(t) = \int_{-\infty}^{t} x(\tau)\delta(t-\tau)\mathrm{d}\tau$$

令 $t-\tau=u$ 并代入上式，则得

$$y(t) = -\int_{\infty}^{t} x(t-u)g(u)\mathrm{d}u = \int_{0}^{\infty} g(u)x(t-u)\mathrm{d}u \qquad (5\text{-}34)$$

式中　$g(u)$——脉冲响应函数。

式（5-34）反映了 $y(t)$ 与 $x(t)$ 之间的重要关系。

先考虑对象的输入和输出皆为平稳过程，在式（5-34）中把 t 换成 $t+\tau$，即

$$y(t+\tau) = \int_{0}^{\infty} g(u)x(t+\tau-u)\mathrm{d}u$$

上式两边同乘以 $x(t)$ 得

$$x(t)y(t+\tau) = \int_{0}^{\infty} g(u)x(t)x(t+\tau-u)\mathrm{d}u$$

两边取时间平均值

$$\lim_{T\to\infty}\frac{1}{2T}\int_{-T}^{T}x(t)y(t+\tau)\mathrm{d}t=\lim_{T\to\infty}\frac{1}{2T}\int_{-T}^{T}x(t)\int_{0}^{\infty}g(u)x(t+\tau-u)\mathrm{d}u\mathrm{d}t$$

等式右侧交换积分次序，可得

$$R_{xy}(\tau)=\int_{0}^{\infty}g(u)\mathrm{d}u\left[\lim_{T\to\infty}\frac{1}{2T}\int_{-T}^{T}x(t)x(x+\tau-u)\mathrm{d}t\right]$$

整理后得

$$R_{xy}(\tau)=\int_{0}^{\infty}g(u)R_{xx}(\tau-u)\mathrm{d}u \tag{5-35}$$

式中　$R_{xx}(\tau-u)$ —— $x(t)$ 之自相关函数在 $\tau-u$ 处的值。

以上就是著名的维纳—何甫方程。它是相关分析方法识别线性对象的重要理论依据。

这个方程给出了输入的自相关函数、输入 $x(t)$ 与输出 $y(t)$ 的互相关函数与脉冲响应函数的关系。如果从测试或运行数据计算得到 $R_{xx}(\tau)$ 与 $R_{xy}(\tau)$，要确定脉冲响应函数 $g(u)$，这是个解褶积方程的问题，对于一般形式 $R_{xx}(\tau)$ 及 $R_{xy}(\tau)$ 来说，这个积分方程的求解非常困难。

这里可利用白色噪声测定对象的动态特性。当对线性对象输入白色噪声时，此时的脉冲响应函数有很简单的形式，因为对白色噪声的自相关函数是一个 δ 函数，即

$$R_{xx}(\tau)=K\delta(\tau)$$

将上式代入式（5-35）可得

$$R_{xy}(\tau)=\int_{0}^{\infty}Kg(u)\delta(\tau-u)\mathrm{d}u$$

利用单位脉冲函数的性质

$$R_{xy}(\tau)=Kg(\tau) \tag{5-36}$$

于是有

$$g(\tau)=\frac{1}{K}R_{xy}(\tau) \tag{5-37}$$

这说明对于白色噪声输入、输入与输出之间互相关函数 $R_{xy}(\tau)$ 与脉冲响应函数成比例。所以，通过互相关函数可以很容易地得到脉冲响应函数。

由于互相关函数可计算为

$$R_{xy}(\tau)=\lim_{T\to\infty}\frac{1}{T}\int_{0}^{T}x(t)y(t+\tau)\mathrm{d}t=\lim_{T\to\infty}\frac{1}{T}\int_{0}^{T+\tau}x(t-\tau)y(t)\mathrm{d}t$$

因此，可用图 5-16 所示方法获得脉冲响应函数。

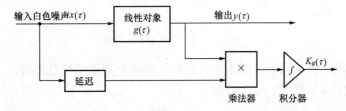

图 5-16　相关分析法求对象脉冲响应函数的方框图

采用上述方法的优点是，实验可以在正常运行状态下进行，不需要将被测对象过分偏离

正常运行状态。由于白色噪声的整个能量分布在很广的区域内，因此对正常运行状态影响不大，这对于大型生产装置来说十分重要。但该方法实现起来较难，主要是因为：如想获得较为精确的互相关函数，就必须在较长一段时间里进行积分。这就要耗费时间，而积分时间过长又会产生新的问题，如信号的漂移、记录仪器的零点漂移等。因此，要协调二者的矛盾，必须选择一个合适的积分时间。这需要通过实践摸索才能做到。这种方法最终是要求出输入与输出的互相关函数。

5.5.2 基于 M 序列信号测定对象的动态特性

一、伪随机序列基本理论

为了克服以白色噪声为输入信号，估算脉冲响应函数所需时间较长的缺点，可采用伪随机信号作为输入探测信号。这个信号的自相关函数与白色噪声的自相关函数相同（即一个脉冲），但是它有重复周期 T，就是说，伪随机信号的自相关函数 $R_{xx}(\tau)$ 在 $\tau = 0$，T，$2T$，$\cdots$，$-T$，$-2T$，$\cdots$ 各点取值 σ^2，也就是信号的均方值，而在其他各点处的值为零。该自相关函数如图 5-17 所示。

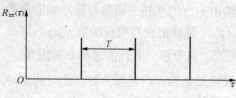

图 5-17 伪随机信号的自相关函数

用伪随机信号识别对象的动态特性的好处是，如果对线性对象输入伪随机信号，首先自相关函数 $R_{xx}(\tau)$ 的计算简单，因为

$$R_{xx}(\tau) = \lim_{T_1 \to \infty} \frac{1}{T_1} \int_0^{T_1} x(t)x(t+\tau)\mathrm{d}t = \lim_{nT \to \infty} \frac{1}{nT} \int_0^{nT} x(t)x(t+\tau)\mathrm{d}t$$
$$= \lim_{n \to \infty} \frac{n}{nT} \int_0^T x(t)x(t+\tau)\mathrm{d}t = \frac{1}{T} \int_0^T x(t)x(t+\tau)\mathrm{d}t \qquad (5\text{-}38)$$

同理有

$$R_{xx}(\tau-u) = \frac{1}{T} \int_0^T x(t)x(t+\tau-u)\mathrm{d}t$$

由式（5-35）有

$$R_{xy}(\tau) = \int_0^\infty g(u)R_{xx}(\tau-u)\mathrm{d}u$$
$$= \int_0^\infty g(u)\left[\frac{1}{T}\int_0^T x(t)x(t+\tau-u)\mathrm{d}t\right]\mathrm{d}u$$

更换积分次序可得

$$R_{xy}(\tau) = \frac{1}{T}\int_0^T \left[\int_0^\infty g(u)x(t+\tau-u)\mathrm{d}u\right]x(t)\mathrm{d}t$$

考虑到式（5-34），可得

$$R_{xy}(\tau) = \frac{1}{T}\int_0^T x(t)y(t+\tau)\mathrm{d}t \qquad (5\text{-}39)$$

式（5-39）说明，计算互相关函数时，只需计算一个周期的积分即可。

另外，根据式（5-36），当 $\tau < T$ 时有

$$R_{xy}(\tau) = \int_0^\infty g(u)R_{xx}(\tau-u)\mathrm{d}u = \int_0^T g(u)R_{xx}(\tau-u)\mathrm{d}u$$
$$+ \int_T^{2T} g(u)R_{xx}(\tau-u)\mathrm{d}u + \int_{2T}^{3T} g(u)R_{xx}(\tau-u)\mathrm{d}u + \cdots$$

$$= \int_0^T g(u)K\delta(\tau-u)\mathrm{d}u + \int_T^{2T} g(u)K\delta(\tau-u+T)\mathrm{d}u$$

$$+ \int_{2T}^{3T} g(u)K\delta(\tau-u+2T)\mathrm{d}u + \cdots$$

$$= Kg(\tau) + Kg(\tau+T) + Kg(\tau+2T) + \cdots$$

适当选择 T，使脉冲响应函数在时间还小于 T 时已经衰减到零，则 $g(\tau+T)\approx 0$，$g(\tau+2T)\approx 0$，$\cdots$，于是有

$$R_{xy}(\tau) = Kg(\tau) \tag{5-40}$$

这时，互相关函数与脉冲响应函数仍然只相差一个常数。但是，此处 $R_{xy}(\tau)$ 的计算只需在 $0\sim T$ 时间内进行，这就显示了采用伪随机信号的优势。

二、伪随机序列的产生方法及其性质

伪随机信号产生的方法很多，其中最简单的方法就是取一个随机信号的一段，其长度为 T，然后在其他时间段内都按照这一段重复，直至无穷。该方法简单粗略，其自相关函数的图形可能与理想的"脉冲"相差甚远。

近些年来，实践中采用较多的是一种二位式信号，即 $x(t)$ 只取 $+a$ 或 $-a$ 两种。这里简要介绍一下二位式伪随机序列。

如果随机地重复抛一个硬币，每次抛掷都作为一次实验，假定实验结果出现国徽面记为 1，出现非国徽面记为 -1。这样就获得了 $+1$、-1 两种元素组成的随机序列。如果大量重复该实验 N 次，那么这个随机序列具有三个性质：

（1）在序列中，$+1$ 和 -1 出现的次数几乎相等。

（2）若干个 $+1$（或 -1）连在一起称为"游程"。每个游程中的 $+1$（或 -1）的个数称为游程长度。N 次实验中长度为 1 的游程约占游程总数的 $1/2$。长度为 2 的游程约占 $1/4$，长度为 3 的游程约占 $1/8$。在同样长度的所有游程中 $+1$ 的游程与 -1 的游程约各占半数。

（3）随机序列的自相关函数在原点取得最大值，$R_{xx}(0)=\max$，离开原点后，就迅速下降到零。

具有以上特性的二位式随机序列称为离散白噪声序列。

对于一个人工设计产生的周期序列，在一个周期里具有上述三个特征，这个序列称为"二位式伪随机序列"。这种伪随机序列，具有与随机白噪声相类似的性质，但它又是周期性的，有规律可循的，故可以人为地产生和重现。再加上计算互相关函数时，可将乘法简化为取正、反向的值，因此采用这种信号的较多。此处介绍一种最大长度二位式序列，即 M 序列的构成。

M 序列信号可由一组带有反馈电路的移位寄存器产生。移位寄存器由双稳态触发器和门电路构成。n 位移位寄存器由 n 个双稳态触发器和门电路组成，如图 5-18 所示，每个触发器称为一位，其中 0 和 1 分别表示两种状态。当移位脉冲到来时，每位中的内容（0 或 1）移到下一位，而第 n 位移出内容即为输出。为了保持连续工作，将移位寄存器内容经过适当的逻辑运算（例如第 n 位中内容与第 k 位内容按模 2 相加）反馈到第一位去作为输入，这里需要的是第 n 位输出的序列。

例如，现将一个四位移位寄存器的第一位内容（0 或 1）送到寄存器第二位，寄存器第二位内容送到寄存器第三位，寄存器第三位内容送到寄存器第四位，而寄存器第三位和第四位内容作模 2 相加（即 $1\oplus 0=1$，$0\oplus 1=1$，$0\oplus 0=0$，$1\oplus 1=0$；$\oplus$ 表示模 2 相加），反馈到寄

存器的第一位。如果初始状态时，寄存器的内容都是 1，第一个移位脉冲到来后，四位寄存器的内容变为 0111。一个周期的变化规律为

初始状态 1111→0111→0011→0001→1000→0100→0010→1001→1100→0110→1011→0101→1010→1101→1110→1111 第二周期开始

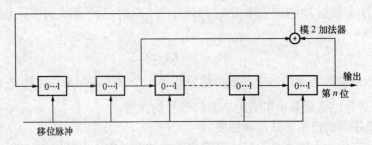

图 5-18　n 级线性反馈移位寄存器

这里，在一个循环周期中产生了 15 种不同状态。如果取寄存器的第四位内容作为伪随机信号，那么这个随机序列为

$$\underbrace{111100010011010}_{\text{一个周期}} \quad \underbrace{111100010011010}_{\text{又一个周期}} \cdots$$

可以看出，它的确是一个伪随机序列。

多位移位寄存器中，选择不同的反馈路线，将会得到不同的序列信号。这种序列信号一般可分为两类：一种为 M 序列（最大长度序列），另一种为非 M 序列。一个序列信号是否为 M 序列，要看它的周期长短。对于一个 n 位移位寄存器，因为每位有两种状态，则共有 2^n 个状态。因此，对一个 n 位寄存器所产生的序列信号其周期为

$$N = 2^n - 1 \tag{5-41}$$

则该信号就称为最大长度二位式序列（M 序列）信号。在上例中，$n=4$，周期为 15，正好符合 $2^4-1=15$，因此所得序列是一个 M 序列信号。关于各种不同位数的寄存器，如何选择合适的反馈路径才能取得最大长度二位式信号的问题，相关文献有专门论述［可参见戴维斯所著的《自适应的系统识别》（潘裕焕译）］。

M 序列信号的主要性质可表述如下：

（1）由 n 位移位寄存器产生的 M 序列的周期为 $N=2^n-1$。

（2）在一个 M 序列的周期中，1 出现的个数为 2^n-1，而 0 出现的个数为 $2^{n-1}-1$。

（3）在一个 0 与 1 交替次数中，游程长度为 1 的占游程总数的 1/2，游程为 2 的占 1/4，……，周期为 2^n-1 时，游程 n 和 $n-1$ 的都占 $1/(2^n-1)$。

（4）周期为 $N=2^n-1$ 的 M 序列的相关函数为

$$R_{xx}(\tau) = \begin{cases} a^2\left(1 - \dfrac{|\tau|}{\Delta t}\dfrac{N+1}{N}\right), & -\Delta t < \tau < \Delta t \\ -\dfrac{a^2}{N}, & \Delta t \leqslant \tau \leqslant (N-1)\Delta t \end{cases} \tag{5-42}$$

当 $\tau \geqslant N$ 时，$R_{xx}(\tau)$ 的数值用 $0 \leqslant \tau \leqslant N-1$ 中 $R_{xx}(\tau)$ 的数值以周期 N 延拓出去。

把以上 M 序列的性质与离散二位式白噪声序列进行比较，可以看到两种序列的性质很相似。M 序列的自相关函数是周期 N 的函数，当 N 相当大时，两种序列的相关函数也是相似的，也就是它们的概率性质相似。这也正是把 M 序列称为随机序列的原因，并且可把 M 序列当成离散二位式白噪声。需要指出的是，伪随机序列有很多种，但 M 序列是最重要的伪随机序列之一。

三、用 M 序列信号测定对象的动态特性

将 M 序列作为被测对象的输入信号，如果选择该信号的周期 $T = N\Delta t$ 为足够长，即大于对象的脉冲响应函数的衰减时间（或对象的过渡过程时间），则如式（5-40）所描述的那样，对象的输出与输入之间的互相关函数与对象的脉冲响应函数成正比。

由线性反馈移位寄存器产生 M 序列，如果输出状态是 0，电平取 a；如果输出状态是 1，电平取 $-a$。通常取电压作为电平，a 表示幅值。每个基本电平持续时间为 Δt，二位式伪随机序列的周期为 $T = N\Delta t$。值得注意的是，如果把 M 序列的状态 0 与 1 改成 +1 与 -1，相应电平的正负号与状态的正负号一致。例如一个由四位移位寄存器产生的 M 序列是

$$111100010011010$$

相应的二位式伪随机序列一个周期的波形如图 5-19 所示。

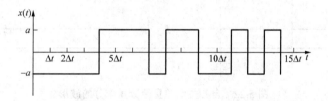

图 5-19   由四位移位寄存器产生的伪随机序列

该信号的自相关函数 $R_{xx}(\tau)$ 的波形如图 5-20 所示，此结果可由式（5-38）推算出来，也可导出一般二位式伪随机序列的自相关函数是周期为 $N\Delta t$ 的周期函数，它在一个周期里的表达式为式（5-42）。

这个自相关函数 $R_{xx}(\tau)$ 与伪随机噪声的自相关函数（如图 5-20 所示）形状不完全一致。

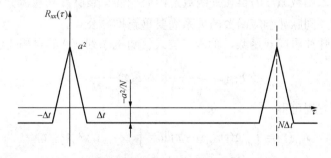

图 5-20   伪随机序列的自相关函数波形

这里，当利用二位式伪随机序列作为实验信号对过程对象的动态特性进行识别时，把二位式伪随机序列的自相关函数分为两部分。一部分是周期为 $N\Delta t$ 的周期性三角形脉冲，如图 5-21 所示，它在一个周期内的表达式为

$$R_{xx}^{(1)}(\tau) = \begin{cases} \dfrac{N+1}{N}a^2\left(1 - \dfrac{|\tau|}{\Delta t}\right) & , \quad -\Delta t < \tau < \Delta t \\ 0 & , \quad \Delta t \leqslant \tau \leqslant (N-1)\Delta t \end{cases} \tag{5-43}$$

另一部分为直流分量，可表示为 $R_{xx}^{(2)}(\tau) = -\dfrac{a^2}{N}$，其波形如图 5-22 所示。

图 5-21　自相关函数三角脉冲部分的波形

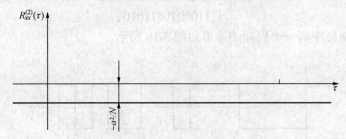

图 5-22　自相关函数直流分量部分的波形

周期性的三角脉冲部分虽然与理想的脉冲函数有区别，但当 Δt 很小时，它们很相像。

假设对象的输入函数 $x(t)$ 的自相关函数 $R_{xx}(\tau)$ 是周期性三角脉冲，它可看作是强度为 $\dfrac{N+1}{N}a^2\Delta t$ 的脉冲函数，对于式（5-37），如取 $K = \dfrac{N+1}{N}a^2\Delta t$，可得到脉冲响应函数为

$$g(\tau) = \frac{N}{N+1}\frac{1}{a^2\Delta t}R_{xy}(\tau) \tag{5-44}$$

但是，现在输入函数 $x(t)$ 的自相关函数是由周期性三角脉冲和直流分量所合成的，要获得输入与输出互相关同脉冲响应函数的关系需要重新推导公式。

把周期性三角脉冲看成 σ 函数，输入二位式伪随机序列 $x(t)$ 的自相关函数可表示为

$$R_{xx}(\tau) = \frac{N}{N+1}a^2\Delta t\delta(\tau) - \frac{a^2}{N} \tag{5-45}$$

由维纳—何甫方程可得

$$\begin{aligned} R_{xy}(\tau) &= \int_0^\infty g(t)R_{xx}(t-\tau)\mathrm{d}t = \int_0^{N\Delta t} g(t)R_{xx}(t-\tau)\mathrm{d}t \\ &= \int_0^{N\Delta t}\left[\frac{N}{N+1}a^2\Delta t\delta(t-\tau) - \frac{a^2}{N}\right]g(t)\mathrm{d}t \\ &= \frac{N}{N+1}a^2\Delta t g(\tau) - \frac{a^2}{N}\int_0^{N\Delta t} g(t)\mathrm{d}t \end{aligned}$$

即

$$R_{xy}(\tau) = \frac{N}{N+1}a^2\Delta t g(\tau) - \frac{a^2}{N}\int_0^{N\Delta t}g(t)\mathrm{d}t \tag{5-46}$$

由上式知，当输入二位式伪随机序列时，输入与输出的互相关同脉冲响应函数只差一个常数，式（5-46）右边第二项不随 τ 而变化，可看作常数。

$$A = \frac{a^2}{N}\int_0^{N\Delta t}g(t)\mathrm{d}t$$

这样，式（5-46）可改写为

$$R_{xy}(\tau) = \frac{N}{N+1}a^2\Delta t g(\tau) - A \tag{5-47}$$

互相关函数移位后的图形如图 5-23 所示。在图 5-23 中，上面的一条曲线表示 $\frac{N}{N+1}a^2\Delta t g(\tau)$ 的图形，下面的一条曲线表示 $R_{xy}(\tau)$ 的图形。纵坐标为-A 的一条直线称为基线。如果经测试、计算及画出互相关函数 $R_{xy}(\tau)$ 的图形，只要上移距离 A 就得到 $\frac{N}{N+1}a^2\Delta t g(\tau)$ 的图形。基线的位置可用目测的方法画出来。

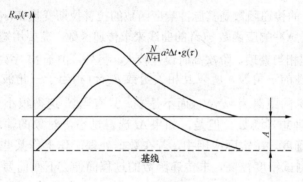

图 5-23　互相关函数移位 A 的图像

下面介绍当对象的输入为 M 序列时，如何计算输入与输出的互相关函数。

由于输入信号 $x(t)$ 对时间连续，输出信号 $y(t)$ 也对时间连续，故可按式（5-39）计算当 Δt 很小时的互相关函数为

$$\begin{aligned}
R_{xy}(\tau) &= \frac{1}{T}\int_0^T x(t)y(t+\tau)\mathrm{d}t = \frac{1}{N\Delta t}\int_0^T x(t)y(t+\tau)\mathrm{d}t \\
&= \frac{1}{N\Delta t}\int_0^{\Delta t}x(t)y(t+\tau)\mathrm{d}t + \frac{1}{N\Delta t}\int_0^{2\Delta t}x(t)y(t+\tau)\mathrm{d}t + \cdots \\
&\quad + \frac{1}{N\Delta t}\int_{(N-1)\Delta t}^{N\Delta t}x(t)y(t+\tau)\mathrm{d}t \approx \frac{1}{N}\sum_{i=0}^{N-1}X(i\Delta t)y(i\Delta t+\tau)
\end{aligned} \tag{5-48}$$

式中，τ 取 0，Δt，$2\Delta t$，$\cdots$，$(N-1)\Delta t$。

需要注意的是，式中输出时间不仅在 $[0,\ T]$ 内，而经常要跳到下一个周期 $[T,\ 2T]$ 内，如果 $\tau = (N-1)\Delta t$ 时，取 $(N-1)\Delta t$，$\cdots$，$(2N-1)\Delta t$。因此，需要输入两个周期 M 序列信号，而输出只要用采样值 $y(0)$，$y(\Delta t)$，$y(2\Delta t)$，$\cdots$，$y[(N-1)\Delta t]$，$y(N\Delta t)$，$y[(2N-1)\Delta t]$，就能计算出 $R_{xy}(\tau)$。计算机按照式（5-48）计算非常方便。改写 $x(i\Delta t) = a\mathrm{sign}[x(i\Delta t)]$（式中 sign 表示符号函数）。

$$\text{sign} x(t) = \begin{cases} +1 & , x(t) = +a \\ -1 & , x(t) = -a \end{cases} \qquad (5\text{-}49)$$

于是有

$$R_{xy}(\tau) = \frac{a}{N} \sum_{i=0}^{N-1} \text{sign}\left[x(i\Delta t)\right] y(i\Delta t + \tau) \qquad (5\text{-}50)$$

如果不计 a/N，上式的计算相当于一个"门"。当 $x(i\Delta t)$ 的符号为正时，让 $y(i\Delta t + \tau)$ 放到正的地方进行累加；当 $x(i\Delta t)$ 的符号为负时，让 $y(i\Delta t + \tau)$ 放到负的地方进行累加。对于每一个 τ 值，把 N 个 $y(i\Delta t + \tau)$ 分别放在正负两个地方累加。最后两者相减，每一个分别乘以 a/N 就得到 $R_{xy}(\tau)$。

为了提高计算精度，可多输入几个周期，利用较多的输出数值计算互相关函数。一般地，输入 $r+1$ 个周期 M 序列信号，记录 $r+1$ 个周期的输出采样值，则

$$R_{xy}(\tau) = \frac{a}{rN} \sum_{i=0}^{rN-1} x(i\Delta t) y(i\Delta t + \tau) \qquad (5\text{-}51)$$

求出互相关函数 $R_{xy}(\tau)$ 后，可由式（5-47）计算出被测对象的脉冲响应函数 $g(\tau)$。由相关控制原理知，对象的传递函数是其脉冲响应函数的拉普拉斯变换 $W(s) = L[g(\tau)]$。但是在一般情况下，用所获得脉冲响应函数 $g(\tau)$ 的曲线来求传递函数，需要用矩阵或 Z 变换等方法进行处理，其计算过程相当繁琐，阶次高时误差较大。另外，由于 M 序列的伪随机信号的自相关函数是一个周期性的三角波，所以互相关函数 $R_{xy}(\tau)$ 相当于三角波的反应，并且该三角波的水平线与横坐标的距离为 $-a^2/N$，而不是零。只有当 Δt 选得很小且 N 很大时，才能近似看作基准为零的理想 δ 函数。但是，如果 Δt 选得过小，对象的输出也将变小，这就要影响测试结果的精确度。在实际应用中，若在数据处理工作上作某些改进，将会使数据处理工作大为简化，测试精度提高，求传递函数的过程简便。下面简要介绍一种改进的求互相关函数的方法。

当测定对象的动态特性时，采用 M 序列伪随机信号 $x(t)$ 作为输入，然后根据此信号再构成一个信号 $x'(t)$，如图 5-24 所示。$x'(t)$ 是一个离散的周期性序列信号，其 $-k\Delta t$ 周期也是 $T = N\Delta t$，它仅仅在 $\cdots$，$-k\Delta t$，$-(k-1)\Delta t$，$\cdots$，$-2\Delta t$，$-\Delta t$，0，Δt，$2\Delta t$，$\cdots$，$k\Delta t$，$\cdots$ 等时刻为一个脉冲函数（δ 函数），它的正负随 $x(t)$ 的正负而定。其表达式为

$$x'(t) = \sum_{k=-\infty}^{\infty} \text{sign} x(t) \delta(t - k\Delta t) \qquad (5\text{-}52)$$

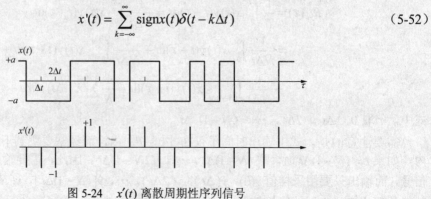

图 5-24　$x'(t)$ 离散周期性序列信号

接下来求 $x(t)$ 与 $x'(t)$ 的互相关函数 $R_{x'x}(\tau)$。由于信号具有周期性，故积分时间仅从 $0 \sim T$

即可，可写作

$$R_{xx}(\tau) = \frac{1}{T} \int_0^T x'(t)x(t+\tau)\mathrm{d}t \qquad (5\text{-}53)$$

因为信号周期是离散的，仅在 $t = k\Delta t$（k 为整数）时出现，所以式（5-53）可写成求和的形式

$$R_{x'x}(\tau) = \frac{1}{N} \sum_{k=0}^{N-1} x'(k\Delta t)x(k\Delta t + \tau) \qquad (5\text{-}54)$$

从上式可看出，只要取出 τ，$\tau+\Delta t$，$\tau+2\Delta t$，$\cdots$，$\tau+(N-1)\Delta t$，共 N 个时刻的 $x(t)$ 值，乘以 $x'(t)$ 在 0，Δt，$\cdots$，$(N-1)\Delta t$ 时刻的符号值（+1 或–1），相加后再除以 N 即得到 $R_{x'x}(\tau)$，写作

$$R_{x'x}(\tau) = \begin{cases} a, & \cdots, -2N\Delta t \leqslant \tau < (-2N+1)\Delta t \\ & -N\Delta t \leqslant \tau < (-N+1)\Delta t \\ & 0 \leqslant \tau < \Delta t, \ N\Delta t \leqslant \tau < (N+1)\Delta t \\ & 2N\Delta t \leqslant \tau \leqslant (2N+1)\Delta t \\ -\dfrac{a}{N}, & \text{其他}\tau\text{值} \end{cases} \qquad (5\text{-}55)$$

可见 R_{xx} 是一个周期性脉冲方波，宽度为 Δt，总的高度为 $a(N+1)/N$，周期为 $N\Delta t$，其波形如图 5-25 所示。

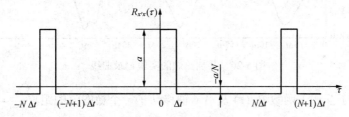

图 5-25 $x(t)$ 与 $x'(t)$ 的互相关函数图

$x'(t)$ 与 $y(t)$ 的互相关函数可表示为

$$R_{x'y}(\tau) = \frac{1}{T} \int_0^T x'(t)y(t+\tau)\mathrm{d}t \qquad (5\text{-}56)$$

将式（5-34）代入上式，得

$$\begin{aligned} R_{x'y}(\tau) &= \frac{1}{T} \int_0^T x'(t) \int_0^\infty g(u)x(t+\tau-u)\mathrm{d}u\mathrm{d}t \\ &= \int_0^T g(u)\left[\int_0^\infty x'(t)x(t+\tau-u)\mathrm{d}t \right]\mathrm{d}u \\ &= \int_0^T g(u)R_{x'x}(\tau-u)\mathrm{d}u \end{aligned} \qquad (5\text{-}57)$$

与式（5-35）比较可见，若以 $R_{xx}(\tau)$ 作为对象的输入，则 $R_{xy}(\tau)$ 就是对应于它的输出，因为 $R_{xx}(\tau)$ 是一个脉冲方波，所以 $R_{x'y}(\tau)$ 相当于一个脉冲方波的反应，按照前面介绍的各种处理方法，可以很容易地由它获得脉冲方波响应函数或传递函数。如果 Δt 选得很小，而周期 $T = N\Delta t$ 又选得大于系统的过渡时间，则 $R_{x'y}(\tau)$ 就是系统的脉冲响应函数。

$R_{x'y}(\tau)$ 的计算式很容易获得，因为 $x'(t)$ 是离散的，故积分可用和式来表示

$$R_{x'y}(\tau) = \frac{1}{N} \sum_{k=0}^{N-1} x'(k\Delta t) x(k\Delta t + \tau) \tag{5-58}$$

即只要取出 τ，$\tau+\Delta t$，$\tau+2\Delta t$，$\cdots$，$\tau+(N-1)\Delta t$，共 N 个时刻的 $y(t)$ 值，乘以 $x'(t)$ 在 0，Δt，$\cdots$，$(N-1)\Delta t$ 时刻的符号值（+1 或−1），相加后再除以 N 即可。为了提高精度，可多取几个周期。

【例 5-1】 某加热炉，炉膛的温度受所加燃料的影响，现要测定燃料与炉膛温度之间的动态关系。实验时，直接测定燃料控制阀的压力与温度之间的关系，在阀门的压力上加上一个伪随机序列 $x(t)$，测定炉膛温度的变化。$x(t)$ 的具体参数为：$\Delta t = 24\,\text{s}$，$N = 15$，$a = 0.03\,\text{kg/cm}^2$。

解 实验结果 $y(t)$ 如图 5-26 所示，共测得三个周期的曲线，这三条曲线不完全重复，这是因为存在实验误差（也包括生产过程的随机性波动及记录仪表的测量误差）的缘故。

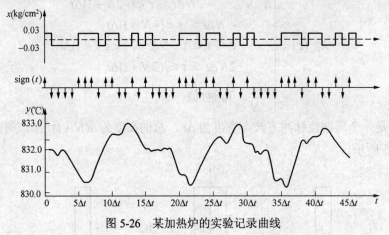

图 5-26　某加热炉的实验记录曲线

图 5-27 给出了互相关函数 $R_{xy}(\tau)$ 及沿 y 轴移动了一个稳态值的距离 $\frac{N+1}{N}\Delta t\, a^2 g(\tau)$ 图形，分别如图 5-27（a）、（b）所示。相关函数 $R_{xy}(\tau)$ 的计算很简单，下面以表格和公式的形式说明其计算过程。用两个周期计算互相关函数值，在式（5-51）中取 $r=2$，则有

$$R_{xy}(\tau) = \frac{1}{30} \times 0.03 \sum_{i=0}^{29} \text{sign}[x(i\Delta t)] y(i\Delta t + \tau)$$

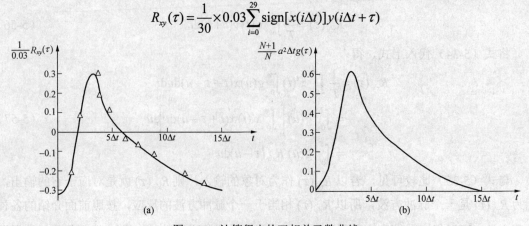

图 5-27　计算得出的互相关函数曲线

根据式（5-51）有

$$R_{x'y}(\tau) = \frac{R_{xy}(\tau)}{0.03} = \frac{1}{30} \times \sum_{i=0}^{29} \text{sign}\left[x(i\Delta t)\right] y(i\Delta t + \tau)$$

按照上式，首先记录 $y(t)$ 在 0，Δt，$2\Delta t$，$3\Delta t$，…，$44\Delta t$ 各时刻的采样值，见表 5-1。表中所记录的 $y(t)$ 值是扣除一个恒定值（830.0℃）后得到的数值，这对测定动态特性而言是没影响的。在计算 $R_{xy}(0)$ 时，可按照表中 $\tau = 0$ 一栏的正负号对应地将采样值相加减，并除以采样值的个数 $N=30$，则有

$$R_{x'y}(0) = \frac{R_{xy}(0)}{0.03} = \frac{1}{30} \times \left[(2.06 + 0.68 + 0.44 + 0.80 + \cdots + 2.82)\right.$$
$$\left. - (1.85 + 1.81 + \cdots + 2.04)\right] = -0.303$$

在计算 $R_{xy}(\Delta t)$ 时，将 $\tau = 0$ 一栏的正负号向右移动 Δt 后，得到 $\tau = \Delta t$ 的形式，将 $y(t)$ 的采样值对应地相加减并除以 30，即

$$R_{x'y}(\Delta t) = \frac{R_{xy}(0)}{0.03} = \frac{1}{30} \times \left[(1.85 + 0.44 + 0.80 + 1.91 + \cdots + 2.82)\right.$$
$$\left. - (1.84 + 1.79 + 1.08 + 0.68 + \cdots + 2.01)\right] = -0.27$$

如此计算下去，直到计算满一个周期 $T = 15\Delta t$ 为止。

表 5-1 　　　　　　　　　　某炉膛温度采样记录

i	0	1	2	3	4	5	6	7	8	9
$y(i\Delta t)$	2.06	1.85	1.81	1.79	1.08	0.65	0.44	0.80	1.91	2.38
$\tau = 0$	+	−	−	−	−	+	+	+	−	+
$1\Delta t$		+	−	−	−	−	+	+	+	−
$2\Delta t$			+	−	−	−	−	+	+	+
⋮ $14\Delta t$										

i	10	11	12	13	14	15	16	17	18	19	20
$y(i\Delta t)$	2.47	2.51	3.05	2.69	1.94	1.82	1.82	2.03	2.03	1.03	0.68
$\tau = 0$	+	−	−	+	−	+	−	−	−	−	+
$1\Delta t$	+	+	−	−	+	−	+	−	−	−	−
$2\Delta t$		+	+	−	−	+	−	+	−	−	−
⋮ $14\Delta t$					+	−	−	−	−	+	+

i	21	22	23	24	25	26	27	28	29	30	31
$y(i\Delta t)$	0.52	0.86	0.18	2.50	2.50	2.32	3.28	2.82	2.04	2.01	1.67
$\tau = 0$	+	+	−	+	+	−	−	+	−	−	−
$1\Delta t$	+	+	+	−	+	+	−	−	+	−	−
$2\Delta t$	−	+	+	+	−	+	+	−	−	+	−
⋮ $14\Delta t$	+	−	+	−	−	−	+	−	+	−	−

i	32	33	34	35	36	37	38	39	40	41	42	43	44
$y(i\Delta t)$	2.47	2.51	3.05	2.69	1.94	1.82	1.82	2.03	2.03	1.03	0.68	2.70	2.06
$\tau = 0$													
$1\Delta t$													
$2\Delta t$													
⋮ $14\Delta t$	−	−	+	+	+	−	+	+	−	−	+	−	

计算求得 $R_{xy}(\tau)$ 的各个数值做出曲线如图 5-27（b）所示。这里 $R_{xy}(\tau)$ 就是当系统输入为 $R_{xx}(\tau)$ 时的输出。

这里要注意的是，$R_{xy}(\tau)$ 的图形中也可分解为两部分：一部分是周期为 $N\Delta t$、基准为零、高度为 $a(N+1)/N$ 的脉冲方波；另一部分是直流分量，即 $-\dfrac{1}{N}a$ 恒值分量。与此直流分量相对应的 $R_{xy}(\tau)$ 的输出也包含了相当于它的方波响应的稳态值。为了求得基准为零的方波响应，应将以上计算的 $R_{xy}(\tau)$ 互相关函数减去稳态值，即由测试计算画出互相关函数的图形，向上移动一个稳态值。稳态值基线位置可用目测的方法画出来，如图 5-27（b）所示。平移后的图形就是 $R_{xy}(\tau)$ 中基准为零，高度为 $a(N+1)/N$、宽度为 Δt 脉冲方波的输出响应曲线。最后可以根据这个图形求出所需的传递函数。

按照图 5-27（b）所示曲线来求其传递函数，依据第 5.3.2 小节所介绍的方法将它换算成阶跃响应曲线。该阶跃响应曲线 $R(\tau)$ 及其标幺的坐标 $R^*(\tau)$ 如图 5-28 所示。

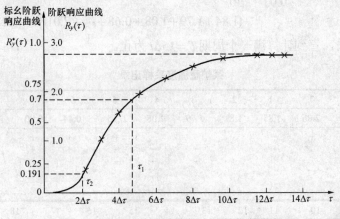

图 5-28　阶跃响应曲线和标幺阶跃响应曲线

由于 $R_y(\infty)=28\,℃$，而相应的阶跃为 $x_0=a(N+1)/N=0.032\text{kg}/\text{cm}^2$，故其放大倍数为

$$K=\frac{R_y(\infty)}{x_0}=\frac{2.8}{0.032}=87.5(^{\circ}\text{C}\cdot\text{cm}^2/\text{kg})$$

按照前面所描述的利用阶跃输入响应曲线来求传递函数，当 $R_y^*=0.7$ 时，与之对应的时间 $\tau_1=4.8\Delta t$，而当 $\tau_4=\dfrac{\tau_7}{3}=1.6\Delta t$ 时，$R_y^*=0.08<0.191$，故可采用式（5-27）带延时的二阶环节来近似。当 $R_y^*=0.191$ 时，$\tau_2=2.15\Delta t$，故按照式（5-24）可算出延时 τ 及时间常数 T，即

$$\tau'=\frac{3\tau_2-\tau_1}{2}=0.83\Delta t=3.32\min$$

$$T=\frac{\tau_2-\tau'}{2}=1.66\Delta t=6.64\min$$

于是，对象的传递函数为

$$W(s)=\frac{87.5}{44.09s^2+13.28s+1}\text{e}^{-3.32s}$$

比起本章前面介绍的两种方法，采用统计方法测定对象的动特性的一个显著的优点是其抗干扰能力较强。例如，当系统的输出存在干扰 $n(t)$ 时，如果它与 $x(t)$ 不相关且平均值为零，则即使存在干扰也不影响上述结果。当系统存在缓慢漂移时，可以用逆对称式 M 序列伪随机信号。需指出的是，统计方法要求对象为"线性"时才能使用。一般情况下，这个要求在多数实际情况下是可以满足的，这是因为实验可在正常运行条件附近微小变化范围内进行。

采用二电平伪随机信号作为对象的输入，比用随机噪声作为输入可缩短测试时间、提高测试精度、数据处理简便。二电平伪随机信号由专门的信号发生器产生，也可由计算机很容易地产生，所得到的结果可方便地用计算机进行处理。在简单的情况下，甚至可采用手工计算，且不需要耗费很大的工作量。所以，这种方法将会得以广泛地推广应用。关于二电平伪随机信号的参数选择原则如下：

（1）脉冲宽度（步长）Δt 的选择。先做预测实验，对系统输入一定宽度为 τ 的正负交替的脉冲方波信号，观察系统输出 $y(t)$；改变 τ 的数值，使之小于某一定值 τ_c 时，输出 $y(t)$ 几乎是零，则 τ_c 就是系统的截止周期可取 $\Delta t = (2-5)\tau_c$。

（2）序列脉冲数 N 的选取。可选 $N\Delta t = (1.2-1.5)T$，T 是系统的整定时间。由 $N = 2^n - 1$ 可确定移位寄存器的位数 n。

（3）输入信号幅度 a 的选择。要使输出的采样测量信号对输入 $x(t)$ 的每一幅值变化都有响应，a 不能过小，但也不能过大。因为过大可能会使系统失去其线性关系，甚至可能使输出超过生产上允许的误差范围。一般取输入幅值为其量程的 5%～10%。

复习思考题与习题

5-1 什么是对象的动态性能？通常描述对象动态性能的方法有哪些？

5-2 结合本章所讲内容，说明为什么研究自动控制系统的动态性能比研究其静态性能更为重要？

5-3 试说明扰动作用和调节作用的关系。

5-4 什么是对象的自平衡能力和无自平衡能力？

5-5 简述测定对象动特性阶跃响应曲线的方法及注意要点。

5-6 反映对象特性的参数有哪些？它们各说明什么问题？

5-7 试画出频率特性相关测试法的系统方框图，说明用相关法测试对象的频率特性有何优点。

5-8 简述伪随机序列的产生方法及其性质。

5-9 为什么采用闭路法测量对象的频率特性？

6 单回路过程控制系统

本章首先介绍了单回路过程控制系统的组成及设计,对象动态特性对控制质量的影响及控制方案的确定,比例、积分、微分控制及控制器选型及控制器的参数整定方法。最后,列举了一个简单控制系统的设计实例,对本章内容进行了具体、直观的总结。本章需重点掌握以下知识:被控参数与控制变量的选择;检测环节、执行器、调节器的正负作用选择;调节规律对控制品质的影响与调节规律选择;调节器参数的工程整定方法。

单回路过程控制系统是应用最为广泛的一种控制系统,在当今的工业生产过程中有 80%以上的控制系统都为单回路过程控制系统。由于这种控制系统在结构上简单,只有一个反馈回路,所以又称为单回路反馈控制系统,或简称为单回路控制系统。

单回路控制系统的分析方法及分析结论是所有控制系统的基础。复杂控制系统的分析和设计都以单回路控制系统的分析设计方法为基础,因此掌握单回路控制系统的分析研究方法,可以对复杂的控制系统分析与研究提供指导思想和方法,这也是本章的主旨,希望通过单回路控制系统的分析,为复杂控制系统的研究奠定基础。

6.1 系统的组成及设计概述

单回路控制系统,也称简单回路控制系统,是指系统由一个测量元件及变送器、一个控制器、一个调节阀和一个调节对象组成,且只对一个被控参数进行控制的单闭环反馈控制系统。下面举两个简单的例子来对这类控制系统做更直观、形象的说明。

水箱液位控制系统和热交换器温度控制系统都是单回路控制系统,分别如图 6-1 和图 6-2 所示。

在图 6-1 所示水箱液位控制系统中,液位是被控参数,液位变送器 LT 将当前的液位高度信号送入液位控制器 LC;控制器则根据实际检测值与液位设定值的偏差情况,输出控制信号控制执行器,改变调节阀的开度,调节水箱的输出流量以达到维持液位稳定的目的。

在图 6-2 所示热交换器温度控制系统中,被加热的物料出口温度是被控参数,温度变送器 TT 将出口的温度信号送给温度控制器 TC,控制器则通过控制调节阀的开度,调节进入热交换器的载热介质流量来控制出口温度。

图 6-3 所示典型单回路控制系统框图。该系统由被控对象、测量变送装置、控制器、执行器四个基本环节组成,这四部分分别对应的传递函数为 $G_o(s)$, $G_m(s)$, $G_c(s)$, $G_v(s)$。图 6-3 中的 $N(s)$ 为系统的扰动。不同目的的控制系统其被控过程、被控参数不同,所采用的检测装置、控制装置也会有所不同,但它们都可以用图 6-3 所示的系统方框图来表示。由图可看出,该控制系统属于简单控制系统,它只有一个反馈控制回路,因此称为单回路控制系统。

单回路控制系统结构简单、投资少、易于调整和投运,是实现生产过程自动化的基本结构,能满足一般工业生产过程的控制要求,因此单回路控制系统在工业生产中的应用十分广泛。尤其当被控过程的时滞和惯性都比较小,负荷和扰动变化也比较平缓,或者控制质量要

求不太高的时候，单回路控制系统更是设计的
首选。

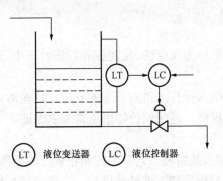

图 6-1　水箱液位控制系统

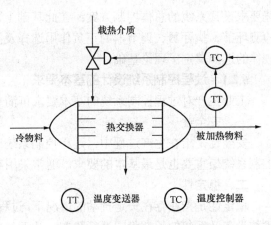

图 6-2　热交换器温度控制系统

另外，单回路控制系统的分析及设计方法是各种复杂控制系统分析、设计的基础。所以，学习并掌握单回路系统的分析、设计是十分必要的。本章将围绕单回路控制系统来介绍过程控制系统设计的方法与基本原则，着重讨论被控参数及控制变量的选择以及调节器参数的工程整定方法。

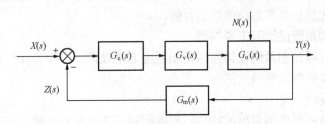

图 6-3　典型单回路控制系统框图

在图 6-1 及图 6-2 中，变送器和控制器都以一个内部标有数字的圆圈来表示。在过程控制系统的工程施工图中，检测和控制仪表用 12mm 或 10mm 的细实线圆圈表示，圆圈上半部的字母代号（一般采用英文单词的缩写）表示仪表的类型，第 1 位表示被测变量，后续字母表示仪表的功能；下半部分的数字为仪表位号（一般采用阿拉伯数字和英文字母），前面 1（或 2）位数字表示工段号，后面 2～3 位数字表示仪表序号。上、下、中间有分隔直线的表示控制室仪表，无分隔直线的表示现场仪表，如图 6-4 所示。有关图形符号字母的含义及其他装置的表示符号可查阅国家相关的设计标准。

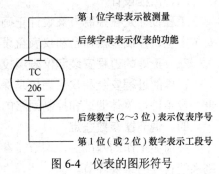

图 6-4　仪表的图形符号

6.2　单回路控制系统的设计

进行单回路控制系统的设计，首先要了解工业生产对过程控制系统的基本要求，按照上

述要求设计系统的总体控制方案；在此基础上，讨论被控参数与控制变量的选择问题；介绍检测环节、执行器、调节器的正负作用选择及执行器的选择等问题；为下一节深入探讨调节规律的选择奠定了理论基础。

6.2.1　过程控制系统设计的基本要求

工业生产对过程控制系统的基本要求可简单地归结为安全性、稳定性和经济性三个方面。

一、安全性

安全性是指在生产过程中，过程控制系统能够确保操作人员与设备的安全，这是对过程控制系统最重要也是最基本的要求。通常采用异常报警、连锁保护等措施来加以保证。

二、稳定性

稳定性是指在存在一定扰动的情况下，过程控制系统可将工艺参数控制在规定的范围内，维持设备及系统的长期稳定运行状态，从而使生产过程平稳、连续地进行。过程控制系统除了满足绝对稳定性的要求外，同时还要求系统具有良好的动态响应特性，如过渡过程时间要短，动态、稳态误差小等特点。

三、经济性

经济性是指过程控制系统不但可以提高产品质量、产量，还可以节约原材料，降低生产能耗，提高产品的经济效益与社会效益。设计高效的控制方法对生产过程进行优化控制，可实现通过工业生产达到提高产品经济性的目的。

6.2.2　过程控制系统设计的主要内容

通常情况下，过程控制系统设计包括控制系统方案设计、工程设计、正确的过程安装和仪表调校、调节器参数整定等四大部分。

一、控制方案设计

控制方案设计是过程控制系统的核心，如果控制方案设计不合理，即存在整体上的设计错误，那么无论采取什么样的补偿措施，都无法使控制系统正常工作，甚至导致生产过程无法进行。因此，控制方案设计的优劣直接决定过程控制系统设计的成败。

二、工程设计

工程设计是在控制方案设计正确的基础上进行的，主要包括仪表选型、现场仪表与设备安装定位、控制室操作台和仪表盘设计、供电与供气系统设计等。

三、正确的过程安装和仪表调校

正确的过程安装和仪表调校是保证系统可靠运行的前提。系统安装完，还需要对每台仪表、设备进行单体调试和控制回路的联合校对。

四、调节器参数整定

在前面工作的基础上，调节器参数整定是系统运行在最佳状态的关键性步骤，是过程控制系统设计的重要环节。

6.2.3　过程控制系统设计的主要步骤

过程控制系统设计，从设计任务的提出到控制系统投入运行，是一个从理论设计到系统实际运行，再从实践到理论设计的反复修正过程。过程控制系统设计主要分为五个步骤。

（1）正确理解生产对控制系统的技术要求及性能指标。控制系统的技术要求与性能指标一般是由生产过程设计单位或用户提出的，它们是设计过程控制系统的基本依据。设计者必须深入了解及掌握这些要求和指标。

（2）建立控制系统的数学模型。控制系统的数学模型是控制系统分析与设计的基础，建立数学模型是过程控制系统设计的第一步。只有掌握了过程的数学模型，才能深入分析被控过程的特性，选择正确的控制方案。

（3）控制方案的确定。控制方案主要包括控制方式选定和系统组成结构的确定，是过程控制系统设计的关键性步骤。控制方案的确定既要考虑控制过程的工艺特点、动态特性、技术要求与性能指标，也要考虑控制方案的安全性、经济性和技术上的可行性，需要进行反复比较与综合评估，最终才能确定合理的控制方案。

（4）控制设备选型。控制设备选型是指根据控制方案和过程特性、工艺要求，选择合适的传感器、变送器、控制器和执行器等。

（5）实验（或仿真）验证。实验（或仿真）验证是检验控制系统设计正确与否的重要手段。有些在控制系统设计过程中难以确定的因素，可考虑在实验或仿真中引入，并通过实验检验系统设计的正确性，以及系统的性能指标是否满足要求。

6.2.4　被控参数与控制变量的选择

一、被控参数的选择

被控参数是指调节对象要求保持恒定的或按一定规律变化的物理量，也称被控制量。被控参数的选择是控制方案设计中的重要一环，直接关系到控制方案的成败，如果被控参数选择不当，则无法达到预期的控制效果。

被控参数的选择与生产工艺密切相关。因此，在选择被控参数时，必须根据生产工艺要求，选择对产品的产量和质量、安全生产、经济效益、环境保护、节能降耗等具有决定性作用，且能较好地反映生产工艺状态及变化的参数作为被控参数。

按照被控参数与生产过程的关系，选择被控参数的方法主要有直接参数法和间接参数法两种。

（一）直接参数法

该方法是选择那种既能直接反映生产过程中产品产量和质量，又容易测量的参数为被控参数，也称直接参数法。例如可以选择水位作为蒸汽锅炉水位控制系统的直接参数，该参数与锅炉能否安全运行密切相关。

（二）间接参数法

如果生产过程是依照质量指标进行控制的，本应该以能够直接反映生产过程中产品的产量和质量的变量作为被测参数，但有时因为缺乏检测这种参数的有效手段，无法对产品质量参数进行直接检测；或虽能检测，但检测到的信号不好，如信号很微弱或滞后很大，对参数直接检测不能及时、正确地反映生产过程的实际情况。这时可选择与质量指标有单值对应关系且易于测量的变量作为被控参数，间接反映产品质量、生产过程的实际情况。

被控参数的选择是一个十分复杂的工作，要考虑到的因素很多，下面就以一个具体的例子来说明间接被控参数的选择方法。

图 6-5 所示为二元精馏过程示意图。所谓精馏是指利用被分离组挥发度不同实现组分分离

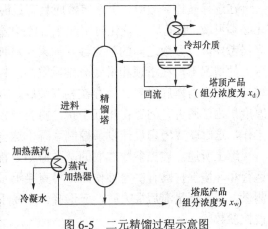

图 6-5　二元精馏过程示意图

的生产过程。假定精馏塔是使塔顶（或塔底）馏出物达到规定的纯度，那么塔顶（或塔底）组分 x_d（或 x_w）的浓度是直接反映产品质量的指标，理应作为被控参数。但塔顶（或塔底）组分 x_d（或 x_w）的浓度难以检测，此时可在与 x_d（或 x_w）浓度有关联的变量中找出合适的变量作为被控参数，进行质量指标的间接控制。

当气—液两相并存时，塔顶气相中易挥发组分浓度 x_d 与气相温度 T_d、压力 p_d 之间有确定的关系。当压力恒定时，浓度 x_d 与气相温度 T_d 之间存在单值关系。以苯和甲苯二元组分为例，气相中易挥发组分苯浓度 x_d 与温度之间的关系如图 6-6 所示。苯的浓度越高，气体温度越低；苯的浓度越低，气体温度越高。

当保持温度 T_d 恒定时，气相中的苯浓度 x_d 和 p_d 之间也存在单值对应关系，如图 6-7 所示。苯浓度 x_d 越高，气体对应的压力越高；反之，苯浓度越低，气体压力就越低。故在组分、温度、压力三个变量中，只要固定温度或者压力中的一个，另一个就可代替浓度作为被控参数。至于是选择温度还是压力作为被控参数，还要结合其他因素进行分析。就工艺合理性角度而言，通常选择温度作为被控参数，因为在精馏过程中，一般都要求塔内压力固定。必须在规定的压力下，才能保证精馏塔的分离纯度和生产效率。如果塔内压力波动、塔内的气液平衡不稳定，相对挥发度也不稳定，精馏塔会处于不良工况。另外，塔内压力变化还会引起与之相关的物料量的变化，从而影响精馏塔物料平衡，引起精馏塔负荷波动。由此可见，固定压力，选择温度作为控制产品质量的间接被控参数在工艺上是完全合理的。

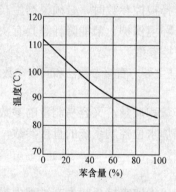

图 6-6　苯—甲苯的 T_d–x_d

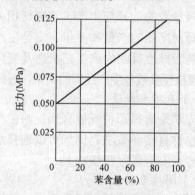

图 6-7　苯—甲苯的 p_d–x_d

在选择被控参数时，所选参数应具有足够的灵敏度。在前面的例子中，温度 T_d 对 x_d 的变化必须灵敏，也就是 x_d 变化时引起 T_d 的变化要足够大，能够被测温元器件所感受。除此之外，尚需考虑被控参数之间的独立性。如果对塔顶和塔底产品的纯度均有要求时，可在固定塔内压力的情况下，在塔顶和塔底分别设置温度控制系统以实现两端产品的质量控制。由于精馏塔顶部温度与塔底温度之间存在相互关联，若以两个简单控制系统分别控制塔顶温度与塔底温度，由于两者之间存在相互干扰，将会导致两个控制系统的控制效果很差，甚至不能正常工作，这时就要考虑设计复杂控制系统，这也正是本书下一章所要讲述的。

综上所述，被控参数选取的基本原则是首先考虑对产品的产量及质量、生产安全、经济运行和环境保护具有决定性作用，可直接测量的工艺参数作为被控参数；如果直接参数不易测量，或其测量滞后很大时，应选择一个易于测量、与直接参数有单值关系的间接参数作为被控参数。

二、控制变量的选择

控制变量是指在控制系统中，用来克服干扰对被控参数的影响，实现控制作用的变量。在过程控制中最常见的控制变量是介质的流量。在某些生产过程中，控制变量是较容易确定的。图 6-1 所示液位控制系统的控制变量是出口流体的流量。在图 6-2 所示的温度控制系统中，控制变量是载热介质的流量。但在某些实际生产中，影响被控参数的外部变量有多个，这些输入变量中，有些可以控制，而有些则不可控。理论上，所有可以控制的变量均可选作控制变量，但是在单输入—单输出的系统中，只能有一个控制变量。在考虑系统控制品质的情况下，在所有可控变量中尽可能地选择一个对被控参数影响显著、控制性能好的输入变量作为控制变量。

按照控制原理的要求，在所有允许控制的变量中选出一个变量作为控制变量，就要分析和比较不同的控制通道和不同的扰动通道对系统特性和控制品质的影响，做出合理的选择。正确地选择控制变量也就是正确地选择了控制通道。一旦选择了控制变量，其他所有未被选中的变量均被视为系统的干扰。

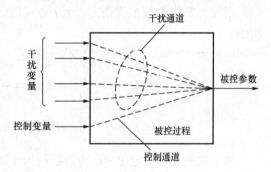

图 6-8　被控参数、控制变量、干扰及通道关系图

控制变量与干扰均作用于被控过程，都会使被控参数发生变化，其相互关系如图 6-8 所示。系统的干扰变量通过干扰通道作用于被控过程，会使被控参数偏离最初的设定值，这将对控制质量起到破坏作用。控制变量通过控制通道作用于被控过程，使被控参数回复到最初的设定值，起着对控制系统的校正作用。控制变量和干扰变量对被控参数的影响都与过程的特性紧密相关。所以，要认真分析被控过程的特性，选择合适的控制变量，以提高系统的控制品质。

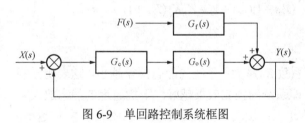

图 6-9　单回路控制系统框图

下面通过分析过程特性对控制品质的影响，讨论控制变量的选择方法。

（一）过程静态特性对控制品质的影响

某一单回路控制系统框图如图 6-9 所示。其中，$G_c(s)$ 为控制器的传递函数，$G_o(s)$ 为广义控制通道（包括执行器和变送器）的传递函数，$G_f(s)$ 为扰动通道的传递函数，

并设

$$\left. \begin{array}{l} G_o(s) = \dfrac{K_0}{T_0 s + 1} \\[2mm] G_c(s) = K_c \\[2mm] G_f(s) = \dfrac{K_0}{T_f s + 1} \end{array} \right\} \tag{6-1}$$

被控参数 $y(t)$ 受到设定信号 $x(t)$ 和干扰信号 $f(t)$ 的共同影响，其拉氏变换 $Y(s)$ 可表示为

$$Y(s) = \frac{G_o(s)G_c(s)}{1 + G_c(s)G_o(s)} X(s) + \frac{G_f(s)}{1 + G_c(s)G_o(s)} F(s) \tag{6-2}$$

系统的偏差 $e(t) = x(t) - y(t)$，其拉普拉斯变换为

$$E(s) = X(s) - Y(s) \tag{6-3}$$

将式（6-2）代入式（6-3）得

$$Y(s) = \frac{1}{1 + G_c(s)G_o(s)}X(s) - \frac{G_f(s)}{1 + G_o(s)G_o(s)}F(s) = E_x(s) + E_f(s) \tag{6-4}$$

式中

$$E_x(s) = \frac{1}{1 + G_c(s)G_o(s)}X(s) = \frac{T_0s + 1}{(T_0s + 1) + K_0K_c}X(s) \tag{6-5}$$

$$E_f(s) = -\frac{G_f(s)}{1 + G_c(s)G_o(s)}F(s) = -\frac{K_f(T_0s + 1)}{(T_0s + 1)(T_fs + 1) + K_0K_c(T_fs + 1)}F(s) \tag{6-6}$$

下面分析当系统工作稳定，且 $t \to \infty$ 时，设定值 $x(t)$ 和干扰 $f(t)$ 对系统稳态偏差 $e(\infty)$ 的影响。

（1）当 $f(t) = 0$，$x(t)$ 作阶跃变化时有

$$E(s) = E_x(s) = \frac{T_0s + 1}{(T_0s + 1) + K_0K_c} \times \frac{1}{s}$$

$$e(\infty) = \lim_{t \to \infty} e(t) = \lim_{t \to \infty} sE_x(s) = \lim_{s \to \infty} s\frac{T_0s + 1}{(T_0s + 1) + K_0K_c} \times \frac{1}{s} = \frac{1}{1 + K_0K_c}$$

由上式知，当设定值 $x(t)$ 为阶跃信号输入时，控制通道的静态放大系数 K_0 越大，控制系统的稳态偏差越小，控制精度越高。

（2）当 $x(t) = 0$，$f(t)$ 为阶跃扰动时有

$$E(s) = E_f(s) = -\frac{K_f(T_0s + 1)}{(T_0s + 1)(T_fs + 1) + K_0K_c(T_fs + 1)} \times \frac{1}{s}$$

$$e(\infty) = \lim_{t \to \infty} e(t) = \lim_{t \to 0} sE_f(s) = -\lim\frac{K_f(T_0s + 1)}{(T_0s + 1)(T_fs + 1) + K_0K_c(T_fs + 1)} \times \frac{1}{s}$$

$$= \frac{K_f}{1 + K_0K_c}$$

按照上面的分析，控制通道的静态放大系数 K_0 越大，系统的静态偏差越小，这表明控制系统的灵敏度越高，克服扰动的能力越强，即系统的控制效果越好。干扰通道的静态放大系数 K_f 越大，外部扰动信号对被控参数的影响越大；反之，干扰通道的静态放大系数 K_f 越小，说明外部扰动对被控参数的影响越小。在选择控制变量时，控制通道的静态放大倍数 K_0 越大越好，干扰通道的静态放大倍数 K_f 越小越好。

（二）过程（通道）动态特性对控制品质的影响

影响控制品质的因素有很多，这里主要讨论干扰通道及控制通道的动态特性对控制品质的影响。

（1）干扰通道的动态特性对控制品质的影响。干扰通道的动态特性对控制品质的影响主要有以下几方面：

1）对于图 6-9 所示单回路控制系统，干扰量 $f(t)$ 对被控参数 $y(t)$ 的影响 $y_f(t)$ 可采用如下传递函数来表示

$$\frac{Y_f(s)}{F(s)} = \frac{G_f(s)}{1 + G_c(s)G_o(s)} \tag{6-7}$$

如果干扰通道为单容过程，干扰通道的传递函数可用一阶惯性环节表示，即

$$G_f(s) = \frac{K_f}{K_f + 1}$$

将上式代入式（6-7）并整理得

$$\frac{Y_f(s)}{F(s)} = \frac{G_f(s)}{1 + G_c(s)G_o(s)} = \frac{K_f}{T_f} \times \frac{1}{s + \frac{1}{T_f}} \times \frac{1}{1 + G_c(s)G_o(s)} \tag{6-8}$$

根据式（6-8）可知，因为一阶惯性环节具有滤波作用，干扰通道时间常数 T_f 使干扰 $f(t)$ 对 $y(t)$ 影响的动态分量减小，由 $f(t)$ 产生的最大动态偏差随着 T_f 的增大而减小，系统的控制品质有所提高。因此，干扰通道的容积或惯性环节越多，时间常数 T_f 越大，外部干扰 $f(t)$ 对 $y(t)$ 的影响越小，系统的控制品质越好。

2）干扰通道纯滞后 τ_f 对控制品质的影响。例如图 6-9 所示的控制系统，如果干扰通道在一阶惯性环节的基础上再增加一个纯滞后，其传递函数为

$$G_f'(s) = \frac{K_f}{K_f + 1} e^{-\tau_f s} = G_f(s) e^{-\tau_f s}$$

同样可得干扰 $f(t)$ 对被控参数 $y(t)$ 的影响 $y_{f\tau}(t)$ 可采用如下传递函数来表示

$$\frac{Y_{f\tau}(s)}{F(s)} = \frac{G_f'(s)}{1 + G_c(s)G_o(s)} = \frac{G_f(s)}{1 + G_c(s)G_o(s)} e^{-\tau_f s} = \frac{Y_f(s)}{F(s)} e^{-\tau_f s} \tag{6-9}$$

由式（6-9）得

$$Y_{f\tau}(s) = Y(s) e^{-\tau_f s} \tag{6-10}$$

由式（6-9），并根据拉普拉斯变换的时移特性，在干扰 $f(t)$ 的作用下，被控参数的响应 $y_f(t)$ 和 $y_{f\tau}(t)$ 之间的关系为

$$y_{f\tau}(t) = y_f(t - \tau_f)$$

由上述讨论可知，尽管干扰通道存在纯滞后，但是并不影响控制品质，仅仅是使被控参数对干扰的响应在时间上延迟了 τ_f。

3）扰动进入控制通道的位置对控制品质的影响。在实际的生产过程中，往往存在多个干扰源，各个干扰进入系统的位置不同，其对被控参数的影响也不同。在图 6-10 所示单回路控制系统中，存在 3 个干扰源。通过对其进行分析，定性地讨论干扰进入控制系统的位置对控制品质的影响。

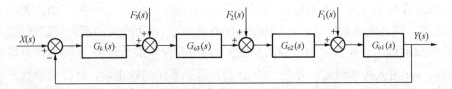

图 6-10 控制通道中多点处存在干扰的控制系统框图

为了简化讨论，这里假设控制通道中的串联环节 $G_{o1}(s)$、$G_{o2}(s)$、$G_{o3}(s)$ 均为一阶惯性环节，静态放大系数均为 1，时间常数大小接近。进入系统的干扰 $F_1(s)$、$F_2(s)$、$F_3(s)$ 的位置如图 6-10

所示。在设定值 $x(t)$ 和外部干扰的共同作用下，系统被控参数 $y(t)$ 的拉普拉斯变换 $Y(s)$ 可用下面的公式表示为

$$Y(s) = \frac{G_c(s)G_o(s)}{1 + G_c(s)G_o(s)} X(s) + \frac{G_{of1}(s)}{1 + G_c(s)G_o(s)} F_1(s)$$

$$+ \frac{G_{of2}(s)}{1 + G_c(s)G_o(s)} F_2(s) + \frac{G_{of3}(s)}{1 + G_c(s)G_o(s)} F_3(s)$$

$$= Y_x(s) + Y_f(s)$$

式中　$G_o(s)$——调节器的传递函数，其余各传递函数如下所示

$$G_o(s) = G_{o1}(s)G_{o2}(s)G_{o3}(s) = G_{of3}(s)$$

$$G_{of2}(s) = G_{o1}(s)G_{o2}(s)$$

$$G_{of1}(s) = G_{o1}(s)$$

$$Y_x(s) = \frac{G_c(s)G_o(s)}{1 + G_c(s)G_o(s)} X(s) \tag{6-11}$$

$$Y_f(s) = + \frac{G_{of1}(s)}{1 + G_c(s)G_o(s)} F_1(s) + \frac{G_{of2}(s)}{1 + G_c(s)G_o(s)} F_2(s) + \frac{G_{of3}(s)}{1 + G_c(s)G_o(s)} F_3(s) \tag{6-12}$$

当系统稳定，且设定值 $x(t)$ 保持不变的情况下，被控参数 $y(t)$ 的变化式由式（6-12）决定。它是被控参数 $y(t)$ 在各个干扰共同影响下总体的拉普拉斯变换。从式（6-12）可以看出，各个干扰通道的闭环传递函数为

$$\frac{Y(s)}{F_1(s)} = + \frac{G_{of1}(s)}{1 + G_c(s)G_o(s)}$$

$$\frac{Y(s)}{F_2(s)} = + \frac{G_{of2}(s)}{1 + G_c(s)G_o(s)}$$

$$\frac{Y(s)}{F_3(s)} = + \frac{G_{of3}(s)}{1 + G_c(s)G_o(s)}$$

虽然上面几个式子的分子不同，由于各干扰通道传递函数的分母相同，因此，无论干扰从哪个位置进入，对于系统而言，它的稳定程度及过渡过程的衰减系数、振荡周期都相同。但是，由于干扰通道闭环传递函数的分子不同，当干扰量 $f_1(t) = f_2(t) = f_3(t)$ 时，它们对被控参数 $y(t)$ 的影响不同。主要表现在一个干扰使被控参数 $y(t)$ 产生的最大动态偏差与静态偏差不同。但是，如果调节器有积分作用，则稳态偏差（静差）均为零。

下面对干扰进入系统控制通道的位置对最大动态偏差的影响进行讨论。图 6-10 所示反馈通道断开（系统处于开环状态），$f_1(t)$、$f_2(t)$、$f_3(t)$ 分别单独发生单位阶跃变化时，引起被调参数相对于稳态值的 y_0（开环）响应曲线可用图 6-11（a）、（b）、（c）中的 $y_k(t)$ 表示。系统处于闭环状态时，$y'(t)$ 表示调节器的控制作用 $u(t)$ 对偏差 $y_k(t)$ 所产生的反向校正作用（在图 6-11 中，$y'(t)$ 以反向画出，y_b 表示调节器的灵敏度）。当被控参数上升至 y_b 时，调节器的控制信号 $u(t)$ 变化，$u(t)$ 进入控制通道，并在经历 Δt 后，达到系统的输出端，对被控参数产生反向校正作用 $y'(t)$，该值与 $y_k(t)$ 相减，使得被控参数沿着曲线 $y(t)$ 变化。通过比较图 6-11 的三种情况可知，干扰信号进入系统的位置离测量点近，系统的偏差大；反之，干扰信号进入系统的位置离测量点远，系统的偏差小。这种现象也可用各干扰通道传递函数的不同予以解释。

$f_1(t)$通道惯性小，受到干扰后被调参数变化速度快；而控制通道惯性大，控制信号要经过三个环节后才能发挥作用，当控制系统见效时，被调参数已经发生了较大的变化，即系统出现了较大的动态偏差。干扰作用点向远离测量点［$y(t)$］方向移动，干扰通道的容量滞后增加，系统偏差减小，控制品质变好。所以扰动进入系统的位置离被控参数（检测点）越近，干扰对被控参数的影响越大，控制品质越差。相反，扰动离被控参数越远［例如$f_3(t)$要通过三个串联的一阶惯性环节，才能达到$y(t)$］，干扰对被控参数的影响越小，控制品质越好。

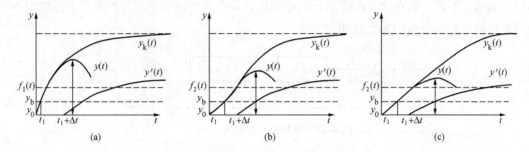

图 6-11　外部干扰$f_1(t)$由不同位置进入系统时被控参数$y(t)$的变化曲线
(a) 单位阶跃干扰$f_1(t)$；(b) 单位阶跃干扰$f_2(t)$；(c) 单位阶跃干扰$f_3(t)$

（2）控制通道动态特性对控制品质的影响。

1）对系统控制性能的评价。在过程（通道）静态特性对控制品质的影响分析中，可得到在保证系统稳定性的前提下，控制通道的静态放大系数K_0越大，系统的稳态偏差越小的结论。但是，一旦控制过程通道被选定后，K_0一般是不可被改变的。如果将控制器的放大倍数K_c包括进去，控制通道的静态放大倍数就会变成K_0K_c。通过增大K_c，可使控制通道的静态放大倍数增大。

对于含有控制器的控制通道，假设控制系统的临界放大系数是K_{max}，临界振荡频率为ω_M（系统处于临界稳定的放大系数和振荡频率，可通过系统的开环频率特性求出）。K_{max}与ω_M的乘积$K_{max}\omega_M$从一定程度上表示了被控过程的性能。K_{max}越大，控制器的静态放大系数K_c的可选上限越大。K_c越大（使K_0K_c越大），意味着系统的稳态误差越小，同理ω_M越大，控制系统可选择的工作频率ω_c越大，即工作频率越大，过渡过程则越短。因此，$K_{max}\omega_M$越大，说明系统的控制性能越好。反之，说明系统的控制性能越差。

2）控制通道的时间常数对控制品质的影响。控制通道的时间常数的大小决定了控制变量克服干扰对被控参数影响的反应快慢程度。如果控制通道的时间常数T_0太大，说明控制变量对干扰的响应较慢，对被控参数的偏差校正不及时，动态偏差较大，控制系统的过渡时间长，控制品质较差。所以，在设计控制系统时，需要控制通道的时间常数T_0要小些，使得被控参数对控制变量的反应更灵敏、控制更及时，从而达到较好的控制效果。

3）控制通道多个时间常数T_{0i}之间的关系对控制品质的影响。系统控制通道的开环传递函数（主要包括控制器、调节阀、被控过程及测量变送器）通常可以表示为一阶惯性环节的串联。假设某个控制系统是由三个一阶惯性环节串联而构成的，其开环传递函数可表示为

$$G_k(s) = G_{o1}(s)G_{o2}(s)G_{o3}(s) = \frac{K_1}{T_{01}s+1} \cdot \frac{K_2}{T_{02}s+1} \cdot \frac{K_3}{T_{03}s+1}$$

由自动控制理论知，将开环传递函数中的几个时间常数值错开，可用来提高系统的工作

频率，减小系统的过渡过程时间和最大偏差量等，以改善控制质量。

在实际应用中，假如被控过程本身存在多个时间常数，最大的时间常数决定被控对象的关键特性，基本上难以改动，而减小第二、第三个时间常数则较容易实现。几个时间常数错开也是选择过程控制通道和控制变量的依据之一。

4）控制通道的滞后时间 τ 对控制品质的影响。对于既有纯滞后 τ_0，又有容量滞后 τ_c 的控制过程，其总滞后 τ 应该包括这两个部分，就是 $\tau = \tau_c + \tau_0$。它们对控制系统的控制品质都有不利的影响。不过，相对而言纯滞后 τ_0 的影响比容量滞后 τ_c 的影响更为严重。下面以图 6-12 所示单回路控制系统为例加以说明。

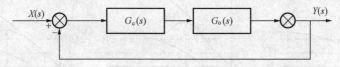

图 6-12　单回路控制系统原理图

如果过程对象的传递函数为

$$G_o(s) = \frac{K_0}{T_0 s + 1} \tag{6-13}$$

若系统采用比例控制，设比例控制器为 $G_c(s) = K_c$，系统的控制品质满足要求。如果控制通道增加一个纯滞后环节，时间常数为 τ_0，被控过程的传递函数则变为

$$G_o(s) = \frac{K_0}{T_0 s + 1} e^{-\tau_0 s} \tag{6-14}$$

假如还是采用原来的比例控制器 $G_c(s) = K_c$，那么系统的稳定性会变差，甚至因不稳定而无法正常工作。这是由于滞后环节 $e^{-\tau_0 s}$ 带来的相角滞后 $\omega \tau_0$，使系统的相角裕度降低，系统的稳定度下降，动态偏差增大。当系统的相角裕量降到 0 时，系统发生振荡，从而无法正常工作。由此可见，纯滞后 τ_0 的存在会降低系统的稳定性。τ_0 值越大，对系统的影响就越大。下面通过图形比较，定性分析控制通道纯滞后对系统控制品质的影响。假设将图 6-12 中的反馈通道断开，使系统处于开环状态时，被控参数 $y(t)$ 在某个干扰的作用下，相对于稳态值 y_0 的变化曲线如图 6-13 中的 $y_k(t)$ 所示。当系统处于闭环状态时，用图 6-13 中的 $y_1'(t)$ 和 $y_2'(t)$ 来分别表示控制通道纯滞后为 τ_0' 和 τ_0'' 的情况下，控制变量 $u(t)$ 对被控参数的偏差 $y_k(t)$ 所产生的校正作用（在图中以反向画出）。$y_1(t)$ 和 $y_2(t)$ 分别表示存在纯滞后 τ_0' 和 τ_0'' 的情况下，被控参数在干扰作用和校正作用同时作用下的变化曲线。

当控制通道纯滞后为 τ_0' 时，如果控制器在 t_0 时刻接收到偏差信号并且输出控制信号 $u(t)$，在 $t_0 + \tau_0'$ 时刻对被控参数产生校正作用 $y_1'(t)$，使被控参数从 $t_0 + \tau_0'$ 时刻以后沿着曲线 $y_1(t)$ 变化；

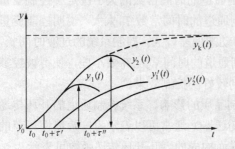

图 6-13　控制通道纯滞后 τ 对控制品质的影响

当对象的纯滞后为 τ_0'' 时，控制器也在 t_0 时刻接收到偏差信号，同时输出控制信号 $u(t)$，在 $t_0 + \tau_0''$ 时刻对被控参数产生校正作用 $y_2'(t)$，使被控参数从 $t_0 + \tau_0''$ 时刻以后沿着曲线 $y_2(t)$ 变

化。通过比较图 6-13 中的曲线 $y_1(t)$ 和 $y_2(t)$ 可看出，纯滞后 τ_0 越大，扰动对系统引起的动差越大，控制品质下降越严重，将会造成过渡过程的振荡加剧，过渡时间延长，系统的稳定性变差。

除此之外，控制通道纯滞后 τ_0 还会造成控制作用不及时，控制质量下降，但因其作用机理与纯滞后有些不同，对系统的影响比纯滞后 τ_0 对系统的影响缓和些。通过控制器的微分作用，可在一定程度上改善因容量滞后 τ_c 引起的负面影响。

（三）控制变量选择的一般原则

综上所述，在设计单回路控制系统时，如何选择控制变量的原则大致可归纳为五点：

（1）控制变量是可控的，也就是工艺上允许调节的变量。

（2）一般说来，控制变量要比其他的干扰对被控参数的影响要灵敏。所以，要通过合理选择控制变量，使控制通道的放大系数 K_0 大、时间常数 T_0 要小、系统的纯滞后时间 τ_0 越小越好。

（3）为了减小干扰对被控参数的影响，应该使干扰通道的放大系数 K_f 尽量小、时间常数 T_0 尽量大。扰动引入，即控制通道的位置尽量远离被控参数，尽可能靠近调节阀（控制器）。

（4）由于被控过程存在多个时间常数，因此，在选择工作设备及控制参数时，要尽可能使时间常数错开，使得其中一个时间常数比其他的时间常数大得多，同时要注意减小其他的时间常数。这样的控制原则也适用于选择控制器、调节阀和测量变送器时间常数。控制器、调节阀和测量变送器（三者均为系统控制通道的环节）的时间常数需要远远小于被控过程中的最大时间常数（通常这个时间常数难以改变）。

（5）在选择控制变量时，除了需要考虑提高控制品质外，还要根据实际需求综合考虑工艺的合理性、生产效率及生产过程的经济性。通常不会选择生产负荷作为控制变量，因为生产负荷直接关系到产品的产量或用户的需要，不允许控制。另外，从经济效益方面考虑，也要尽量减少物料、能量的损耗。

6.2.5 检测环节、执行器、调节器的正负作用选择

在过程控制系统中，系统通过传感器、变送器等进行数据检测及信息获取。控制系统通过传感器、变送器来实现对包括被控参数及其他一些参数、变量的检测，并将测量信号规范化后传送给控制器。测量信号是调节器进行正确控制的基本依据，其中，对被控参数进行及时、准确地测量是实现高性能控制的重要条件。因此，正确选择传感器、变送器是过程控制系统设计的一个重要环节。

传感器与变送设备的选用主要是由被测参数的性质及控制系统设计的总体功能要求来决定的。在进行系统设计时，要按照被测参数的性质、测量精度、响应速度、工艺的合理性、经济性等要求，选择符合要求的传感器与变送设备。

下面结合过程控制系统的设计，简要讨论选择传感器、变送器的一些基本原则及在使用中应注意的一些事项。

（一）传感器、变送器测量范围与精度等级的选择

在控制系统设计时，需要检测的参数与变量都有固定的测量精度要求，参数与变量可能的变化范围通常都是已知的。故在选择传感器和变送器时，需要按生产过程的工艺要求，首先确定传感器与变送器的测量范围（量程）与精度等级。

（二）尽量选择时间常数小的传感器、变送器

对于任何输入信号，传感器、变送器都会有一定的响应时间，特别是测温元件，由于热阻和热容的存在，本身具有一定的时间常数 T_m，这些时间常数和纯滞后必然造成测量滞后。测量环节时间常数对测量信号的影响如图 6-14 所示。当被测变量 $x(t)$ 作阶跃变化时，测量值 $y(t)$ 慢慢靠近 $x(t)$，如图 6-14（a）所示。开始时两者有较大差距；若 $x(t)$ 作等速变化，则 $y(t)$ 就会一直跟不上 $x(t)$，总存在着测量偏差，如图 6-14（b）所示。

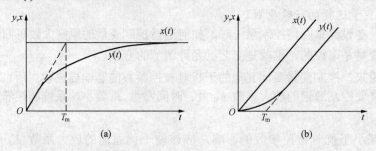

图 6-14　传感器与变送器时间常数对测量信号的影响

通常情况下，测量元件的时间常数 T_m 越大，$x(t)$ 与 $y(t)$ 的差异越显著。如果将一个常数 T_m 较大的测量环节用于控制系统，当被控参数发生变化时，由于测量值与被控参数存在差异，控制器接收到的是一个失真信号，以至于控制器不能及时、正确地发挥控制作用，致使控制质量无法达到要求。因此，控制系统中测量环节的常数 T_m 不能太大，最好选用惯性小的快速测量元件，例如用快速热电偶代替工业用普通热电偶。必要时也可以在测量元件之后引入微分环节，利用其调解方式的超前作用来补偿测量元件滞后引起的动态误差。

对于传送滞后较大的气动信号，通常情况气压信号管路不能超过 300m，管径不能小于 6mm，或者用阀门定位器、启动放大器增大输出功率，用来减小传送滞后。在条件允许的情况下，现场与控制室之间的信号尽量采用电信号传递，必要时可用气—电转换器将气信号转换为电信号，以便减小传送滞后。

（三）合理选择检测点，减小测量纯滞后 τ_0

在测量时，合理地选择测量信号的检测点是十分重要的，这样做可尽量避免由于传感器安装位置不合适引起的纯滞后。在图 6-15 所示的 pH 值控制系统中，如果被控参数是中和槽出口溶液的 pH 值，而测量传感器却安装在远离中和槽的出口管道处，这种做法会导致传感器测得的信号与中和槽内溶液的 pH 值在时间上延迟了一段时间 τ_0，其大小为

$$\tau_0 = \frac{l_0}{v}$$

式中　　l_0——传感器到中和槽的管道长度；

　　　　v——管道内液体的流速。

这一纯滞后使得测量信号值不能及时反映中和槽内溶液 pH 值的变化，从而使控制品质降低。因此，在选定测量传感器的安装位置时，一定要注意尽量减小纯滞后。引入微分作用对纯滞后没有改善。

此外，检测位置的选择还要使检测参数能尽可能真实地反映生产过程的状态。因此，尽量将传感器安装在能够直接代表生产过程状态的位置上。

（四）测量信号的处理

（1）对测量信号校正与补偿。在测量某些参数时，测量值常常受到其他参数的影响，为了保证测量精度，必须进行校正与补偿处理。例如在用节流元件测量气体流量时，流量与差压之间的关系就会受到气体温度的影响，一定要对测量信号进行补偿与校正，以保证测量精度。

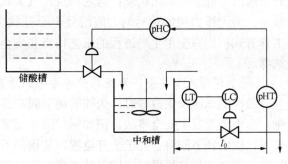

图 6-15　pH 值控制系统图

（2）对测量噪声的抑制。在测量某些过程参数时，由于其本身特点及外界干扰的存在，测量信号中往往含有干扰噪声，如不采取措施，会严重影响系统的控制质量。例如在流量测量时，常会混入高频噪声，可通过引入阻尼器进行噪声抑制，其效果较为理想。

（3）对测量信号的线性化处理。由于一些检测传感器的非线性，使传感器的检测信号与被测参数间呈非线性关系。例如用热电偶测温时，热电动势与被测温度之间存在一定的非线性。有些型号的温度变送器会对检测元件输入信号进行线性化处理，例如 DDZ-III 型温度变送器通过对检测元件输入信号进行线性化处理，使得其输出电流信号与温度呈线性关系。而有些型号的温度变送器，如 DDZ-II 型温度变送器，不对输入信号进行线性化处理。因此，在系统设计时，应根据具体情况确定是否需要进行线性化处理。

6.2.6　执行器的选择

过程控制使用最多的是由执行机构和调节阀组成的执行器。这里将会从提高系统控制品质、增强生产系统及设备安全性的角度来考虑，对控制系统设计中有关执行器—调节阀和执行机构选型的相关问题进行简要介绍。

一、对调节阀工作区间的选择

在设计过程控制系统时，确定控制阀口径的尺寸是选择控制阀的重要依据，在正常工作条件下，一般要求调节阀的开度在 15%～85% 之间。如果调节阀门口径选的过小，当系统受到较大的扰动时，调节阀就会处于全开或全关的饱和状态，使得系统暂时处于失控状态，这对扰动偏差的消除不利。同理，调节阀口径如果选得过大，将会使阀门长时间处于小开度工作状态，阀门（单座阀）的不平衡力较大，阀门调节灵敏度降低，工作特性变差，甚至会出现振荡或调节失灵的情况。因此，一定要合理、正确地选择调节阀口径。

二、对调解阀的流量特性选择

选择调节阀的流量特性一般分为两个步骤：①根据生产过程的工艺参数及对控制系统的工艺要求，确定出工作流量特性。②根据工作流量特性相对于理想流量特性的畸变关系，求出对应的理想流量特性，确定阀门的选型。

三、调节阀的气开、气关作用方式的选择

调节阀的气开、气关作用方式的选择一般要根据在保障不同生产工艺条件下，人员的安全，系统及设备的安全的前提下，选择能够满足调节需要的调节阀。目前的工业生产过程中所使用的绝大部分调节阀为气动调节阀。因此，这里主要探讨气动调节阀气开、气关作用方式的选择。

在正常工作条件下，气开式调节阀随控制信号的增加而开度加大，当压力控制信号消失时，阀门要处于全关闭状态；与之相反，气关式调节阀随压力信号的增加，阀门的开度逐渐减小，当无压力控制信号时，阀门处于全开状态。控制系统究竟选择调节阀气开还是气关工作方式，则完全由生产过程的工艺特点和安全需要来决定，通常要根据四个基本原则进行选择。

（一）保障人身安全、系统与设备安全的原则

当控制系统发生故障时，失控的调节阀在当前所处的状态要能确保人身及系统设备的安全，而不至于发生安全事故。例如锅炉给水调节阀通常采用气关式，一旦发生事故导致系统失灵，供水调节阀将会处于全开位置，使锅炉不至于因给水中断而烧坏，可避免爆炸事故的发生。再如，加热炉燃料（燃料油或燃料气）调节阀通常选择气开式阀门，一旦发生事故，系统失控，燃料调节阀将会处于全关位置，停止向加热炉供应燃料，从而避免炉温继续升高，损坏设备。

（二）保证产品质量的原则

如果因系统出现故障使调节阀不能工作时，处于失控状态的调节阀状态所处的位置不应造成产品质量下降。例如精馏塔回流量控制系统一般采用气关阀。一旦出现故障，阀门全开，使生产处于全回流状态，防止不合格产品的输出，用以保证产品的质量。

（三）减少原料和动力浪费的经济原则

例如控制精馏塔的进料阀一般采用气开方式。当系统出现故障导致系统失控时，使调节阀处于全关位置，停止进料，达到减少原料浪费的目的。

（四）基于介质特点的工艺设备安全原则

对于有易结晶、易聚合、易凝结物料的传输或储存装置的生产系统，输出调节阀应该选用气关式调节阀（输入调节阀要选用气开式阀门），一旦发生故障时，失控状态下的输出调节阀状态会处于全开位置（输入调节阀处于全关位置），这样就会将物料很快放空，从而避免因为物料的结晶、聚合或凝固造成设备堵塞，为系统重新恢复运行创造条件。

6.2.7　调节器正负作用的选择与应用

在对自动控制系统进行设计时，调节器的选型与调节规律的确定对控制系统的控制品质的影响至关重要，所以，调节器的选型与调节规律的选择是过程控制系统设计的核心内容之一。相关内容的详细讨论将在本书第 6.3 节进行。本节只对调节器正、反作用方式的选择进行讨论。

调节器的输出取决于被控参数的测量值与预先设定值之差，被控参数的测量值与设定值变化，对输出的作用方向是相反的。调节器的正反作用的定义为：当设定值不变时，随着测量值的增加，调节器的输出也增加，则称为"正作用"方式。同样，当测量值不变，设定值减小时，调节器的输出也增加，称为"正作用"方式。反之，如果当测量值增加或设定值减小时，调节器输出减小，则称为"反作用"方式。

只有在确定了调节阀气开、气关方式之后，才能进行调节器正、反作用方式的选择，其确定原则是使整个单回路构成一个负反馈系统。

下面通过两个例子说明调节器正、反作用方式的选择方法。

图 6-16 所示为加热炉温度控制系统。在这个控制系统中，加热炉是被控对象（过程），被加热物料出口温度是被控参数，燃料流量是系统的控制变量。当控制变量，即燃料流量增加时，被控参数（物料出口温度）升高；随着（被控参数）温度的升高，温度传感器的输出

信号也会相应地增大。从安全角度考虑，为了避免系统发生故障时，燃料调节阀（失控）开启烧坏加热炉，应该选择气开（失控时关闭）式调节阀。为了确保这个由被控对象、执行器及调节器所组成的系统是一个负反馈系统，调节器要选为"反作用"方式。只有这样，当炉温升高、被控参数出现偏差时，测量变送器的输出信号增大，调节器 TC（"反作用"）输出随之减小，燃料调节阀关小（当输入信号减小时，气开调节阀开度减小），使炉温下降，起到调节、平衡的作用。

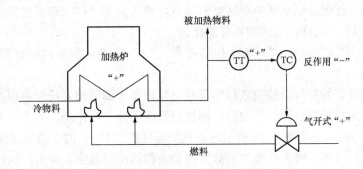

图 6-16　加热炉温度控制系统

液位控制系统如图 6-17 所示。执行器选用气开式调节阀，当系统出现故障或气源断气时，调节阀将会自动关闭，以免物料全部流走。当储液槽物料液位上升、被控参数出现偏差时，需要增加调节阀开度，以使液位下降。调节器 LC 须为"正作用"方式，才能在储液槽液位升高时，使调节器 LC 输出信号增大，增大调节阀的开度，导致物料流出量增加，液位下降。

如果图 6-17 所示液位控制系统的安全条件改变为物料不能溢出储液槽，那么执行器要选用气关式调节阀。在这种条件下，调节器 LC 必须为"反作用"方式。

若对控制系统中各个环节按照其工作特性，定义一个表示其性质的正（+）、负（-）符号，则可根据组成控制系统各个环节的正（+）、负（-）符

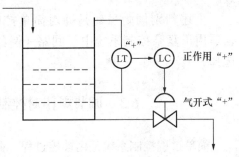

图 6-17　液位控制系统

号及回路构成负反馈的根本要求，得到选择调节器"正""反"作用的公式。

为了便于说明，现将控制系统中各环节的正、负符号作如下规定：

调节阀：气开式取"+"，气关式取"-"；

被控对象：如果控制变量（通过控制阀的物料或能量）增加，被控参数也随之增加的取"+"；否则，取"-"；

变送器：如果输出信号随被测变量增加而增大，则取"+"；反之取"-"；

调节器：测量输入增加，调节器输出也随之增大（正作用）时取"+"；如果测量输入增加，调节器输出反而减小的（反作用）取"-"。

这里所定义的符号的乘法运算规则与代数运算中符号的运算规则相同。即在传感器、被控过程、执行器（调节阀）的符号已确定的条件下，为确保单回路控制系统能构成负反馈系统，调节器的符号（"正"、"反"作用）选择须满足单回路各环节符号的乘积必须为"-"的

原则：

调节器符号（"+"或"−"）×执行器符号（"+"或"−"）×变送器符号（"+"或"−"）×被控过程符号（"+"或"−"）＝"−"，也就是必须满足系统实现负反馈的功能。

若执行器符号（"+"或"−"）、变送器符号（"+"或"−"）、被控过程符号（"+"或"−"）均为已知时，可根据上述要求，求出调节器的符号。根据所求得的调节器的符号即可判断出其"正"、"反"作用形式。

通常情况下，过程控制系统中变送器的符号均被认为是"+"（即变送器的输出信号随被测量的增加而增大），这样，上述规则可简化为

调节器符号（"+"或"−"）×执行器符号（"+"或"−"）×被控过程符号（"+"或"−"）＝"−"

也就是说，调节器符号是被控过程的符号与执行器（调节阀）符号乘积的相反值。由此可见，如果控制阀与被控过程符号相同，则控制器应选择"反作用"方式；否则，控制器应该选择"正作用"方式。例如图 6-16 所示的加热炉温度控制系统，由于被控过程的符号为"+"，即控制变量（燃料流量）增大，被控参数（被加热物料出口温度）增大；执行器（调节阀）符号也为"+"（气开式调节阀），根据上述规则，可知调节器应选"反作用"。对于图 6-17 所示液位控制系统而言，由于被控过程的符号为"−"，即随着控制变量（流出物料流量）的增大，被控参数（储液槽液位）降低，执行器（调节阀）符号也为"+"（气开式调节阀），可知调节应该选"正作用"。由此可见，用判别公式得出的结论与前面通过分析得出的结论完全一致。

上述判别规则虽然是针对简单控制系统调节器正、反作用的选择提出来的，同样也适用于复杂控制系统中子回路（例如串级系统中的副回路）调节器正、反作用方式的选择。

6.3　调节规律对控制品质的影响与调节规律的选择

简单过程控制系统是由被控过程、调节器、执行器和测量环节这四个基本部分组成的。在实际的过程控制系统设计中，一旦设备选择后，被控过程、测量环节和执行器这三部分的特性就基本被确定了，不能随意改变。假设将被控过程（对象）、测量环节和执行器综合考虑，共同作为广义对象，则控制系统可看作是由调节器与广义对象两部分组成的系统，如图 6-18 所示。一旦广义对象的特性已经确定，系统中只有调节器能够进行调整。按照控制品质的要求，选择合适的调节器控制规律，以提高控制系统的品质是本节主要讨论的问题。

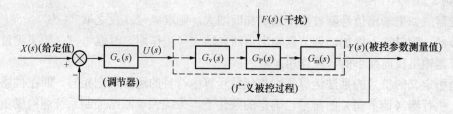

图 6-18　单回路控制系统简化框图

6.3.1　调节规律对控制品质的影响

在实际的过程控制系统中，调节器所采取的基本调节规律有比例、积分和微分调节规律，简称 PID 调节。通过将 P、I 和 D 三个环节进行不同的组合，可以得到常用的各种调节规律。即使在新型控制算法与控制规律不断产生的今天，PID 作为最基本的控制方式，在过程控制领域依然占据着重要的地位，显示出其强大的生命力。

PID 控制作为一种基本控制方式，之所以能获得广泛的应用，主要是因为它具有原理简单、鲁棒性强、适应性广等诸多优点。本节内容主要是讨论基本 PID 调节规律对系统控制品质的影响。

一、比例（P）调节对系统控制品质的影响

比例调节器的最大特点是调节器的输出信号与输入偏差信号成比例关系，即

$$u(t) = K_c e(t) \tag{6-15}$$

式中　$u(t)$——调节器的输出；

　　　$e(t)$——调节器的输入信号（偏差信号）；

　　　K_c——比例放大系数，或称为比例增益。

在工程应用中，习惯上用比例增益的倒数来表示调节器输入与输出之间的比例关系，即

$$u(t) = \frac{1}{P} e(t) \tag{6-16}$$

式（6-16）中，$P=1/K_c$ 称为比例度，通常以百分数来表示。P 不但具有明确的物理意义，而且有着重要的工程意义。假设调节器的输出 $u(t)$ 直接代表调节阀开度变化量，则 P 表示调节阀开度改变 100%（即从全关到全开或全开到全关全量改变）时，所需要调节器输入（即偏差）信号 $e(t)$ 的变化范围与调节器输入量程相比的百分数。当设定值不变时，P 就代表了当调节阀开度改变 100%（即从全开到全关或全关到全开）时，所需系统被控参数的允许变化范围相对于测量仪表量程的百分数。在不超出这个范围时，调节阀的开度变化与偏差 $e(t)$ 成比例。一旦超出这个范围（比例度），调节阀处于全关或全开状态，调节器将会失去其控制作用。对于定值控制系统，调节器的比例度 P 常常用它相对于被控参数测量仪表量程的百分比表示。例如，假定测量仪表的量程为 100℃，$P=50\%$ 就意味着被控参数改变 50℃，就可使调节阀从全关到全开或全开到全关。

比例调节是最简单的一种控制方式，对该方式可归纳出三点结论。

（一）比例调节是一种有差调节

该调解方式采用比例控制规律，导致控制系统必然存在静差。根据式（6-15）或式（6-16），只有偏差信号 $e(t)$ 不为零时，调节器才会有控制作用 $u(t)$ 输出。如果 $e(t)$ 为零，调节器输出就会为零，调节器则失去控制作用。这说明比例调节器是利用偏差实现（调节）控制，使系统被控参数近似跟踪并接近设定值。

（二）随着比例度的增大，比例调节系统的静差也会增大

对于定值控制系统而言，由控制理论知识可知，若要减小静差，就要减小比例度 P，即需要增大 K_c，但这样做往往会降低系统的稳定性，对系统的动态控制品质带来不利的影响。

（三）实现定值控制的有差跟踪

对于设定值不变的系统，采用比例调节方式可实现被控参数对设定值的有差跟踪。但若设定值随时间匀速变化时，比例调节器的跟踪误差将随时间的增大而增大。故比例调节不适合

设定值随时间变化的情况。

比例调节是最简单的调节，该方式主要适用于控制通道滞后较小、负荷变化不大、工艺上没有误差要求的系统，例如中间储槽的液位控制系统、精馏塔塔釜液位控制系统等。

二、积分（I）调节与比例积分（PI）调节对系统控制质量的影响

（一）积分调节的性能

在积分（I）调节中，调节器的输出信号与输入偏差信号的积分呈正比例关系，可表示为

$$u(t) = S_i \int_0^t e(t)\mathrm{d}t \tag{6-17}$$

式中　S_i——积分速度；

其他各变量的含义与式（6-15）相同。

由式（6-17）可知，只要偏差 $e(t)$ 存在，调节器的输出 $u(t)$ 会随时间不断地按积分规律变化；只有在 $e(t)$ 恒为零时，调节器才会停止积分，此时的输出 $u(t)$ 不再变化，将维持在一个常值 $u(t)=C$ 并保持不变，这表明积分调节是对误差的调节。当控制系统的过渡过程结束后，被控参数与设定值的偏差 $e(\infty)=0$，即系统不存在静差。此时调节器的输出 $u(\infty)=C$，调节阀停留在固定的开度［与 $u(t)=C$ 对应］上不变。这与 P 调节时，当 $e(t)=0$，调节器输出为零 ［$u(t)=K_c e(t)=0$］ 有着原理上的不同。

相比于比例调节，积分调节方式的稳定性差，这也正是积分调节的最大缺陷所在。关于这一点可从时域、频域两方面进行解释说明。从时域过程来分析，当被控参数变化使偏差 $e(t)$ 增大时，积分调节不像比例调节那样，能够立即改变调节器输出信号，以调整控制变量对偏差进行校正，而是要通过对偏差进行积分来改变调节器输出信号对偏差进行校正。因此，与比例调节相比，积分调节消除偏差速度比较缓慢。这就导致了系统的过渡过程时间长，系统的稳定性变差。另外，从系统的开环频率特性来看，由于积分调节是系统的相频特性增加了 $90°$ 的相位滞后，因而使系统的动态品质变差。综上所述，积分调节以牺牲动态品质为代价，来换取系统稳态性能的提高，即消除静差。

当系统采用积分调节时，控制系统的开环增益与积分速度 S_i 呈正比。增大积分速度会加强积分效果，使系统的稳定性降低。这从直观上也易于理解，因为增大 S_i 等价于相应地增大了调节器的输出信号 $u(t)$，因此使调节阀的调节动作加快，动作幅度也增大，这一定会加剧系统振荡。

（二）比例积分调节规律的性能

如上所述，采用积分调节固然可以提高系统的稳态控制精度，但却使系统动态品质变差，故很少单独采用此调节方式。在实际控制系统设计中，往往将积分调节和比例调节二者结合起来，组成 PI 调节器。PI 调节器的输入输出关系为

$$u(t) = K_c e(t) + S_i \int_0^t e(t)\mathrm{d}t = \frac{1}{P}\left[e(t) + \frac{1}{T_I} \int_0^t e(t)\mathrm{d}t \right] \tag{6-18}$$

式中　T_I——积分时间常数；

其余参数与前边公式的含义相同。

对式 6-18）进行拉氏变换，即可得到 PI 调节器的传递函数为

$$G_c(s) = \frac{U(s)}{E(s)} = \frac{1}{P}\left(1 + \frac{1}{T_I s} \right) = \frac{1}{P} \times \frac{T_I s + 1}{T_I s} \tag{6-19}$$

图 6-19 为 PI 调节器的阶跃响应曲线。从图中可看出，调节器的输出响应由两部分组成。在调节的起始阶段，比例调节首先发挥作用，迅速对输入变化作出响应。但随着时间的推移，积分调节作用变得越来越强。控制系统在二者共同作用下，实现最终消除静差的目的。PI 调节器将比例调节的快速反应与积分调节消除静差的特点相结合，能得到较好的控制效果，因此在工程实际中应用较为广泛。与 P 调节相比，PI 调节毕竟给系统增加了一些相位滞后，其调节的稳定性（及动态特性）还是要差些。

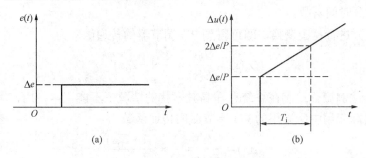

图 6-19　PI 调节器的阶跃响应曲线

比例积分调节器是应用最为广泛的调节器，它一般适用于控制通道滞后较小、负荷变化不大、工艺参数不允许有静差的系统。例如流量、压力和要求严格的液位控制系统，通常都采用比例积分调节器。

除了稳定性差外，积分调节还有另一个缺陷，即积分饱和。只要偏差不为零，调节器就会不断地积分，只要偏差 $e(t) \neq 0$ 且符号不变，积分作用就会使调节器输出持续增加（或减少）。如果由于某种原因误差一时消除不了，调节器就要不断地积分下去，直到使调节器的输出进入深度饱和，这时调节器将失去调节作用，这种情况在实际工程应用上是很危险的。因此，采用积分调节方式的调节器要阻止积分饱和现象的发生。

三、比例微分（PI）调节方式对系统控制品质的影响

比例调节方式是根据系统被控参数当前的偏差值进行调解的，而积分调节则是根据偏差的积分进行调节的调节方式。比例调节和积分调节这种"等事态发生了才去处理"的控制策略并没有利用偏差 $e(t)$［或被控参数 $y(t)$］变化趋势的信息，无法做到调节的超前性或预知性，因而，是一种不完善的控制策略。偏差 $e(t)$ 的变化速度也就是微分代表了偏差 $e(t)$ 的变化趋势，利用对 $e(t)$ 的微分进行调解的控制策略，才会使调节器具备预测偏差 $e(t)$ 的变化趋势并加以预防的能力。微分调节器的输入、输出关系可表示为

$$u(t) = S_d \frac{de(t)}{dt} \tag{6-20}$$

式（6-20）说明，微分调节的输出与当前系统偏差的 $e(t)$ 变化速率 $de(t)/dt$ 成正比。$e(t)$ 的变化速率 $de(t)/dt$ 反映了当前系统偏差 $e(t)$ 与 $y(t)$ 的变化趋势，所以，微分调节方式的特点是，并不是等偏差已经出现之后才动作，而是提前动作，预防偏差的出现。对控制系统而言这相当于赋予调节器某种程度的"预见性"，有利于阻止系统出现较大动态偏差。

单纯的微分调节器不能在工程应用中独立使用，这是因为用于实际控制系统的调节器都有一定的灵敏限，如果系统偏差 $e(t)$［或被控参数 $y(t)$］以调节器难以察觉的速度缓慢变化时，调节器并不动作。但是系统的偏差却有可能积累到相当大的幅度而得不到校正，这种情形在

实际应用中是不允许的。所以，微分调节方式只能起辅助调节作用，而不能单独使用。在实际使用中，它往往是与 P 或 PI 结合组成 PD 或 PID 调节规律，才具有实际应用价值。下面首先对 PD 调节规律进行简要讨论。

$$u(t) = K_c e(t) + S_d \frac{de(t)}{dt} = \frac{1}{P}\left[e(t) + T_D \frac{de(t)}{dt} \right] \tag{6-21}$$

式中　P——比例度；

　　　T_D——微分时间常数。

对式（6-21）进行拉氏变换，即可得到 PD 调节器的传递函数为

$$G_c(s) = \frac{U(s)}{E(s)} = \frac{1}{P}(1 + T_D s) \tag{6-22}$$

由于上式的比例微分控制在系统存在高频干扰的情况下不能正常使用，因此需要加滤波环节，在工程实际应用中所采用的 PD 调节器的传递函数为

$$G_c(s) = \frac{U(s)}{E(s)} = \frac{1}{P} \times \frac{(1 + T_D s)}{\dfrac{T_D}{K_d} s + 1} \tag{6-23}$$

式中　K_d——微分增益。

在工业应用中，调节器的微分增益一般取 5～10 之间，这就使得式（6-23）中分母项的时间常数是分子项时间常数的 1/5～1/10。因为分母项的时间常数比分子项的时间常数小得多。所以，在分析 PD 调节器的特性时，为了简单起见，可以忽略分母项时间常数的影响，仍可用式（6-21）或式（6-22）进行分析，并得出以下结论：

（1）PD 调节也是有差调节。因为在稳态情况下，$de(t)/dt$ 为零，微分部分将不再起到调节作用，因此，PD 调节已退化成了 P 调节，这表明微分调节对消除系统静差不起作用。

（2）PD 调节具有提高系统稳定性、减小过渡过程的最大动态偏差的作用。微分调节方式的作用总是力图阻止系统被控参数的振荡，使得过渡过程的振荡趋于平缓，系统的动态偏差减小、稳定性提高。从系统的开环频率特性来看，微分调节使系统的相频特性增加了 90°的相位超前。等价于 PD 调节方式增加了一定的超前相位，因而使系统的相角裕度增大，系统的动态品质有所提高。

（3）PD 调节方式有利于提高系统的响应速度，减小系统静差（稳态误差）。有微分作用的系统在相位上起着超前作用，当保持过渡过程衰减率不变时，可适当地减小比例度 P，使得控制系统的开环增益（$K_c K_0$）增加，即在系统的稳态误差减小的同时，也加宽（增大）了系统的频带，提高了过程控制系统的响应速度。

（4）PD 调节方式的缺陷。如果控制系统的微分调节作用太强（即 T_D 较大），将会使调节阀频繁开启，甚至有可能趋向两端饱和，容易造成控制系统的振荡。所以，在 PD 调节方式中，通常总是以比例调节为主，微分调节为辅；其次，由于 PD 调节方式的抗干扰能力较差，一般只能用于被调参数变化平稳的生产过程之中，例如时间常数较大的对象或多容过程。如果用于流量、压力等一些变化剧烈的过程，则微分调节对于纯滞后没有改善效果。

需要注意的是，引入微分调节作用一定要适度。尽管对大多数适用 PD 调节的控制系统，随着微分时间 T_D 的增大，系统的稳定性提高；但对某些特殊系统也有例外，一旦 T_D 超过某一上限值后，系统反而变得不稳定。这是由于系统的幅频特性在临界频率附近，随着 T_D 的增

加，$G_o(j\omega) \cdot G_c(j\omega)$ 反而增大，因此导致了系统的不稳定。

四、比例积分微分（PID）调节方式对系统控制品质的影响

如果把比例调节方式的快速性、积分调节方式的消除静差能力、微分调节的预见性结合起来，就构成了 PID 调节方式，PID 调节器的输入、输出关系可表示为

$$u(t) = K_c e(t) + S_i \int_0^t e(t)\mathrm{d}t + S_d \frac{\mathrm{d}e(t)}{\mathrm{d}t} = \frac{1}{P}\left[e(t) + \frac{1}{T_I}\int_0^t e(t)\mathrm{d}t + T_D \frac{\mathrm{d}e(t)}{\mathrm{d}t} \right] \qquad (6\text{-}24)$$

对上式进行拉氏变换，即可得到 PID 调节器的传递函数为

$$G = \frac{U(s)}{E(s)} = \frac{1}{P}\left(1 + \frac{1}{T_I s} + T_D s \right) = \frac{1}{P} \times \frac{T_I T_D s^2 + T_I s + 1}{T_I s} \qquad (6\text{-}25)$$

由式（6-25）可知，PID 调节规律是由比例、积分、微分调节规律进行线性组合而成的，它同时具有比例调节反应快速、积分调节能够消除静差及微分调节预见性等优点，是一种比较理想的调节规律。相比于 PD 调节，PID 调节提高了系统的稳态精度，实现了误差控制。而与 PI 调节相比，PID 调节增加了一个零点，可改善系统的动态性能。所以说 PID 调节能兼顾静态性能和动态性能两方面的要求，在用于过程控制时可取得满意的控制效果。

为了方便对各种调节规律进行对比研究，图 6-20 给出了某一被控过程在阶跃扰动下，不同调节规律具有同样衰减时的响应曲线。通过图 6-20 的响应曲线不难发现，不同调节规律对调节品质的影响及其特点。显然，PID 调节器的综合控制效果最好，但这并不意味着在任何情况下都要采用 PID 调节器。PID 调节器要对三个参数（P、T_I、T_D）进行整定，一旦整定得不合理，就无法发挥每个调节作用的长处，甚至会使控制品质更差。

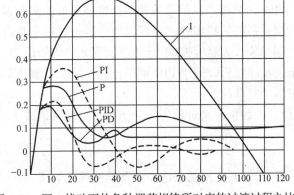

图 6-20 同一扰动下的各种调节规律所对应的过渡过程之比较

6.3.2 调节规律的选择

调节规律的选择在设计过程控制系统中至关重要，好的调节规律可使调节器与被控过程配合良好，用以组成满足工艺要求的控制系统。但是，如何选择调节规律使之与具体的被控过程匹配合适则是个较复杂的问题，需要对多种因素进行综合、分析考虑才能得到圆满的解决。

前面讨论了调节规律对调节性能的影响，从中得到的结论可作为初步选择调节规律的重要依据。在控制工程具体的实际应用中，最终确定调节规律依据的还要取决于被控过程特性。例如，针对负荷变化情况、主要扰动特点及生产工艺要求等都要进行综合分析与考虑。除此之外，还要对生产过程经济性及系统投运、维护等因素进行考虑。显然，最终结果还要通过工程实践最后验证。下面简要介绍一些选择调节规律的基本原则。

（一）比例调节规律

比例调节规律属于最简单的调节规律，其特点是对控制作用和扰动作用的响应都很迅速。由于比例调节只有一个可调参数，因而整定简便。但是比例调节也存在着缺点和不足，主要

表现在系统存在静差。主要应用于对象调节通道 τ_0/T_0 较小、负荷变化与外部扰动小、工艺要求不高、允许有静差的系统。例如，一般的液位调节、压力调节系统均可采用比例调节器进行调整。

（二）积分调节规律

积分调节器的最大特点是可实现无静差调节。但是由图 6-20 可以看出，它的动态偏差最大、响应时间长，故只能用于有自衡特性的简单对象，所以很少单独使用。

（三）比例积分调节规律

比例积分调节规律目前广泛应用于实际控制系统当中。比例积分调节规律的特点是既能消除静差，又能产生相对于积分调节器十分迅速的动态响应。因此，相对于某些调节系统，诸如一些调节通道容量滞后较小，负荷变化不大的调节系统，如流量调节系统、压力调节系统和要求较严格的液位控制系统等，比例积分调节均可获取很好的控制效果。所以，比例积分调节器是使用最多的调节器。

（四）比例微分调节规律

调节器中的微分作用提高了系统的稳定性，增大了系统比例系数，不但能加快调节过程，还可减小动态偏差和静差。在有高频干扰的场合，由于系统对高频干扰特别敏感，T 不能取的太大，否则有可能影响系统正常工作。在高频干扰频繁出现或存在周期性干扰的场合，建议不使用微分调节。

（五）比例积分微分调节规律

PID 调节器是目前常规调节中性能最好的一种调节器，它综合了各种调节规律的优点，既能增强系统的稳定性，又可以消除静差。对于负荷变化大、容量滞后大、控制品质要求高的控制对象（如温度控制、pH 控制等）也均能适应。但对于对象滞后较大，负荷变化剧烈、频繁的被控过程，采用 PID 调节还达不到工艺要求的控制品质时，则建议选用串级控制、前馈控制等复杂控制系统。

此外，如果广义对象的传递函数可近似表达成下式时

$$G_o = \frac{K_0}{T_0 s + 1} e^{-\tau_o s}$$

则可根据 τ_0/T_0 的范围来选择调节器的调节规律：

$\tau_0/T_0 < 0.2$ 时，选择比例（P）或比例积分（PI）调节规律；

$0.2 < \tau_0/T_0 < 1.0$ 时，选择比例微分（PD）或比例积分微分（PID）调节规律；

$\tau_0/T_0 > 1.0$ 时，采用简单控制系统一般难以满足工艺要求，建议采用串级、前馈等复杂控制系统。

6.4 调节器参数的工程整定方法

简单控制系统的控制品质，受被控过程的特性、干扰信号的类型和大小、控制方案及调节器的参数等诸多因素的影响。一旦控制方案确定下来后，则受工艺条件和设备特性限制的广义对象特性、干扰特性等因素就完全确定，不可能随意改变。所以，控制系统的控制品质完全取决于调节器的参数整定。

对于简单控制系统各参数整定，其原理就是通过一定的方法及步骤，以确定当系统处于最佳过渡过程时，调节器的比例度 P、积分时间 T_I 及微分时间 T_D 所应取得的具体数值。

所谓的最佳整定参数，就是根据某种生产过程的要求，按照其所期望达到的控制品质，实现其所要求的所谓"最佳"标准。以单回路控制系统为例，较为通用的标准是所谓的"典型最佳调节过程"，即控制系统在阶跃扰动作用下，被控参数的过渡过程呈 4:1（或 10:1）的衰弱震荡过程。在此前提下，尽量满足系统所要达到的准确性和快速性要求，也就是绝对误差时间积分最小。这时系统既具有适当的稳定性、快速性，而且又便于对其进行人工操作管理。通常的做法是把能满足这一衰减比的过渡过程所对应的调节器参数称为最佳参数。

通过调节器参数的整定，以使控制系统达到最佳状态的前提条件是控制方案合理、仪表选择正确、安装无误和调校准确。如果不满足上述条件，则无论怎样调整调节器参数，也无法达到所要求的控制品质。这缘于调节器的参数只能在一定范围内提高系统的控制品质。

调节器参数的整定方法分为理论计算法和工程整定法两种类型。通常理论计算法包括对数频率特定法、根轨迹法等。由于理论计算法要求知道被控过程的数学模型，而在实际应用中往往难以获得被控过程精确的数学模型，因此理论计算法在工程上较少采用。工程整定法不需要对象特性的数学模型，可直接在现场进行参数整定，具有方法简单、操作方便、容易掌握等特点，所以在工程实际中得到了广泛应用。常用的工程整定法有稳定边界线、衰减曲线法、响应曲线法、经验凑试法等，下面分别对上述几种方法加以介绍。

6.4.1 稳定边界法

稳定边界法也称临界比例度法，是目前在工程控制系统中应用较广的一种调节器参数整定方法。

在满足生产工艺的情况下，首先让调节器按比例调节工作。然后从大到小逐渐改变调节器的比例度，直到系统产生等幅振荡；记录此时的（临界）比例度 P_m 和等幅振荡周期 T_m，再通过经验公式的简单计算，求出调节器的整定参数。该过程具体步骤如下：

（1）首先取 $T_I=\infty$，$T_D=\infty$，然后再根据广义对象特性选择一个较大的比例度 P 值，并且在工况稳定的情况下，使控制系统投入到自动状态。

（2）等到系统运行平稳后，再对设定值施加一个阶跃扰动，且减小 P，直到系统出现等幅振荡（临界振荡过程）为止，如图 6-21 所示。记录下此时的 P_m（临界比例度）及系统等幅振荡的周期 T_m 的数值。

（3）按所记录的 P 和 T，根据表 6-1 给出经验公式计算调节器的整定参数 P、T_I 和 T_D，并按照计算结果设置调节参数，然后再做设定值扰动试验，观察过渡过程曲线。若过渡过程不满足控制质量要求，再对计算值做适当调整……，直到得到满意的结果为止。

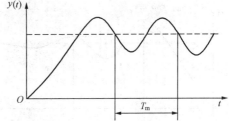

图 6-21 系统临界振荡曲线

表 6-1 稳定边界法整定参数计算表

整定参数 调节规律	$P(\%)$	T_I	T_D
P	$2P_m$	—	—
PI	$2.2P_m$	$0.85T_m$	—
PID	$1.7P_m$	$0.50T_m$	$0.125T_m$

获取稳定边界法经验公式的理论依据是，当系统处于纯比例调节时，其最佳放大倍数约等于临界放大倍数 T_m 的一半。但是这种做法不是必须的，例如下面所述的两种情况就不适合用临界比例度法进行参数整定：

（1）当控制通道的时间常数很大时，因为控制系统的临界比例度很小，调节阀很易游移于全开或全关位置，也就是处于位式控制状态，这对生产过程不利或者根本就不容许，因而不宜采用该方法进行调节器参数整定。例如，对以燃油或燃气作燃料的加热炉，如果阀门全关，加热炉将会熄灭。

（2）如果工艺约束条件严格，并且不允许生产过程被控参数作较长时间的等幅振荡，在这种情况下，此方法也不适于采用。例如锅炉给水系统和燃烧控制系统。此外，还有一些时间常数较大的单容过程，当对其采用比例调节时根本不可能出现等幅振荡，也不宜应用此法。

对有些控制过程，稳定边界法整定的调节器参数不一定都能获得满意的效果。实践证明，对于无自平衡特性的对象，按此法确定的调节器参数一旦用于实际运行中，往往会使系统响应的衰减率偏大（ $\psi > 0.75$ ）；如果对于有自衡特性的高阶多容对象，按此法确定的调节器参数在实际运行中大多会使系统衰减率偏小（ $\psi > 0.75$ ）。所以，用此法确定调节器参数还需要根据实际运行情况做一些调整。

6.4.2　衰减曲线法

针对临界比例度法的不足之处，本小节提出了衰减曲线法，该方法是在总结"稳定边界法"及其他一些方法的基础上得到的一种参数整定的方法。这种方法无需系统达到临界振荡状态，因而具有步骤简单、安全度高的特点。

如果要求过渡过程的衰减率 $\psi = 0.75$ ，即递减比 n 为 4:1，其整定步骤如下：

（1）首先取 $T_I=\infty$ ， $T_D=0$ ，且把比例度置于一个较大的数值，将系统投入自动运行的状态。

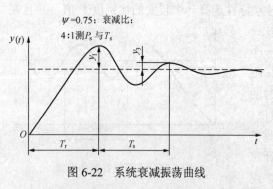

图 6-22　系统衰减振荡曲线

（2）等到系统的工作平稳后，再对设定值作阶跃扰动，然后观察它的过渡过程。假设过渡过程振荡太快，其衰减率达到了 $\psi > 0.75$ ，这时就需要减小比例度 P ；反之，如果其衰减率为 $\psi < 0.75$ ，则需要增大比例度 P 。如此反复，直至系统呈现出如图 6-22 所示的振荡过渡过程，即衰减比 n 为 4:1，衰减率 $\psi = 0.75$ 。从过渡过程曲线上测出此时振荡周期 T_s （图 6-22），并记录对应的比例度 P_s 。

（3）按照表 6-2 给出的经验公式来计算调节器的整定参数值 P 、 T_I 和 T_D ，并按照计算结果设置调节器的参数，然后再做设定值扰动实验，观察过渡过程曲线。如果过渡过程曲线不理想，再对 P 、 T_I 和 T_D 计算值做出适当的调整；直到达到满意的结果为止，即 $\psi = 0.75$ 。

表 6-2　　　　　　　　　　衰减比为 4:1 时，衰减曲线法整定参数计算表

调节规律 ＼ 整定参数	$P(\%)$	T_I	T_D
P	P_s	—	—
PI	$1.2P_s$	$0.5T_s$	—
PID	$0.8P_s$	$0.3T_s$	$0.1T_s$

对于有些调节过程较快的对象而言，例如反应较快的流量、管道压力和小容量的液面调节，若要从记录曲线看出其衰减比较困难。这时只能进行定性识别，可以以近似的振荡次数为准。判断方法是调节器的输出或记录仪的指针来回摆动两次就达到稳定状态，即可认为是4:1 的衰减比过程，摆动一次的时间为 T_s。

在有些生产过程中，例如热电厂锅炉燃烧系统，对于衰减比为 4:1 的过渡过程，其振荡过程还是显得过于剧烈。在这种情况下可采用衰减比为 10:1 的振荡过程对系统进行参数整定，该方法与衰减比为 4:1 时相同。但是，在图 6-22 所示的曲线中很难准确测得 y_3 的时间，因此，只能在过渡过程曲线上看到一个波峰 y_1，而 y_3 看不出来就认为是衰减比为 10:1 的振荡过程。当过渡过程达到衰减比为 10:1 时，记录下此时的比例度 P_s' 与被控参数的上升时间 T_r（见图6-22)，按照表 6-3 中给出的经验公式对调节器的最佳整定参数进行计算选取。

表 6-3　　　　　　　　　　**衰减比为 10:1 时，衰减曲线法整定参数计算表**

整定参数 调节规律	$P(\%)$	T_I	T_D
P	P_s'	—	—
PI	$1.2\,P_s'$	$2T_r$	—
PID	$0.8\,P_s'$	$1.2T_r$	$0.4T_r$

采取衰减曲线法进行最佳参数整定时须注意两点：① 设定值的扰动幅值不能太大，要根据生产要求而定，一般取额定值的 5%左右。② 必须在工艺参数稳定情况下才能施以扰动，否则将很难得到正确的 P_s 值和 T_s 值（P_s' 值和 T_r 值）。

衰减曲线法的特点是比较简便，可适用于各种控制系统的参数整定。但该方法的缺点是不易判断准确的衰减程度（衰减比为 4:1 或 10:1），因而很难得到准确的 P_s 值和 T_s 值（P_s' 值和 T_r 值）。尤其对于一些扰动比较频繁、过程变化较快的控制系统，该缺点更显突出。由于记录的曲线不规则，不容易得到准确的衰减比例度 P_s（P_s'）和振荡周期 T_s（T_r），使得该方法难以应用。

6.4.3　响应曲线法

响应曲线法也称为动态特性参数法，这是一种开环整定方法，它利用系统广义对象的阶跃响应特性曲线来对调节器参数进行整定。因此，需要首先测定广义对象的动态特性，也即广义对象输入变量作单位阶跃变化时被控参数的响应特性曲线，再根据响应特性曲线来确定该广义对象的动态特性参数，然后利用这些参数计算出最佳整定参数。

（1）首先使系统处于开环状态，如图 6-23 所示。

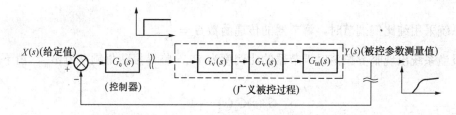

图 6-23　测定广义过程阶跃特性响应原理图

（2）向调节阀 $G_v(s)$ 输入一个阶跃信号 Δx，通过检测仪表 $G_v(s)$，记录被控参数 $y(t)$ 的响应曲线，即广义对象阶跃响应曲线，如图 6-24 所示。

（3）按照广义对象的阶跃响应曲线，经过近似处理，在响应曲线的拐点处作一条切线，并且把广义对象当作有纯滞后的一阶惯性环节，即

$$G_o = \frac{K_0}{T_0 s + 1} e^{-\tau_0 s}$$

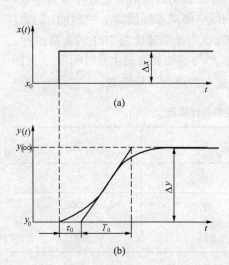

从响应曲线可获得能代表该对象动态特性的参数：滞后时间 τ_0、时间常数放大倍数 K_0，如图 6-24（b）所示。并且根据式（6-26）计算其放大倍数 K_0 的值为

$$K_0 = \frac{\Delta y / (y_{max} - y_{min})}{\Delta x / (x_{max} - x_{min})} \tag{6-26}$$

其中，Δy、Δx 的含义如图 6-24 所示，$y_{max} - y_{min}$ 为检测仪表的量程，$x_{max} - x_{min}$ 为调节阀输入信号的变化范围（也是调节器的输出信号变化范围）。通过式（6-27）将 K_0 换算成比例度，即

$$P_0 = \frac{1}{K_0} \times 100\% \tag{6-27}$$

图 6-24　系统阶跃响应曲线与近似处理
（a）系统输入信号波形；（b）系统响应曲线

根据对象动态特性的三个参数 τ_0、T_0、P_0，可以参照表 6-4 列出的经验公式计算出对应于衰减比为 4:1（相当于 $\psi = 0.75$）时调节器的最佳整定参数。

表 6-4　　　　　　　　　　　响应曲线法整定参数的公式

整定参数 调节规律	$P(\%)$	T_i	T_d
P	$\dfrac{\tau_0}{T_0 P_0}$	—	—
PI	$1.1\dfrac{\tau_0}{T_0 P_0}$	$3.3\,\tau_0$	—
PID	$0.85\dfrac{\tau_0}{T_0 P_0}$	$2\,\tau_0$	$0.5\,\tau_0$

下面给出获得响应曲线法经验公式的理论依据。设被控对象的传递函数可表示为

$$G_o = \frac{K_0}{T_0 s + 1} e^{-\tau_0 s}$$

当系统采用纯比例调节时，调节器的传递函数 $G_c = \dfrac{1}{P}$。

假设当系统出现临界振荡时调节器的比例度为 P_m，临界振荡角频率为 ω_m，由下式可以求出

$$G_o(s) G_c(s) = -1$$

将 $G_o(s)$、$G_c(s)$ 代入上式得

$$\frac{K_0 e^{-j\omega_m\tau_0}}{j\omega_m T_0 + 1} \times \frac{1}{P_m} = -1$$

由于在临界振荡角频率 ω_m 处 $|j\omega_m T_0| \gg 1$，故上式可近似为

$$\frac{K_0}{j\omega_m T_0} e^{-j\omega_m\tau_0} \cdot \frac{1}{P_m} = -1$$

即

$$\frac{K_0}{j\omega_m T_0} e^{-j\omega_m\tau_0 - j\frac{\pi}{2}} \frac{1}{P_m} = e^{-j\pi}$$

由相位条件可以得出 $\pi/2 + \omega_m\tau_0 = \pi$，即 $\omega_m\tau_0 = \pi/2$，所以 $\omega_m\tau_0 = \pi/(2\tau_0)$，临界振荡周期 $T_m = 2\pi/\omega_m$。

由振幅条件得

$$\frac{K_0}{\omega_m T_0} \times \frac{1}{P_m} = 1$$

所以

$$P_m = \frac{K_0}{\omega_m T_0} = \frac{K_0}{\dfrac{2\pi}{\tau_0} T_0} = \frac{2}{\pi} \times \frac{K_0\tau_0}{T_0} = 0.63\frac{K_0\tau_0}{T_0}$$

如果将推导过程的近似处理和对象传递函数的误差这些因素考虑进来，为表示方便，P_m 可写作 $P_m = 0.5\dfrac{K_0\tau_0}{T_0}$。

若按照表 6-1，可得到响应曲线法整定参数的公式（表 6-4）。

响应曲线法被提出得较早，该方法最初是由 Ziegler 和 Nichols 于 1942 年提出来的，由于参数整定简单易行，因而在过程控制系统中得到了广泛应用。后来历经改进，提出了针对各种性能指标的调节器最佳整定公式。下面通过一个实例来说明响应曲线法的实际应用。

有一个蒸汽加热的热交换器温度控制系统，要求热水温度稳定在 65℃。当调节阀输入信号加 1.6mA DC（调节阀门输入电流范围为 4~20mA DC）时，热水温度上升为 67.8℃，并过到新的稳定状态。温度变送器量程和调节器刻度范围为 30~80℃。从温度动态曲线上可测出 $\tau_0 = 1.2$min，$T_0 = 2.5$min。如果采用 PI 或 PID 调节规律，按照式（6-27）和表 6-4 给出的公式，计算调节器的整定参数。

首先计算出控制对象放大倍数 K_0（或比例度 P_0）值，即

$$\Delta x = 1.6V$$
$$x_{max} - x_{max} = 20 - 4 = 16mA$$
$$\Delta y = 67.8 - 65 = 2.8℃$$
$$y_{max} - y_{max} = 80 - 30 = 50℃$$

由式（6-26）可知

$$K_0 = \frac{2.8/50}{1.6/16} = 0.56$$

则

$$\frac{\tau_0}{T_0 P_0} = \frac{K_0\tau_0}{T_0} - 0.56 \times \frac{1.2}{2.5} = 27\%$$

采用 PI 调节时，按照表 6-4 中的公式可得

$$P=1.1×27\%=29.7\%≈30\%$$

$$T_I=3.3×1.2=3.96min≈4min$$

采用 PID 调节时，按照表 6-4 中的公式可得

$$P=0.85×27\%=22.95\%≈23\%$$

$$T_I=2×1.2=2.4min$$

$$T_D=0.5×1.2=0.6min$$

6.4.4　经验法

该方法就其本质而言是一种经验试凑法，该方法无需进行实验和计算，而是根据运行经验及先验知识，首先确定一组调节参数，然后再人为地加入阶跃扰动，通过观察被控参数的响应曲线，并按照调节器各参数对调节过程的影响，对相应的整定参数值进行逐次修改，一般按先比例度 P，再积分时间 T_I、微分时间 T_D 的顺序逐一进行整定，直到达到满意的控制品质为止。

表 6-5 给出当作用于不同被控对象时，调节器整定参数的经验数据；表 6-6 给出了在设定值阶跃变化时，调节器参数变化对调节系统动态过程的影响。

表 6-5　　　　　　　调节器整定参数的经验取值范围

整定参数调节规律	过程特点及常用调节规律	比例度 P（%）	积分时间 T_I（min）	微分时间 T_D（min）
液位（P 调节）	过程时间常数较大，一般不采用微分调节，精度要求不高时选择 P 调节；P 可在一定范围选择	20~80	—	—
流量（PI 调节）	过程时间常数较小，被控参数有波动，一般选择 PI 调节；P 要稍大，T_I 要短，不用微分调节	40~100	0.1~1	—
压力（PI 调节）	过程有容量滞后且不大，一般选择 PI 调节，不用微分	30~70	0.4~3	—
温度（PID 调节）	过程容量滞后较大，被控参数受到扰动后变换迟缓，需加微分，一般采用 PID 调节；P 要较小，T_I 要长	20~60	3~10	0.5~3

表 6-6　　　　　　　整定参数变化对调节过程的影响

整定参数调节规律	比例度 P（%）↓	积分时间 T_I（min）↓	微分时间 T_D（min）↓
最大动态偏差	↑	↑	↓
静差（残差）	↓	—	—
衰减率	↓	↓	↑
振荡频率	↑	↑	↑

在一般的过程控制系统中，采用经验法整定调节器参数的步骤有两种。

（一）整定步骤 1

比例调节是基本的控制作用，应当首先把比例度整定好，等到过渡过程达到基本稳定后，再加以：

（1）对于 P 调节器，即 $T_D=0$，$T_I=\infty$，首先将比例度 P 置于一个较大的经验数值上，等过渡过程达到基本稳定后；再逐步减小 P，观察被控参数的过渡过程曲线，直至获得满意的曲线为止。

（2）对于 PI 调节器，即 $T_D=0$，先置 $T_I=\infty$，按比例调节整定比例度 P，使过渡过程达到

4:1 的衰减比；然后，将 P 放大 10%～20%，将积分时间由小至大逐步增加，直至获得衰减比为 4:1 的过渡过程。

（3）对于 PID 调节器，首先设置 $T_D=0$，再按照上面步骤（2）整定好 PI 控制参数整定步骤，整定好 P、T_I 参数；然后，再将 P 减小 10%～20%，T_I 适当缩短后，再将 T_D 从短到长地逐步加入，观察过渡过程曲线，直至得到满意的结果为止。

（二）整定步骤 2

先按表 6-5 中对各参数所列出的范围把积分时间 T_I 确定下来；如果要引入微分作用，这时可取 $T_D=$（1/4–1/3）T_I；接下来再从大到小调整 P，直到得到满意的结果为止。

通常情况下，这种做法可较快地找到合适的整定参数值。但是如果从一开始 T_I 和 T_D 就设置得不合适，则可能得不到希望的响应曲线。此时应将 T_I 和 T_D 作适当的调整，重新试验，直至记录曲线达到要求为止。

对于上述过程，如果比例度 P 过小、积分时间 T_I 过短或者微分时间 T_D 过长，都会产生周期性的剧烈振荡。在用经验法整定调节器参数的过程中，要注意区分产生几种相似振荡的不同原因，正确调整相应的参数。在一般情况下 T_I 过短引起的振荡周期较长；P 过小引起的振荡周期较短；T_D 过长引起的振荡周期最短。因此，通过区分振荡周期大小判断引起振荡的原因，可进行正确的参数调整。

如果比例度 P 过大或积分时间 T_I 过长，均可使过渡过程的变化缓慢。通常比例度越大，响应曲线的振荡越剧烈、不规则且大幅偏离设定值；积分时间 T_I 过长时，响应曲线在设定值的一方振荡，并且慢慢地回复到设定值。可通过调整参数法使这一情况得以改善。

6.4.5 几种工程整定方法的比较

前面介绍了几种常用的工程整定方法，它们都是以衰减比为 4:1（衰减曲线法也考虑了衰减比为 10:1 的情况）作为最佳指标来进行参数整定。对于多数简单控制系统来说，这样的整定法可满足工艺要求。但是在具体应用中选择采用哪种方法，需要在了解各种方法的特点及适用条件的基础上，根据控制过程的具体情况进行选择。下面对几种方法进行简单的比较。

响应曲线法通过开环实验测得广义对象的阶跃响应曲线。根据求出的 τ_0、T_0 和 P_0 进行参数整定。当进行测试实验时，要求加入的扰动幅度必须足够大，使得被控参数产生足够大的变化，以保证测量的准确性。但这在某些生产过程中是不被允许的。因此，响应曲线法只适用于允许被控参数变化范围较大的生产过程。响应曲线法的优点是实验方法相比于稳定边界法和衰减曲线法较容易掌握。完成实验所需的时间比其他方法要短。

稳定边界法在做实验时，调节器已经投入运行状态，被控过程处于调节器控制之下。在这种情况下，被控参数一般能保持在工艺允许的范围内。当控制系统运行在稳定边界时，调节器的比例度一般较小，动作较快，此时被控参数的波动幅度很小，这在一般生产过程中是允许的。稳定边界法适用于一般的流量、压力、液位和温度等控制系统，但是此法不适用于比例度特别小的过程。这是因为在比例度很小的系统中，调节器动作速度很快，使调节阀全开或全关，影响正常的生产操作。对于 τ_0 和 T_0 都很大的被控对象，调节过程缓慢，被控参数波动一次所需时间很长，每进行一次试验必须要测试若干个完整周期，整个实验过程很费时间。对于单容或双容对象，无论比例度多么小，调节过程都是稳定的，不能达到稳定边界，因此该方法不适用。

衰减曲线法也是在调节器投入运行状态的情况下来进行的，不需要控制系统运行于稳定边界

（临界状态），安全性高，而且容易掌握，故而能适用于各类控制系统。从反应时间较长的温度控制系统，到反应时间短到几秒的流量控制系统，都可以采用衰减曲线法。不过，对于时间常数很大的系统，由于其过渡过程很长，要经过多次实验才能达到 4:1 衰减比，所以整个实验很费时间；此外，对于过渡过程比较快的系统，衰减比和振荡周期 T_s 难以准确检测也是它的缺点。

经验法的优点是不需要进行专门的实验、对生产过程影响小；缺点是没有相应的计算公式可供借鉴，初始参数的选择全靠设计者的经验，因而该方法有一定的盲动性。

6.5　简单控制系统设计实例

本节以喷雾式乳液干燥控制系统为例，简要探讨简单控制系统的分析、设计过程。

6.5.1　生产过程概述

图 6-25 所示为喷雾式乳液干燥流程示意图。通过空气干燥器将浓缩乳液干燥成乳粉。已浓缩的乳液由高位储槽流下，经过滤器（浓缩乳液容易堵塞过滤器，故两台过滤器轮换使用，以保证连续生产）去掉凝结块，然后从干燥器顶部喷嘴喷出。干燥空气经热交换器（蒸汽）加热、混合后，再通过风管进入干燥器与乳液充分接触，使乳液中的水分蒸发成为乳粉。成品乳粉与空气一起送出进行分离。干燥后，由于对成品的质量要求很高，其含水量不能有大的波动。

6.5.2　控制方案设计

一、被控参数选择

根据生产工艺要求，该产品的生产质量取决于乳粉的水分含量。如果采用湿度传感器测量，则存在精度低、滞后大等缺点。所以，要精确、快速测量乳粉的水分含量十分困难。然而乳粉的水分含量与干燥器出口温度关系密切，而且为单值对应关系。试验表明，干燥器出口温度偏差小于 ±2℃ 时，所生产的乳粉质量符合产品质量要求，因而可选取干燥器出口温度为（间接）被控参数，通过对干燥器出口温度控制来实现产品质量控制。

二、控制变量选择

影响干燥器出口温度的变量有很多，主要有乳液流量〔记为 $f_1(t)$〕、旁路空气流量〔记为 $f_2(t)$〕、加热蒸汽流量〔记为 $f_3(t)$〕三个因素，并通过图 6-25 中的调节阀 1、调节阀 2、调节阀 3 对这三个变量进行控制。选择其中的任意一个作参数为控制变量，均可以实现对干燥器出口温度(被控参数)的控制。分别以这三个变量作为控制变量，即可得到三种不同的控制方案：

（1）方案 1：以乳液流量 $f_1(t)$ 为控制变量，该变量由调节阀 1 进行控制，对干燥器出口温度（被控参数）进行控制。

（2）方案 2：以旁通冷风流量 $f_2(t)$ 为控制变量，该变量由调节阀 2 进行控制，对干燥器出口温度进行控制。

（3）方案 3：以加热蒸汽流量 $f_3(t)$ 为控制变量（由调节阀 3 控制），对干燥器出口温度进行控制。三种控制方案的框图如图 6-26（a）、（b）、（c）所示（每个方案只有一个控制变量，其他变量均视为干扰）。

在对三个方案进行分析、比较之前，首先要对影响各个方案通道特性的主要环节进行定性地分析。

（1）蒸汽加热流过热交换器中的冷空气，蒸汽对被加热的空气温度所产生的影响为一个双容过程，其传递函数可近似地表示为

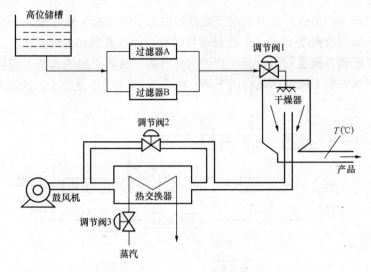

图 6-25 喷雾式乳液干燥过程示意图

$$G_h(s) = \frac{K_h}{(T_{h1}s+1)(T_{h2}s+1)}$$

其中，T_{h1} 和 T_{h1} 都比较大。

（2）冷、热空气混合后，经过一段风管被送入到干燥器，旁通冷风流量对进入干燥器空气的影响可用一个一阶惯性环节加纯滞后来近似表示为

$$G_h(s) = \frac{K_h}{T_m s+1} e^{-\tau s}$$

其中，时间常数 T_m 较小。

（3）调节阀 1 到干燥器、调节阀 2 到混合环节、调节阀 3 到换热器的滞后时间较小，通常可忽略不计。

（4）前面提到的三个方案控制通道都包含调节器、控制阀、温度检测单元，它们的特性均不影响比较的结果；干燥器对空气流量、空气温度、乳液流量的特性差异对这三个方案的影响不大，可以暂时不必考虑。

在上述定性结论的基础上，对三个可选方案进行分析、比较、综合考虑，从中筛选出最合理的控制方案及对应的控制变量。

方案 1　从与之对应的控制系统结构框图［图 6-26（a）］中可以看出，通过调节阀 1 控制的乳液流量 $f_1(t)$ 直接进入干燥器，使得该方案具有控制通道短、滞后小，控制变量对干燥器出口温度控制灵敏等特点；干扰进入控制通道的位置与调节阀输入干燥器的控制变量［$f_1(t)$］重合，这样，干扰引起的动差小，控制品质好。从干扰通道上来看，$f_2(t)$ 经过一个有纯滞后一阶惯性环节 $G_m(s)$ 后进入控制通道，而 $f_3(t)$ 则经过一个时间常数较大的双容环节 $G_h(s)$ 和一个有纯滞后的一阶惯性环节 $G_m(s)$ 后进入控制通道，由于 $G_m(s)$ 和 $G_h(s)$ 具有滤波作用，因此，干扰信号 $f_2(t)$，特别是 $f_3(t)$ 对被控参数 $y(t)$（干燥器出口温度）的影响很平缓。

方案 2　从与之对应的控制系统结构框图［图 6-26（b）］可以看出，通过调节阀 2 控制的旁通冷风流量 $f_2(t)$ 经过混合滞后［传递函数为 $G_m(s)$］之后进入干燥器。由于一阶惯性环节 $G_m(s)$ 时间常数 T_m 和纯滞后时间 τ 的滞后作用，与控制方案 1 相比，方案 2 的控制通道存在

一定的时间上的滞后，造成控制变量对干燥器出口温度的控制不够灵敏。干扰量 $f_1(t)$ 进入控制通道的位置距离调节阀 2 较远，干扰通道环节少，因而其引起的动差较大；干扰 $f_3(t)$ 进入控制通道的位置距调节阀 2 较近，且干扰通道环节多，故其引起的动差小而且平缓。总体来说，方案 2 相对于方案 1 控制品质有所下降。由于 T_m 和 τ 并不是很大，所以品质下降有限。

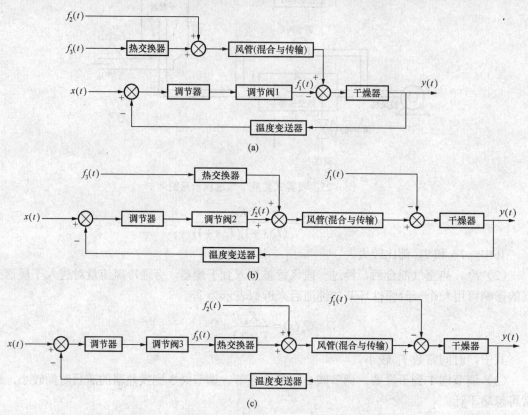

图 6-26　乳液干燥过程三种控制方案控制系统示意框图

（a）方案 1：$f_1(t)$ 为控制变量；（b）方案 2：$f_2(t)$ 为控制变量；（c）方案 3：$f_3(t)$ 为控制变量

　　方案 3　从与之对应的控制系统结构框图 [图 6-26（c）] 可以看出，通过调节阀 3 控制的蒸汽流量 $f_3(t)$ 对流过热交换器的空气加热 [传递函数为 $G_h(s)$]，热空气经混合和滞后 [传递函数为 $G_m(s)$] 之后进入干燥器。由于有 $G_h(s)$ 的两个时间常数 T_{h1} 和 T_{h2}、$G_m(s)$ 的时间常数 T_m、风管纯滞后 τ 等诸多因素共同作用，与方案 1 和方案 2 相比，方案 3 控制通道的时间滞后很大，控制变量 $f_3(t)$ 对干燥器出口温度的控制作用时间很长，干扰变量 $f_2(t)$ 进入控制通道的位置距调节阀 3 较远、干扰 $f_1(t)$ 进入控制通道的位置距调节阀很远，二者干扰通道环节（相对于控制通道）较少，所能引起的动差大。方案 3 的控制品质相比于方案 1 和方案 2 有很大的下降。

　　综上可知，从控制品质角度来看，方案 1 最优，方案 2 次之，方案 3 最差。但是从生产工艺和经济效益角度来考虑，方案 1 并不是最有利的。这是因为，若以乳液流量作为控制变量，乳液流量就不可能始终稳定在最大值，限制了该系统的生产能力，不利于提高生产效益。此外，在乳液管道上安装调节阀，容易使浓缩乳液结块，甚至堵塞管道，会降低产品的产量和质量，甚至造成停产。通过综合分析比较，选择方案 2 比较好，通过调节阀 2 控制旁通冷风流量 $f_2(t)$ 来实现干燥器出口温度控制。

三、检测仪表、调节阀及调节器调节规律选择

根据生产工艺要求,可选用电动单元组合(DDZ-Ⅱ或 DDZ-Ⅲ)仪表,也可根据仪表技术的发展水平选用其他仪表或系统。

(1)温度传感器及变送器被控温度在 600℃ 以下,可选用热电阻(铂电阻)温度传感器。为了减少测量滞后,温度传感器应安装在干燥器出口附近。

(2)调节阀根据生产安全原则、工艺特点及介质性质,选择气关型调节风阀。根据管路特性、生产规模及工艺要求,选定调节风阀的流量特性。

(3)调节器根据工艺特点和控制精度要求(偏差≤±2℃),调节器应采用 PI 或 PID 调节规律;根据构成控制系统负反馈的原则,结合干燥器、气关型调节风阀调节器应采用正作用方式。

四、绘制控制系统图

通过上述的分析与探讨,当正确设计及选择了控制方案,并对检测仪表、调节阀及调节器调节规律进行了恰当的选择后,可绘制控制系统流程图,如图 6-27 所示。

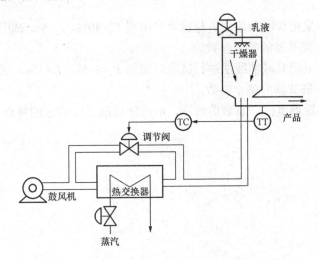

图 6-27 喷雾式乳液干燥过程控制系统示意图

6.5.3 调节器参数的整定

调节器参数的整定要根据生产过程的工艺特点和现场条件,选择本章第 6.4 节中讨论过的任意一种整定方法进行调节器的参数整定。

复习思考题与习题

6-1 简单控制系统由哪几个环节组成?

6-2 简述控制方案设计的基本要求。

6-3 简单归纳控制设计的主要内容。

6-4 过程控制系统设计包括哪些步骤?

6-5 选择被控参数应遵循哪些基本原则?什么是直接参数?什么是间接参数?两者有何关系?

6-6 选择检测变送装置时要注意哪些问题?怎样克服或减小纯滞后?

6-7　调节阀口径选择不当，过大或过小会带来什么问题?正常工况下，调节阀的开度选择在什么范围比较合适?

6-8　选择调节阀气开、气关方式的首要原则是什么?

6-9　调节器正、反作用方式的选择依据是什么?

6-10　简述比例、积分、微分控制规律各自的特点。为什么积分和微分控制规律很少单独使用?

6-11　在一个采用比例调节的控制系统中，现在比例调节的基础上：①适当增加积分作用；②增加微分作用。请说明：

（1）这两种情况对系统的最大动态偏差、静差、过渡过程时间及衰减比有什么影响?

（2）为了得到相同的衰减比，应如何调整调节器的比例度 P? 为什么?

6-12　已知被控过程传递函数 $G(s) = \dfrac{10}{(5s+1)(s+3)(2s+1)}$，试用临界比例度法整定 PI 调节器参数。

6-13　对某对象采用衰减曲线法进行试验时测得 P_s=30%，T_r=5s。试用衰减曲线法按衰减比 $n = 10:1$ 确定 PID 调节器的整定参数。

6-14　对某对象采用衰减曲线法进行试验时测得 P_s=50%，T_r=10s。试用衰减曲线法按衰减比 n=4:1 确定 PID 调节器的整定参数。

6-15　简述临界比例度法、衰减曲线法、响应曲线法及经验法的特点。

7 复杂过程控制系统及先进控制

本章主要介绍了串级与前馈控制系统；大滞后补偿控制；多变量解耦控制原理及解耦控制器设计；模型算法控制、动态矩阵控制、广义预测控制算法；模糊控制理论基础和模糊控制系统设计；神经网络理论基础、典型的神经网络及神经网络控制系统。本章要求掌握串级与前馈控制系统、大滞后补偿控制系统和多变量解耦控制系统的设计方法，了解预测控制、模糊控制和神经网络控制。

单回路反馈控制系统是一种最基本、最简单的控制系统，可以解决工业生产过程中大多数的定值控制问题。但对于被控对象呈动态特性、调节质量要求很高或其他的一些要求特殊的场合，单回路控制系统就显得无能为力。此时，需要进一步改进控制结构，组成复杂过程控制系统或先进控制系统，以满足生产过程的某些特殊要求。

7.1 串级与前馈控制

7.1.1 串级控制系统

串级控制系统可以有效地改善控制质量，达到理想的控制效果。下面以工业生产过程中常见的管式加热炉出口温度控制为例，介绍串级控制思想的提出、串级控制系统的结构、工作原理、特点及参数整定。

一、串级控制系统的结构与工作原理

管式加热炉是工业生产过程中常用的设备之一，工艺上一般要求被加热物料的出口温度为一定值。影响物料出口温度的因素很多，主要包括由被加热物料的流量和初始温度的变化带来的扰动 $d_1(t)$，由燃料的热值、流量及压力的变化带来的扰动 $d_2(t)$，由烟道风抽力的变化带来的扰动 $d_3(t)$ 等。按照单回路控制系统的设计思想，可以选取物料的出口温度为被控参数，选取燃料量为控制参数，设计如图 7-1 所示的单回路控制系统。该系统的特点是所有对被控参数的扰动都包含在这一回路中，这些扰动理论上都可由温度调节器予以克服。但事实上，由于该系统控制通道的时间常数和容量滞后都比较大，控制作用很难及时，使得系统克服扰动的能力较差。当生产工艺对物料出口温度要求较高时，难以满足生产工艺的要求。

为了克服扰动 $d_2(t)$、$d_3(t)$，有人提出以炉膛温度为被控参数、间接控制物料出口温度的控制方案，设计如图 7-2 所示控制系统。该系统可以及时有效地克服扰动 $d_2(t)$、$d_3(t)$ 对物料出口温度的影响。但对于扰动 $d_1(t)$，会因未被包含在回路中而对其无克服作用。若扰动 $d_1(t)$ 波动较大且频繁发生时，仍旧难以满足生产工艺的要求。

若能将上述两种控制方案进行优化整合，充分利用上述两种控制方案的优点，则可能提升控制质量，满足生产工艺的要求。基于这一思路，设计如图 7-3 所示物料出口温度—炉膛温度串级控制系统。选取物料出口温度为主被控参数（简称主参数），炉膛温度为辅助被控参数（简称副参数），将物料出口温度调节器的输出作为炉膛温度调节器的设定值。扰动 $d_2(t)$、

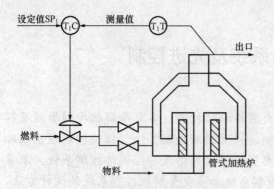

图 7-1　物料出口温度单回路控制系统

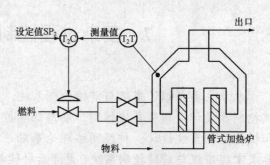

图 7-2　炉膛温度单回路控制系统

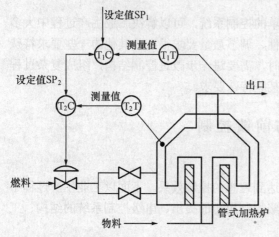

图 7-3　物料出口温度—炉膛温度串级控制系统

$d_3(t)$ 带来的干扰由炉膛温度调节器构成的控制回路（简称副回路）来快速消除，扰动 $d_1(t)$ 带来的干扰则由出口温度调节器构成的控制回路（简称主回路）来克服。物料出口温度—炉膛温度串级控制系统的原理框图如图 7-4 所示。实践证明，这一控制方案可以满足生产工艺的要求。

二、串级控制系统的特点

串级控制系统与单回路控制系统相比，在结构上多了一个副回路，这一区别让其具有单回路控制系统所没有的特点。

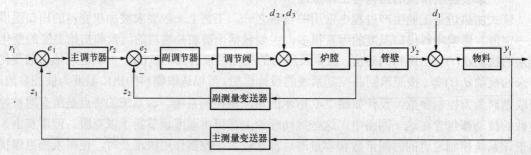

图 7-4　物料出口温度—炉膛温度串级控制系统原理框图

（一）减小了时间常数，改善了被控过程的动态性能

图 7-4 可表示为图 7-5 所示传递函数框图。将虚线框内的副回路视为一个等效环节 $W'_{o2}(s)$，则可将其简化为图 7-6 所示框图。

副回路的传递函数可表示为

$$W'_{o2}(s) = \frac{Y_2(s)}{R_2(s)} = \frac{W_2(s)W_v(s)W_{o2}(s)}{1 + W_2(s)W_v(s)W_{o2}(s)H_{m2}(s)} \tag{7-1}$$

假设 $W_2(s) = K_2$、$W_v(s) = K_v$、$W_{o2}(s) = \dfrac{K_{o2}}{T_{o2}s + 1}$、$H_{m2}(s) = K_{m2}$，代入式（7-1），有

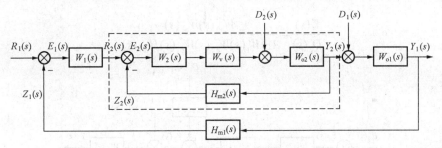

图 7-5　串级控制系统原理框图

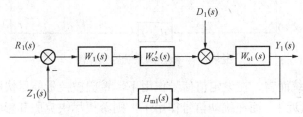

图 7-6　串级控制系统的简化框图

$$W'_{o2}(s) = \frac{W_2(s)W_v(s)W_{o2}(s)}{1+W_2(s)W_v(s)W_{o2}(s)H_{m2}(s)} = \frac{K_2K_v\dfrac{K_{o2}}{T_{o2}s+1}}{1+K_2K_v\dfrac{K_{o2}}{T_{o2}s+1}K_{m2}} = \frac{K'_{o2}}{T'_{o2}s+1} \tag{7-2}$$

$$K'_{o2} = \frac{K_2K_vK_{o2}}{1+K_2K_vK_{o2}K_{m2}}$$

$$T'_{o2} = \frac{T_{o2}}{1+K_2K_vK_{o2}K_{m2}}$$

式中　K'_{o2}——等效被控过程的放大系数；

　　　　T'_{o2}——等效被控过程的时间常数。

显然，有 $K'_{o2} < K_{o2}$、$T'_{o2} < T_{o2}$。

$T'_{o2} < T_{o2}$ 表明副回路的存在减小了等效对象 $W'_{o2}(s)$ 的时间常数，随着 K_2 的增大，这种效果愈加明显，可以显著改善系统的动态性能。如果匹配得当，可以使副回路等效对象 $W'_{o2}(s) \approx 1$，这对于主调节器而言，等效的被控过程只剩下副回路以外的环节，容量滞后减小，加快了系统的响应速度，控制更为及时，可进一步提高系统的控制质量。以上结论也可以通过频率特性分析的方法获得。

（二）增强了抗干扰能力

在图 7-5 中，二次扰动作用于副回路。在扰动 $D_2(s)$ 的作用下，副回路的传递函数为

$$W^*_{o2}(s) = \frac{Y_2(s)}{D_2(s)} = \frac{W_{o2}(s)}{1+W_2(s)W_v(s)W_{o2}(s)H_{m2}(s)} \tag{7-3}$$

为了便于分析，可将图 7-5 等效为图 7-7 所示框图。

输出对输入的传递函数为

$$\frac{Y_1(s)}{R_1(s)} = \frac{W_1(s)W'_{o2}(s)W_{o1}(s)}{1+W_1(s)W'_{o2}(s)W_{o1}(s)H_{m1}(s)} \tag{7-4}$$

输出对二次扰动的传递函数为

$$\frac{Y_1(s)}{D_2(s)} = \frac{W_{o2}^*(s)W_{o1}(s)}{1 + W_1(s)W_{o2}'(s)W_{o1}(s)H_{m1}(s)} \tag{7-5}$$

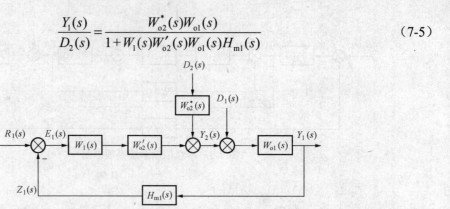

图 7-7　串级控制系统等效框图

对于一个控制系统而言，在设定值信号作用下，希望被控量能尽快跟随设定值变化，即要求式（7-4）尽量接近 1；而在扰动信号作用下，则希望尽快克服其影响，即要求式（7-5）尽量接近 0。综合考虑，可用它们的比值来表示系统的抗干扰能力，即

$$\frac{Y_1(s)/R_1(s)}{Y_1(s)/D_2(s)} = \frac{W_1(s)W_{o2}'(s)}{W_{o2}^*(s)} = W_1(s)W_2(s)W_v(s) \tag{7-6}$$

为了说明其抗干扰能力，分析同等条件下单回路控制系统，如图 7-8 所示。

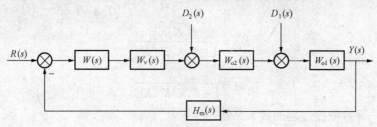

图 7-8　单回路控制系统

输出对输入的传递函数为

$$\frac{Y(s)}{R(s)} = \frac{W(s)W_v(s)W_{o2}(s)W_{o1}(s)}{1 + W(s)W_v(s)W_{o2}(s)W_{o1}(s)H_m(s)} \tag{7-7}$$

输出对二次扰动的传递函数为

$$\frac{Y(s)}{D_2(s)} = \frac{W_{o2}(s)W_{o1}(s)}{1 + W(s)W_v(s)W_{o2}(s)W_{o1}(s)H_m(s)} \tag{7-8}$$

则单回路控制系统的抗干扰能力可表示为

$$\frac{Y(s)/R(s)}{Y(s)/D_2(s)} = W(s)W_v(s) \tag{7-9}$$

由以上分析可以看出，串级控制系统与单回路控制系统抗二次干扰的能力之比为

$$\frac{\dfrac{Y_1(s)/R_1(s)}{Y_1(s)/D_2(s)}}{\dfrac{Y(s)/R(s)}{Y(s)/D_2(s)}} = \frac{W_1(s)W_2(s)}{W(s)} \tag{7-10}$$

假设串级控制系统主、副调节器及单回路控制系统调节器均采用比例调节器，且比例放

大系数分别为 K_1、K_2、K，则串级控制系统与单回路控制系统抗二次干扰的能力之比可表示为 $K_1 K_2 / K$。一般情况下，$K_1 K_2 > K$。

由于副回路的存在，串级控制系统可以迅速克服进入副回路的二次干扰，从而大大降低这些干扰对主参数的影响，提高了控制质量。同样，可以证明对于进入主回路的一次干扰，串级控制系统也具有较强的抗干扰能力。因此，串级控制系统可以增强控制过程的抗干扰能力，提高控制品质。

（三）增强了对负荷变化的适应性

调节器的参数一般是在工作点确定的前提下，按照既定的过程特性和控制质量指标进行整定的，只适合于工作点附近很小的范围。实际生产过程中可能会有操作条件和负荷的变化，当生产过程具有一定程度的非线性时，过程特性会有较大的改变。若调节器的参数不能及时改变来适应过程特性的变化，则控制质量会大幅下降。

串级控制系统的主回路尽管是一个定值控制系统，但副回路却是一个随动控制系统，副回路的设定值随主调节器的输出而改变。主调节器可以根据操作条件和负荷的变化，相应地调整副调节器的设定值，从而保证系统对操作条件和负荷变化具有一定的适应能力。

三、串级控制系统的设计

串级控制系统采用主回路和副回路共同进行系统控制，实现复杂的控制功能，达到更高要求的控制效果。在串级控制系统设计过程中，主要考虑三个方面的问题：

（一）主、副回路的设计

主回路的设计及主参数的选择与单回路控制系统的设计原则相同，这里主要说明副回路的设计及副参数的选择。

（1）在副回路的设计中，应使副回路包含尽量多的扰动，尤其是变化剧烈、频繁且幅度较大的主要扰动。这并不是说副回路包含的扰动越多越好，包含的扰动越多，意味着其通道就越长，时间常数就越大，副回路就越难以发挥快速克服扰动的作用。

（2）应对主、副过程的时间常数进行适当匹配。主、副过程时间常数匹配是串级控制系统正常运行的主要条件，原则上，应使主、副过程的时间常数位于3～10之间。如果副过程的时间常数过小，则副回路反应灵敏，控制作用快，但副回路往往包含的扰动也较少，对过程特性的改善作用也降低了。相反，如果副过程的时间常数过大，接近甚至大于主过程的时间常数，则副回路对过程特性的改善作用会显著提高，但副回路反应迟钝，难以及时有效地克服扰动。而且，当主、副回路时间常数接近时，主、副对象之间的动态联系将十分密切，其中一个参数因扰动而发生振荡时，也会引起另一个随之振荡，显然不利于生产的正常运行，应尽量避免。

（二）主、副调节器控制规律的选择

串级控制系统中，主、副调节器所起的作用是不同的。主调节器用于实现定值控制作用，而副调节器用于实现随动控制作用，这是选择控制规律的出发点。一般来说可按表7-1进行选择。

表 7-1   不同工况应选用的控制规律

工艺对变量的要求		应选择的控制规律	
主变量	副变量	主调节器	副调节器
重要指标，要求很高	要求不高，允许有余差	PID	P
主要指标，要求较高	主要指标，要求较高	PI	PI
要求不高，互相协调	要求不高，互相协调	P	P

（三）主、副调节器正、反作用方式的选择

由前面知识可知，只有负反馈的闭环控制系统，才能正常工作。因此，对于串级控制系统来说，主、副调节器的正、反作用方式的选择依据是使整个控制系统构成为负反馈控制系统，这一点与单回路控制系统设计相同。

四、串级控制系统的参数整定

串级控制系统中，主、副两个调节器串连在一起工作，主、副两个控制回路之间必然互有影响，因此串级控制系统的参数整定相对复杂。另一方面，主回路是定值控制系统，其控制要求等同于单回路控制系统；而副回路是随动控制系统，副调节器只需快速准确地跟随主调节器的输出变化即可。由此可见，主、副控制回路的侧重点和要完成的任务是有区别的。参数整定的过程中应注意这一点。工程实践中，串级控制系统常用的参数整定方法有逐次逼近法、两步整定法和一步整定法。

（一）逐次逼近法

逐次逼近法是在主回路断开的情况下，对副调节器进行整定，而后将副调节器的参数设置在所求数值上，再闭合主回路求取主调节器的整定参数，再将调节器的参数设置在所求数值上进行整定，求出第二次副调节器的整定参数。如此反复，直至求得满足控制品质的参数为止。这种方法费时较多，因此在工程实践中的应用逐渐减少。

（二）两步整定法

两步整定法即是分两步来整定参数，先整定副回路参数，然后将副回路视为主回路的一个环节，再整定主回路参数。之所以在这一过程中可以忽略主调节器参数变化对副回路的影响，是因为副回路是为提高主回路控制质量而设置的，系统对主变量的控制要求很高、很严，对副变量的控制要求却比较低。两步整定法的具体步骤为：

（1）工况稳定时，主、副回路均闭合，均采用纯比例作用，将主调节器的比例度 δ_1 设置为 100%。按照单回路控制系统的衰减（如 4:1）曲线法整定副回路，逐渐减小副回路的比例度 δ_2，直到出现 4:1 振荡过程。记下此时副调节器的比例度 δ_{2s} 和衰减振荡周期 T_{2s}。

（2）将副调节器比例度固定在 δ_{2s}，把副回路视为主回路的一个环节，逐渐减小主调节器的比例度，当主回路达到 4:1 衰减振荡过程时，记下主调节器的比例度 δ_{1s} 和衰减振荡周期 T_{1s}。

（3）根据得到的 δ_{2s}、T_{2s}、δ_{1s}、T_{1s}，按单回路控制系统衰减曲线法整定公式来计算主、副调节器的比例度 δ、积分时间 T_1 和微分时间 T_D。

（4）按"先副后主"、"先比例次积分后微分"的顺序，设置主、副调节器的参数，再根据扰动实验，对参数进行必要的调整。

（三）一步整定法

一步整定法是将副调节器参数根据副变量类型参考表 7-2 中经验值一次整定好，然后将副调节器视为一个普通的纯比例环节，按照单回路系统的整定方法整定主调节器参数。如果在整定过程中出现振荡，只需加大主、副调节器中任一比例度值即可消除。倘若振荡过于剧烈，可先切换至手动，待生产稳定后，再重新投入，重新整定。

一步整定法的依据是副回路调节器的参数是为满足主变量控制要求而引入的，本身并没有严格的要求。对于具体的控制系统，为了获得同样的递减比，主、副调节器的放大系数允许在一定范围内自由设定。此时，即使副调节器的参数不太适合也无所谓，可通过调整主调节器的放大系数进行补偿来获得比较满意的控制效果。

表 7-2　　　　　　　　　　　　　副调节器参数匹配经验设定值范围

变量类型	比例度 δ_2（%）	放大系数 K_{c2}	变量类型	比例度 δ_2（%）	放大系数 K_{c2}
温度	20～60	5～1.7	流量	40～80	2.5～1.25
压力	30～70	3～1.4	液位	20～80	5～1.25

与单回路控制系统相比，串级控制系统控制质量得到了很大的提高。但是，串级控制系统的结构相对复杂，参数整定也较为繁琐。因此，只有在对象容量滞后较大、扰动幅度大、负荷变化比较频繁等单回路控制系统难以实现满意要求的过程中才予以考虑，否则应优先考虑单回路控制系统。

7.1.2　前馈控制系统

无论是前述的简单控制系统，还是串级控制系统，都是基于被控变量和设定值之间的偏差进行负反馈控制的。当被控过程受到扰动以后，必须等到被控参数产生偏差，调节器的输出才会有变化，才能补偿扰动对被控参数的影响。其结果是调节作用始终落后于扰动，控制过程存在动态偏差。倘若能在扰动出现之初就产生控制作用，势必会更有效、更及时地消除扰动对控制过程的影响，前馈控制系统正是基于这一思想提出的。

一、前馈控制系统的工作原理

图 7-9（a）所示换热器出口温度反馈控制系统中，当扰动（如进料量 m_1 的变化等）出现后，会影响被加热物料出口温度 t_2，用温度检测单元 TT 将 t_2 的变化送到反馈调节器 TC 中，由反馈调节器 TC 按照预设的控制规律对阀门产生控制作用，从而补偿扰动对 t_2 的影响。很明显，只有出现扰动，并确实影响 t_2 后，控制作用才会出现，控制作用存在滞后。

假设换热器的进料量 m_1 变化是影响被加热物料出口温度 t_2 的主要扰动。当 m_1 变化频繁、幅值大时，对 t_2 的影响尤为显著，反馈控制的滞后性愈加明显。此时可采用图 7-9（b）所示的前馈控制系统，通过流量检测单元 FT 将 m_1 的变化送到前馈补偿器 FC，在其对 t_2 造成实质影响之前，即按照一定的动态过程改变加热蒸汽量 m_2，以尽早补偿 m_1 对 t_2 的影响。

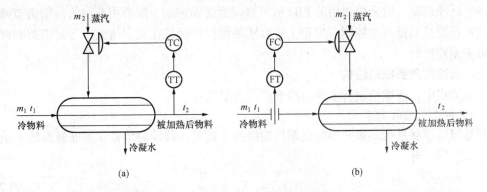

图 7-9　换热器出口温度控制系统

（a）反馈控制；（b）前馈控制

前馈控制系统框图如图 7-10 所示。设前馈调节器的传递函数为 $W_f(s)$，过程控制通道传递函数为 $W_o(s)$，扰动通道传递函数为 $W_d(s)$，M_1 为系统可测不可控的扰动，T_2 为系统被控参数。

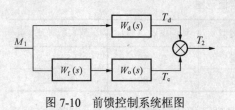

图 7-10 前馈控制系统框图

由图 7-10 可知

$$T_2(s) = M_1(s)W_d(s) + M_1(s)W_f(s)W_o(s) \quad (7-11)$$

故有

$$\frac{T_2(s)}{M_1(s)} = W_d(s) + W_f(s)W_o(s) \quad (7-12)$$

欲消除扰动，只需

$$\frac{T_2(s)}{M_1(s)} = 0 \quad (7-13)$$

则可得到前馈调节器的传递函数为

$$W_f(s) = -\frac{W_d(s)}{W_o(s)} \quad (7-14)$$

由式（7-14）可知，前馈调节器的控制规律为扰动通道传递函数与过程控制通道传递函数之比，式中的负号表明前馈调节作用与干扰作用的方向相反。显然，若要实现前馈补偿，必须了解系统的通道特性，不同的通道特性对应着不同的前馈调节作用。

二、前馈控制系统的特点

前馈控制与反馈控制是两类并行的控制方式，前馈控制系统的特点也正体现了两者的差别。

（1）反馈控制是基于偏差进行控制的，只有偏差出现以后，调节器才会动作，控制作用存在滞后；而前馈控制是基于扰动来消除扰动对被控参数影响的，扰动出现时即可进行控制，控制及时。

（2）反馈控制可以消除反馈环内各类扰动对被控参数的影响；而前馈控制一般只能抑制一个扰动对被控参数的影响，对其他扰动没有抑制作用。

（3）反馈控制系统属于闭环控制，存在系统是否稳定的问题；而前馈控制是开环控制，只要系统各个环节稳定，则控制系统必定稳定。

（4）反馈控制一般采用通用的 PID 调节器，而前馈控制一般要用专用的前馈调节器。

（5）反馈控制是有差控制，理论上难以实现被控量保持在设定值上；而前馈控制理论上可以实现无差控制。

三、前馈控制系统的结构

实际工程中，前馈控制有多种结构形式，典型的有三种。

（一）静态前馈控制系统

静态前馈控制系统是最简单的前馈控制结构。此时，前馈调节器仅考虑静态放大系数作为补偿的依据，有

$$W_f(s) = -K_f = -\frac{K_d}{K_o} \quad (7-15)$$

当扰动变化不大、控制质量要求不高或干扰通道与控制通道的动态特性相近时，静态前馈控制可以实现比较满意的控制效果。另外，静态前馈控制系统实现比较方便，一般不需要专用的调节器，只需比例调节器即可，因此应用非常广泛。

（二）动态前馈控制系统

静态前馈控制系统尽管比较简单，并在一定程度上改善了过程控制品质，但在扰动作用

下控制过程的动态偏差没有消除。对于扰动变化频繁或动态精度要求较高的场合，静态前馈控制系统往往难以满足工艺要求，此时可采用动态前馈控制系统。

动态前馈控制系统的结构如图 7-10 所示，前馈调节器的传递函数见式（7-14）。动态前馈一直都在补偿扰动对被控变量的影响，大大提高控制过程的动态品质，有效地改善了系统的控制质量。对比式（7-14）与式（7-15）可以看出，静态前馈控制是动态前馈控制的一种特殊情况。

动态前馈控制系统虽能有效地改善系统的控制质量，但由于其结构相对复杂，参数整定比较繁琐，需要专门的控制装置，甚至借助于计算机才能实现。因此，只在生产工艺对系统控制精度要求极高，难以借助其他控制方案实现时，才会考虑应用动态前馈控制系统。

（三）前馈—反馈控制系统

单纯的前馈控制是开环控制，无法检验补偿效果。对于系统存在的多个干扰，难以一一实现前馈补偿。此外，被控对象的非线性特性也使得固定的前馈模型无法实现完全补偿。为了克服诸多弊端，可以将前馈控制与反馈控制结合起来，形成前馈—反馈控制系统，也称复合控制系统。

仍以换热器出口温度控制系统为例，前馈—反馈控制系统方案如图 7-11 所示。被加热物料出口温度 t_2 为被控量，蒸汽流量 m_2 为控制量。由于冷物料的进料量 m_1 经常发生变化，对此扰动采用前馈控制方案。前馈控制器 FC 在 m_1 发生变化时及时产生控制作用来改变蒸汽的流量 m_2，以补偿 m_1 的变化对 t_2 的影响。同时，对于前馈控制未能完全消除的偏差，或其他扰动对 t_2 的影响，则由反馈控制调节器 TC 获知 t_2 与设定值的偏差后，按照一定的控制规律对 m_2 产生控制作用。两个控制通道的控制作用相叠加，则可让 t_2 尽快恢复至设定值。

图 7-11 对应的系统原理框图如图 7-12 所示。

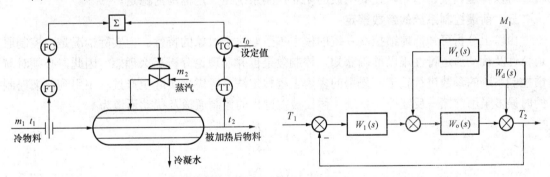

图 7-11　换热器出口温度前馈—反馈控制系统　　　　图 7-12　前馈—反馈控制系统框图

由图 7-12 可知，在扰动 M_1 的作用下，系统的输出为

$$T_2(s) = M_1 W_d(s) + M_1(s) W_f(s) W_o(s) - T_2(s) W_1(s) W_o(s) \quad (7\text{-}16)$$

输出 T_2 对扰动 M_1 的传递函数为

$$\frac{T_2(s)}{M_1(s)} = \frac{W_d(s) + W_f(s) W_o(s)}{1 + W_1(s) W_o(s)} \quad (7\text{-}17)$$

比较式（7-17）和式（7-12）可知，前馈—反馈控制系统中扰动对输出量的影响较纯前

馈控制系统明显减小，因此反馈回路的存在提高了控制品质。

若要实现扰动的完全补偿，即要求 $M_1(s) \neq 0$ 时，而

$$\frac{T_2(s)}{M_1(s)} = 0 \tag{7-18}$$

由此，可得前馈调节器的传递函数为

$$W_f(s) = -\frac{W_d(s)}{W_o(s)} \tag{7-19}$$

比较式（7-19）和式（7-14）可以看出，前馈调节器的特性并未因增加反馈回路而改变。

应当指出的是，前馈调节器的传递函数是由扰动通道传递函数与过程控制通道传递函数共同决定的，因此前馈调节器的输出信号加入点的位置必须明确。

四、前馈控制系统的选用条件

（1）系统中存在可测而不可控的扰动量。实现前馈控制的前提条件之一即是扰动量必须是可测而不可控的。"可测"是说扰动必须可以测量并转换为前馈调节器能接受的信号。有些诸如物料的化学成分、物性等参数至今尚难以在线测量，对这些参数难以实现前馈控制。"不可控"则是指扰动量与控制量之间的相互独立性，也即控制通道与扰动通道之间无关联，控制量无法改变扰动量。

（2）前馈控制系统的稳定性。前馈控制系统稳定性也是必须考虑的问题。稳定性是系统能正常运行的必要条件。前馈控制系统属于开环控制，因此各个组成环节的稳定性都必须逐一重视。实际的生产过程常常没有自平衡特性，如汽鼓锅炉水位控制系统中，控制通道特性就无自平衡能力。对这类系统，通常不能单独采用前馈控制方案。对于开环不稳定的控制过程，可以合理调整调节器，使其组成的闭环控制系统在一定范围内稳定。

五、前馈控制系统的参数整定

由以上分析可知，前馈控制系统的模型参数取决于对象的特性。但实际情况是，控制通道特性及扰动通道特性难以准确获知，控制效果也并非理论分析那么理想。因此，必须对前馈控制系统的参数进行整定，采用的多为工程整定法。考虑到实际生产过程中用到前馈控制的时候多采用前馈—反馈控制系统。假设被控过程的控制通道及扰动通道为

$$W_o(s) = \frac{K_1}{T_1 s + 1} \tag{7-20}$$

$$W_d(s) = \frac{K_2}{T_2 s + 1} \tag{7-21}$$

将式（7-20）和式（7-21）代入式（7-14），有

$$W_f(s) = -\frac{W_d(s)}{W_o(s)} = -\frac{K_2}{K_1} \times \frac{T_1 s + 1}{T_2 s + 1} \tag{7-22}$$

$$K_2 / K_1 = K_f$$

式中　　K_f——静态前馈系数；

　　T_1、T_2——控制通道及扰动通道的时间常数。

参数整定也正是针对这三个参数来进行的。

（一）静态前馈系数 K_f 的整定

静态前馈系数 K_f 的整定很重要，可采用图 7-13 所示闭环整定法。断开开关 S，可以整定反馈调节器参数。在反馈调节器已经整定好的基础上，闭合开关 S，测取闭环实验过程曲线，如图 7-14 所示。图 7-14（a）所示为无补偿作用，此时不能改善系统的控制品质；图 7-14（b）所示为整定值小于 K_f，造成欠补偿，难以明显提高系统的控制品质；图 7-14（c）所示为整定值适当，补偿合适，可以显著提高

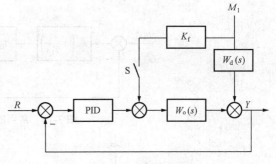

图 7-13　K_f 闭环整定法框图

系统的控制品质；图 7-14（d）所示为整定值过大，造成过补偿，也会降低系统的控制品质。

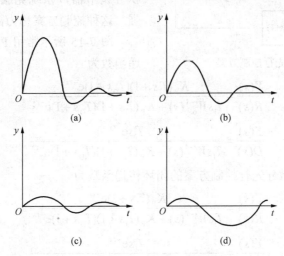

图 7-14　K_f 对控制过程的影响

（a）无前馈；（b）欠补偿；（c）补偿合适；（d）过补偿

（二）动态参数 T_1、T_2 的整定

动态参数 T_1、T_2 的整定相对静态参数整定要复杂得多，目前尚无完整的工程整定方法和计算公式。主要靠经验定性分析输出的响应曲线，通过曲线来判断与整定。

7.2　大滞后补偿控制

工业生产过程中，控制通道往往存在着不同程度的滞后。有时，滞后时间相当明显，例如皮带传送、反应器、管道混合及连续轧钢等过程。在这类过程中，即使执行器接收到控制信号立即动作，其作用也要经过时间 τ 后才能到达被控参数。纯滞后的存在，产生了较明显的超调量和较长的调节过程，成为较难控制的过程之一。

7.2.1　常规控制方案

常用的 PID 控制系统如图 7-15 所示，微分环节的输入是经过比例积分环节作用以后的值，微分环节难以真正对被控参数变化速度进行校正，克服动态超调的能力有限。

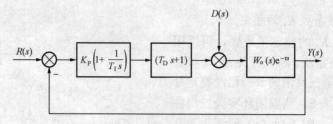

图 7-15　常用的 PID 控制系统

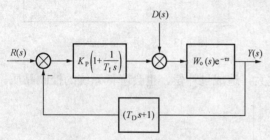

图 7-16　微分先行控制方案

若是将微分环节更换一个位置，如图 7-16 所示，则微分环节的输出值即可包括被控量及其变化速度值，将其作为测量值输入到比例—积分调节器，系统克服超调的能力将大大增强。这种控制方案称为微分先行控制方案。

图 7-15 所示常用 PID 控制系统的闭环传递函数为

$$\frac{Y(s)}{R(s)} = \frac{K_P(T_I s + 1)(T_D s + 1)e^{-\tau s}}{T_I s W_o^{-1}(s) + K_P(T_I s + 1)(T_D s + 1)e^{-\tau s}} \tag{7-23}$$

$$\frac{Y(s)}{D(s)} = \frac{T_I s e^{-\tau s}}{T_I s W_o^{-1}(s) + K_P(T_I s + 1)(T_D s + 1)e^{-\tau s}} \tag{7-24}$$

而图 7-16 所示的微分先行控制方案的闭环传递函数为

$$\frac{Y(s)}{R(s)} = \frac{K_P(T_I s + 1)e^{-\tau s}}{T_I s W_o^{-1}(s) + K_P(T_I s + 1)(T_D s + 1)e^{-\tau s}} \tag{7-25}$$

$$\frac{Y(s)}{D(s)} = \frac{T_I s e^{-\tau s}}{T_I s W_o^{-1}(s) + K_P(T_I s + 1)(T_D s + 1)e^{-\tau s}} \tag{7-26}$$

比较以上 4 个式子可见，微分先行控制方案和 PID 控制系统的特征方程完全相同。但式（7-25）比式（7-23）少一个零点 $z = -1/T_D$，因此微分先行控制方案相比 PID 控制系统的超调量要小一些，提高了控制质量。

7.2.2　史密斯预估补偿法

在大滞后系统过程中采用的补偿方法与前馈补偿不同，它是依据过程的特性设想出的一种补偿模型加入到反馈控制系统中，用以补偿过程的动态性能。补偿模型的构成有多种方法，其中以史密斯（Smith）预估补偿法应用最为广泛，其补偿原理如图 7-17 所示。史密斯预估补偿法预先估计出过程在基本扰动下的动态特性，而后由预估器进行补偿，其目的是将被延迟了 τ 的被调量超前反映到调节器，使调节器提前动作，从而减小超调量、加速调节过程。图中，$W_o(s)$ 为对象除去纯延迟环节 $e^{-\tau s}$ 以后的传递函数，$W_\tau(s)$ 为史密斯预估补偿器的传递函数。

假如系统中没有预估补偿器，则系统为一

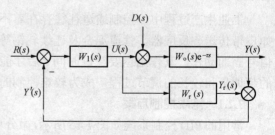

图 7-17　史密斯预估补偿原理

单回路控制系统。调节器输出 $U(s)$ 到被调量 $Y(s)$ 之间的传递函数为

$$\frac{Y(s)}{U(s)} = W_o(s)e^{-\tau s} \tag{7-27}$$

式（7-27）表明，由于纯滞后环节 $e^{-\tau s}$ 的存在，受到调节作用的被调量要经过时间 τ 的滞后才能影响调节器。系统的稳定性较差，控制质量较低。

经过补偿以后，调节器输出 $U(s)$ 与反馈到调节器的信号 $Y'(s)$ 之间的传递函数为

$$\frac{Y'(s)}{U(s)} = W_o(s)e^{-\tau s} + W_\tau(s) \tag{7-28}$$

欲使调节器采集到的信号 $Y'(s)$ 不延迟 τ，则要求

$$W_o(s)e^{-\tau s} + W_\tau(s) = W_o(s) \tag{7-29}$$

即有

$$W_\tau(s) = W_o(s)(1 - e^{-\tau s}) \tag{7-30}$$

采用式（7-30）表示的预估器称为史密斯预估器。实际应用中，史密斯预估补偿器是反向并联在控制器上的，如图 7-18 所示。

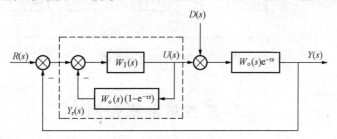

图 7-18　史密斯补偿回路

虚线框内的传递函数为

$$W_{1\tau}(s) = \frac{W_1(s)}{1 + W_1(s)W_o(s)(1 - e^{-\tau s})} \tag{7-31}$$

则可将图 7-18 简化为图 7-19 所示等效框图。

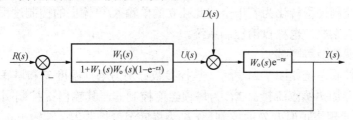

图 7-19　史密斯补偿回路等效框图

由图 7-19 很方便地求出系统设定值 $R(s)$ 到输出 $Y(s)$ 的闭环传递函数为

$$\frac{Y(s)}{R(s)} = \frac{\dfrac{W_1(s)W_o(s)e^{-\tau s}}{1 + W_1(s)W_o(s)(1 - e^{-\tau s})}}{1 + \dfrac{W_1(s)W_o(s)e^{-\tau s}}{1 + W_1(s)W_o(s)(1 - e^{-\tau s})}} = \frac{W_1(s)W_o(s)e^{-\tau s}}{1 + W_1(s)W_o(s)} \tag{7-32}$$

从式（7-32）可以看出，系统特征方程已经不含 $e^{-\tau s}$ 项，也即史密斯预估补偿器已经消除

了设定值 $R(s)$ 到输出 $Y(s)$ 之间纯滞后对系统闭环稳定性的影响。而分子中的 $e^{-\tau s}$ 仅仅说明了被控参数的响应在时间上推迟了时间 τ。

7.2.3　采样控制方案

采样控制是一种周期性的断续控制方式，即调节器按一定的时间间隔 T 对被控参数进行采样，与设定值进行比较以后，输出控制信号由保持器保持不变。经过一段时间的调节作用以后，被控参数必然发生变化，则调节器新的采样值也发生变化，进一步调整被控参数。这样重复动作，逐次缩小被控参数的偏差值，使系统达到稳定状态。典型的采样控制方案如图7-20 所示。采样调节器每隔采样周期 T 动作一次。S_1、S_2 表示采样器，它们周期性地同时接通或同时断开。当 S_1、S_2 同时接通时，数字调节器在闭环回路中工作，偏差 $e(t)$ 被采样，经 S_1 送入数字调节器进行控制运算，调节器输出的控制信号 $u^*(t)$ 再经 S_2 输入到保持器，由保持器输出信号 $u(t)$ 给执行器。当 S_1、S_2 同时断开时，数字调节器停止工作，无输出信号 $[u^*(t)=0]$，但保持器仍然输出不变的连续信号 $u(t)$ 给执行器。因此，保证了两次采样间隔期内执行器的位置保持不变。

图 7-20　采样控制系统框图

7.3　多变量解耦控制

此前重点讨论了单变量控制系统，即假定过程中只有一个被确定为输出的被控参数。但在有些生产过程中，需要对多个被控参数进行控制，与之对应的控制参数也不止一个。此时，多个控制回路之间便有可能存在某种关联和影响，称之为耦合。一方面，这种耦合关系会严重影响甚至破坏各个控制回路的正常工作。另一方面，变量间的这种耦合关系也加大了确定各个控制回路调节器的难度，给过程控制增添了很多的困难。若是能解除这些不希望的耦合，则可以将多参数控制过程转化为若干个彼此独立的单输入/单输出的控制过程来处理。这样的系统称为解耦控制系统，也称自治控制系统。

7.3.1　耦合现象及其影响

精馏塔温度控制系统如图 7-21 所示。被控参数分别为塔顶温度 T_1 和塔底温度 T_2；控制变量分别为回流量和加热蒸汽流量。T_1C 为塔顶温度控制器，其输出 u_1 控制回流调节阀，调节塔顶回流量 Q_L，实现塔顶温度 T_1 的控制。T_2C 为塔底温度控制器，其输出 u_2 控制再沸器加热蒸汽调节阀，调节加热蒸汽流量 Q_S，实现塔底温度 T_2 的控制。很明显，u_1 的变化不仅影响 T_1，也会影响 T_2；同样，u_2 的变化也同时影响 T_2 和 T_1。

精馏塔温度控制系统中两个控制回路之间的耦合关系如图 7-22 所示。其中，u_1 对 T_1 的影响用传递函数表示为 $W_{11}(s)$，u_1 对 T_2 的影响可表示为 $W_{21}(s)$；u_2 对 T_2 的影响可表示为 $W_{22}(s)$，u_2 对 T_1 的影响可表示为 $W_{12}(s)$；调节器 T_1C 的传递函数表示为 $W_1(s)$，调节器 T_2C 的传递函数表示为 $W_2(s)$。

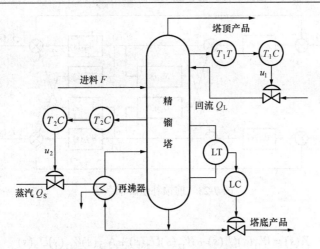

图 7-21 精馏塔温度控制系统

塔顶温度 T_1 稳定在设定值 R_1，此时若出现某种扰动使塔底温度 T_2 偏离设定值 R_2 而降低时，调节器 T_2C 会改变其输出 u_2 使蒸汽调节阀的开度增大，增加加热蒸汽流量 Q_S，期望塔底温度 T_2 回升至设定值 R_2。而加热蒸汽流量 Q_S 上升时，会通过再沸器使精馏塔内的上升蒸汽流量增加，导致塔顶温度 T_1 偏离设定值 R_1 而升高。塔顶温度 T_1 的升高，又会促使调节器 T_1C 改变输出 u_1 而增大回流调节

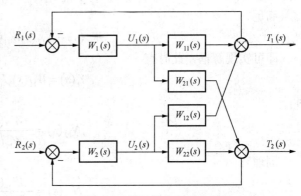

图 7-22 精馏塔控制系统框图

阀的开度，期望塔顶温度 T_1 回落至设定值 R_1。当回流增加时，塔顶温度 T_1 和塔底温度 T_2 都会降低，调节器 T_2C 的控制作用与 T_1C 增加加热蒸汽流量，期望升高塔底温度 T_2 至设定值 R_2 是相互矛盾的。由此看出，当控制过程中存在比较严重的耦合时，常规控制系统的控制效果很差，甚至无法正常工作，必须通过合理的解耦措施，消除这种耦合。

7.3.2 解耦控制系统设计

解耦控制系统即是通过某种解耦算法，实现每个控制变量只影响与其配对的被控参数，而不影响其他控制回路的控制参数。对于含有耦合的复杂控制过程，要设计高性能的调节器通常是比较困难的，更多的时候是采用设计一个合理的补偿器的方式进行解耦。常用的方法有前馈补偿解耦和串联补偿解耦等。

一、前馈补偿解耦设计

前馈补偿是自动控制中出现最早的一种克服干扰的方法，也适用于解耦控制系统。下面以双输入/双输出过程来阐述这一方法。如图 7-23 所示系统，$N_{21}(s)$、$N_{12}(s)$ 为前馈解耦补偿器环节。

控制过程可表示为

$$\begin{cases} Y_1(s) = W_{11}(s)U_1(s) + W_{12}(s)U_2(s) \\ Y_2(s) = W_{21}(s)U_1(s) + W_{22}(s)U_2(s) \end{cases} \tag{7-33}$$

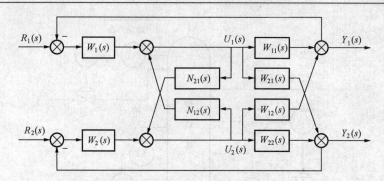

图 7-23 前馈补偿解耦系统

若令

$$Y_1(s) = W_{11}(s)U_1(s) + W_{12}(s)U_2(s) + N_{12}(s)W_{11}(s)U_2(s)$$
$$= W_{11}(s)U_1(s) + [W_{12}(s) + N_{12}(s)W_{11}(s)]U_2(s) \tag{7-34}$$

满足

$$W_{12}(s) + N_{12}(s)W_{11}(s) = 0 \tag{7-35}$$

即可实现解耦，此时有

$$Y_1(s) = W_{11}(s)U_1(s) \tag{7-36}$$

即

$$N_{12}(s) = -\frac{W_{12}(s)}{W_{11}(s)} \tag{7-37}$$

同理有

$$N_{21}(s) = -\frac{W_{21}(s)}{W_{22}(s)} \tag{7-38}$$

前馈补偿解耦的基本思想是将 $U_1(s)$ 对 $Y_2(s)$、$U_2(s)$ 对 $Y_1(s)$ 的影响当作扰动来对待，并按照前馈补偿的方法进行消除。

二、串联补偿解耦设计

一般的多输入多输出过程的输入/输出关系可以表示为

$$Y(s) = W_o(s)U(s) \tag{7-39}$$
$$W_o(s) = [w_{oij}(s)]$$

式中　Y —— $n \times 1$ 输出向量；

　　U —— $n \times 1$ 输入向量；

　　W_o —— $n \times n$ 传递函数矩阵。

若此多输入多输出过程中没有耦合，则 $W_o(s)$ 应为对角矩阵，即

$$w_{oij}(s) = \begin{cases} w_{oij}(s), & i = j \\ 0, & i \neq j \end{cases} \tag{7-40}$$

对于耦合过程 $W_o(s)$，若能找到补偿器 $N(s)$，使得广义过程传递函数矩阵为

$$G_o(s) = W_o(s)N(s) = \text{diag}[g_{oii}(s)] \tag{7-41}$$

则可实现过程的解耦。

若 $G_o(s)$ 非奇异，则有 $N(s) = W_o^{-1}(s)G_o(s)$。

下面分两种情况进行讨论。

（一）$G_o(s) = I$

由式（7-41）得

$$N(s) = W_o^{-1}(s)G_o(s) = W_o^{-1}(s) \tag{7-42}$$

对于双输入/双输出控制过程

$$W_o(s) = \begin{bmatrix} w_{o11}(s) & w_{o12}(s) \\ w_{o21}(s) & w_{o22}(s) \end{bmatrix} \tag{7-43}$$

则

$$N(s) = W_o^{-1}(s) = \frac{1}{\det W_o(s)}\text{adj}W_o(s) = \frac{1}{w_{o11}(s)w_{o22}(s) - w_{o12}(s)w_{o21}(s)}\begin{bmatrix} w_{o22}(s) & -w_{o12}(s) \\ -w_{o21}(s) & w_{o11}(s) \end{bmatrix} \tag{7-44}$$

这种设计方法得到的结果较为理想，不仅改善了控制过程的动态性能，也提高了控制系统的稳定性。但在工程实现上却很困难，因为它需要控制过程精确的数学模型，补偿器的结构也比较复杂。

（二）$G_o(s) = \text{diag}[g_{oij}(s)] \neq I$

仍以双输入/双输出控制过程为例

$$\begin{aligned} N(s) &= W_o^{-1}(s)G_o(s) \\ &= \frac{1}{\det W_o(s)}\text{adj}W_o(s)G_o(s) \\ &= \frac{1}{w_{o11}(s)w_{o22}(s) - w_{o12}(s)w_{o21}(s)}\begin{bmatrix} w_{o22}(s) & -w_{o12}(s) \\ -w_{o21}(s) & w_{o11}(s) \end{bmatrix}\begin{bmatrix} w_{o11}(s) & 0 \\ 0 & w_{o22}(s) \end{bmatrix} \\ &= \frac{1}{w_{o11}(s)w_{o22}(s) - w_{o12}(s)w_{o21}(s)}\begin{bmatrix} w_{o11}(s)w_{o22}(s) & -w_{o12}(s)w_{o22}(s) \\ -w_{o21}(s)w_{o11}(s) & w_{o11}(s)w_{o22}(s) \end{bmatrix} \end{aligned} \tag{7-45}$$

解耦的结果虽然保留了原来的特性，但却使补偿器的阶数增加，随着变量维数的增多，补偿器会变得越来越复杂，实现起来也更加困难。

7.3.3 解耦控制系统的进一步讨论

解耦设计的目的是为了能构成独立的单回路控制系统，以获得满意的控制性能。在进行解耦控制系统设计时，需要了解控制对象的结构。

一、控制变量与被控参数的配对

对于存在耦合的控制过程进行解耦设计之前，首先要明确各个被控参数对应的控制变量，也即解决被控参数与控制变量配对的问题。对于配对关系比较明显的多变量控制系统，凭经验一般可以确定其配对关系；对于配对关系比较复杂的多变量控制系统，往往需要深入的分析。常用的方法是布里斯托尔—欣斯基法，具体内容可参阅相关文献。

二、部分解耦

若在存在耦合的过程中，只选取其中的某些耦合采取解耦措施，而对其他的耦合不进行解耦，则称为部分解耦。显然，部分解耦过程的控制性能介于不解耦过程和完全解耦过程之间。但由于其补偿器较之完全解耦更为简单，因此在实际应用中也相当普遍。

尽管部分解耦的补偿器较为简单，但为了降低对过程控制性能的影响，需要确定必须解耦的过程和可以忽略的过程。这一过程中，需要注意两个问题。

（1）被控参数的相对重要性。控制过程中各个被控参数对生产的重要性是不同的。对于重要的被控参数，控制性能要求较高，除了设计性能优越的调节器之外，最好采用单回路控制，或通过解耦环节来降低或消除其他过程对它的耦合。而对于不太重要的被控参数，则可忽略耦合对其控制性能的影响，不采用解耦环节，以降低解耦装置的复杂程度。

（2）被控参数的响应速度。控制过程中各个被控参数对输入和扰动的响应速度是不同的。响应快的被控参数受响应慢的参数的影响较小，后者对前者的耦合可以不考虑。而响应快的被控参数对响应慢的被控参数的影响较大，前者对后者的耦合一般要考虑。因此，部分解耦设计时，通常会对响应慢的被控参数受到的耦合进行解耦。

三、解耦系统的简化

解耦补偿器的复杂程度与过程特性密切相关，过程传递函数越复杂，阶数越高，则解耦补偿器的阶数越高，实现也越困难。若能对求出的解耦环节进行适当的简化，则可降低解耦补偿器的阶数，便于解耦实现。简化一般可从两方面考虑。

（1）在高阶系统中，若存在小时间常数，当它与其他时间常数的比值接近 1/10 或更小时，可忽略此时间常数，降低过程模型阶数。若干个时间常数值相差不大时，也可取同一值代替，这样可以简化解耦装置的结构，方便解耦实现。设某控制过程的传递函数为

$$W(s) = \begin{bmatrix} \dfrac{2.6}{(2.7s+1)(0.3s+1)} & \dfrac{-1.6}{(2.7s+1)(0.2s+1)} & 0 \\ \dfrac{1}{3.8s+1} & \dfrac{1}{4.5s+1} & 0 \\ \dfrac{2.74}{0.2s+1} & \dfrac{2.6}{0.18s+1} & \dfrac{-0.87}{0.25s+1} \end{bmatrix} \qquad (7\text{-}46)$$

基于以上考虑，可以将其简化为

$$W(s) = \begin{bmatrix} \dfrac{2.6}{2.7s+1} & \dfrac{-1.6}{2.7s+1} & 0 \\ \dfrac{1}{3.8s+1} & \dfrac{1}{4.5s+1} & 0 \\ 2.74 & 2.6 & -0.87 \end{bmatrix} \qquad (7\text{-}47)$$

（2）若上述简化条件得不到满足，则解耦环节将十分复杂，往往需要十多个功能部件才能完成。在实际工程中常采用一种基本但有效的补偿方法，即静态解耦。设某补偿器解为

$$W(s) = \begin{bmatrix} 0.528(2.7s+1) & 0.21(s+1) \\ -0.52(2.7s+1) & 0.94(s+1) \end{bmatrix} \qquad (7\text{-}48)$$

若采用静态解耦，可简化为

$$W(s) \approx \begin{bmatrix} 0.528 & 0.21 \\ -0.52 & 0.94 \end{bmatrix} \qquad (7\text{-}49)$$

显然，解耦环节更为简单，也更加容易实现。

一般情况下，通过计算得到的解耦补偿器仍是很复杂的。实际工程中，通常只采用容易实现的超前滞后环节作为解耦环节，便可取得理想的解耦效果。过于复杂的解耦环节往往不是必需的。

7.4 预 测 控 制

20 世纪 70 年代，人们除了加强对生产过程的建模、系统辨识、自适应控制、鲁棒控制等方面的研究外，开始打破传统的控制思想的观念，试图面向工业过程的特点，寻找一种对模型要求低、在线计算方便、控制综合效果好的新型算法。预测控制就是在这种情况下于 20 世纪 70 年代后期在欧美工业领域内出现的一类新型计算机控制算法。

预测控制是在工业实践过程中逐渐发展起来的一种基于模型的先进控制技术，最早应用于工业的预测控制算法是模型算法控制（Model Algorithmic Control，MAC），随后又相继出现了许多其他相近的算法。到目前为止，预测控制算法种类已经多达几十种，如内部模型控制（Internal Model Control，IMC）、推理控制（Inference Control，IC）、动态矩阵控制（Dynamic Matrix Control，DMC）、广义预测控制（Generalized Predictive Control，GPC）、广义预测极点配置控制（Generalized Predictive Pole Placement Control，GPPC）和扩展时域自适应控制（Extended Horizon Adaptive Control，EHAC）等。这些算法在一些细节上有所不同，但主要思想都是类似的，即均以预测模型为基础，采用二次在线滚动优化性能指标和反馈校正的策略来克服被控对象建模误差和结构、参数与环境等不确定因素的影响，使其在各种复杂生产过程控制中获得理想的应用效果。

鉴于预测控制算法种类繁多，此处只介绍目前较为流行的，也是最基本的内部模型控制、基于非参数模型的模型算法控制、动态矩阵控制和基于参数模型的广义预测控制等几种主要预测控制算法的基本原理、设计方法、参数选择和闭环系统特性分析等主要问题。

7.4.1　内部模型控制

内部模型控制（IMC）是一种设计和分析预测控制系统的有力工具，其设计简单、跟踪调节性能好、鲁棒性强，能消除不可测干扰的影响，适于采用脉冲响应或阶跃响应这一类非参数模型预测控制系统中控制器的设计。

一、内部模型与其控制器设计

内部模型控制的基本结构框图如图 7-24 所示。图中 G 为被控对象；$\hat{G}$ 为内部模型；G_c 为内模控制器；G_f 为反馈控制器；G_r 为参考输入滤波器；u, y 为被控对象的输入量和输出量；ω 为给定输入；y_r 为经输入滤波器柔化后的参考轨迹；v 为外部不可测的干扰。为了简便起见，图中省略了各脉冲传递函数的后移算子 z^{-1}。

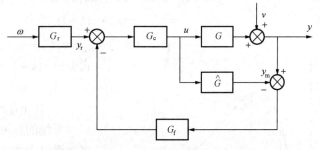

图 7-24　内部模型控制结构框图

（一）内部模型

众所周知，被控对象的传统表示方法是采用传递函数或状态方程这一类参数模型，而预测控制系统中常采用易于监测的脉冲响应或阶跃响应曲线的非参数模型。两种模型可以相互转换。下面就简要介绍如何将一个状态方程形式的参数模型转换为脉冲响应形式的非参数模型。

假定被控对象数学模型的离散状态方程形式为

$$X(k+1) = \boldsymbol{\Phi}X(k) + \boldsymbol{\Gamma}u(k-l) + v \tag{7-50}$$

$$y(k) = \boldsymbol{H}X(k) \tag{7-51}$$

式中　X——n 维状态矢量；

　　　u——系统输入；

　　　v——n 维不可测扰动；

　　　l——系统的纯时延步数。

将式（7-50）、式（7-51）写成 z 变换形式

$$\begin{cases} zX(z) = \boldsymbol{\Phi}X(z) + z^{-l}\boldsymbol{\Gamma}u(z) + v(z) \\ y(z) = \boldsymbol{H}X(z) \end{cases} \tag{7-52}$$

则系统的输出方程可以写成

$$y(z) = \boldsymbol{H}(z\boldsymbol{I} - \boldsymbol{\Phi})^{-1}\boldsymbol{\Gamma}z^{-l}u(z) + v(z) \tag{7-53}$$

$$v(z) = \boldsymbol{H}(z\boldsymbol{I} - \boldsymbol{\Phi})^{-1}v(z)$$

如果系统是一个开环稳定系统，则式（7-53）中的传递函数可展开成无穷级数形式，即

$$\boldsymbol{H}(z\boldsymbol{I} - \boldsymbol{\Phi})^{-1}\boldsymbol{\Gamma} = z^{-1}\sum_{i=1}^{\infty}(\boldsymbol{H}\boldsymbol{\Phi}^{i-1}\boldsymbol{\Gamma})z^{-(i-1)}$$

$$= z^{-1}\sum_{i=1}^{\infty}g_i z^{-(i-1)} \tag{7-54}$$

$$= z^{-1}g(z)$$

将式（7-54）代入式（7-53），即得被控对象的脉冲响应模型

$$y(z) = z^{-(l+1)}g(z)u(z) + v(z)$$

$$= z^{-d}g(z)u(z) + v(z) \tag{7-55}$$

$$d = l + 1$$

由于离散时间脉冲响应卷积公式的系数 g_i 通常满足 $\lim\limits_{i \to \infty}g_i = 0$，所以通常截取脉冲序列长度为 $N = 20 - 50$，此时，当 $i > N$ 时，其模型误差可忽略。

将式（7-55）改写成时间序列形式

$$y(k+1) = g_1\Delta u(k) + g_2\Delta u(k-1) + \cdots + g_N u(k-N+1) + v(k+1)$$

$$= g(z^{-1})u(k) + v(k+1) \tag{7-56}$$

$$g(z^{-1}) = g_1 + g_2 z^{-1} + \cdots + g_N z^{-N+1}$$

式中　$y(k+1)$——系统在 $k+1$ 时刻的实际输出值；

　　　$u(k)$——k 时刻作用于系统的实际控制量；

　　　$v(k+1)$——$k+1$ 时刻系统的干扰量。

系统的脉冲响应曲线如图 7-25 所示。

通过上面的对论，由系统的参数模型状态方程，推导出了易于检测的非参数模型脉冲响应曲线。

由于通过量测或参数估计所得到的脉冲响应值与真实响应值之间是有差别的，所以此处用 $\hat{g}_i$ 表示作为

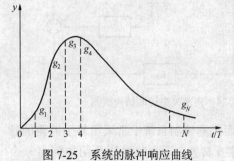

图 7-25　系统的脉冲响应曲线

模型使用的量测或参数估计得到的脉冲响应值。这样，基于内部模型的输出便为

$$y_m(k+1) = \hat{g}(z^{-1})u(k) \tag{7-57}$$

$$\hat{g}(z^{-1}) = \hat{g}_1 + \hat{g}_2 z^{-1} + \cdots + \hat{g}_N z^{-N+1}$$

式中　　$y_m(k+1)$——$k+1$ 时刻预测模型的输出值。

如果系统有纯时延，预测模型方程则表示为

$$y_m(k+1) = z^{-l}\hat{g}(z^{-1})u(k) \tag{7-58}$$

（二）内模控制器的设计

设计内模控制器时，通常采取两个步骤：第一步是设计一个稳定的理想控制器；第二步是分别在反馈回路内插入反馈滤波器 $G_f(z^{-1})$、在输入回路内插入输入滤波器 $G_r(z^{-1})$，通过调整 $G_f(z^{-1})$、$G_r(z^{-1})$ 的结构和参数来稳定系统，使系统获得所期望的性能指标。

（1）稳定控制器设计。

设计时，暂不考虑模型误差、约束条件等，如模型为有纯时延的非最小相位系统，则将 $\hat{G}(z^{-1})$ 分解为两部分，即

$$\hat{G}(z^{-1}) = \hat{G}_s(z^{-1})\hat{G}_t(z^{-1}) \tag{7-59}$$

式中　　$\hat{G}_s(z^{-1})$——模型中的最小相位部分；

$\hat{G}_t(z^{-1})$——模型中包含时延和位于 z 平面单位圆外零点的部分。

为便于控制器的实现，取

$$\hat{G}_c(z^{-1}) = \hat{G}_s^{-1}(z^{-1})f(z^{-1}) \tag{7-60}$$

式中　　$f(z^{-1})$——控制器可实现因子，为保持系统的零稳态偏差特性，要求

$$f(1) = \hat{G}_t^{-1}(1) \tag{7-61}$$

通常，可实现因子可选取式（7-61）的简便形式或式（7-62）的滤波器形式

$$f(z^{-1}) = \frac{1}{1-\beta z^{-1}}\ (\beta < 1) \tag{7-62}$$

$$f(z^{-1}) = \frac{1}{\hat{G}_t(1)}\frac{1-\beta}{1-\beta z^{-1}}\ (\beta < 1) \tag{7-63}$$

式中　　$\hat{G}_t(1)$——模型不稳定部分的静态增益。

如在进行模型分解时取 $\hat{G}_t(1)=1$，式（7-63）可以得到进一步简化。

（2）反馈滤波器及输入滤波器的设计。

内模控制器是在假定对象稳定且模型准确的前提下设计的，如果模型失配或存在干扰时，闭环系统则不一定能获得所期望的动态特性和鲁棒性，甚至有可能使闭环系统不稳定。而解决由于模型失配而引起的闭环不稳定的简单而有效的办法是在反馈回路中插入一个反馈滤波器 $G_f(z^{-1})$。通常，反馈滤波器选为一阶形式，即

$$G_f(z^{-1}) = \frac{1-\alpha_f}{1-\alpha_f z^{-1}}\ (0 < \alpha_f < 1) \tag{7-64}$$

通过适当调整滤波器的结构和参数，可以有效地抑制输出振荡、抑制干扰，获得所期望的动态特性和鲁棒性。

为了减少突加设定值的冲击，柔化控制动作，通常将设定值经输入滤波器 $G_r(z^{-1})$ 后再送给控制器，加入输入滤波器 $G_r(z^{-1})$ 后，参考信号方程为

$$y_r(k+i) = \frac{1-\alpha_r^i}{1-\alpha_r^i z^{-i}}\omega = G_r(z^{-1})\omega \qquad (7\text{-}65)$$

$$0 < \alpha_r < 1; \quad i = 1,2,\cdots,P$$

$$\alpha_r = e^{-T_0/T_r}$$

式中　ω ——输入设定值；

　　　T_r ——参考轨迹的时间常数；

　　　T_0 ——采样周期。

二、内部模型控制系统的性质

设系统无纯时延，则由式（7-56）、式（7-57）有

$$y(k) = z^{-1}g(z^{-1})u(k) + v(k)$$
$$= G(z^{-1})u(k) + v(k) \qquad (7\text{-}66)$$

$$y_m(k) = z^{-1}\hat{g}(z^{-1})u(k)$$
$$= \hat{G}(z^{-1})u(k) \qquad (7\text{-}67)$$

式中　$G(z^{-1})$ ——系统开环脉冲传递函数，$G(z^{-1}) = z^{-1}g(z^{-1})$；

　　　$\hat{G}(z^{-1})$ ——系统模型脉冲传递函数，$\hat{G}(z^{-1}) = z^{-1}\hat{g}(z^{-1})$；

　　　$v(k)$ ——系统干扰量。

参考图 7-24，如忽略 $G_f(z^{-1})$ 和 $G_r(z^{-1})$，则有

$$u(k) = G_c u(z^{-1})\{y_r(k) - [G(z^{-1}) - \hat{G}(z^{-1})]u(k) - v(k)\}$$

经化简，可得到闭环系统的输入方程和输出方程为

$$u(k) = \frac{G_c(z^{-1})}{1 + G_c(z^{-1})[G(z^{-1}) - \hat{G}(z^{-1})]}[y_r(k) - v(k)] \qquad (7\text{-}68)$$

$$y(k) = \frac{G_c(z^{-1})G(z^{-1})}{1 + G_c(z^{-1})[G(z^{-1}) - \hat{G}(z^{-1})]}[y_r(k) - v(k)] + v(k) \qquad (7\text{-}69)$$

可见，闭环系统稳定的充要条件是

$$\frac{1}{G_c(z^{-1})} + [G(z^{-1}) - \hat{G}(z^{-1})] = 0 \qquad (7\text{-}70)$$

$$\frac{1}{G_c(z^{-1})G(z^{-1})} + \frac{1}{G(z^{-1})}[G(z^{-1}) - \hat{G}(z^{-1})] = 0 \qquad (7\text{-}71)$$

两个方程的特征根位于 z 平面的单位圆内。

根据上面的分析，可总结出 IMC 系统的三个基本性质。

（1）对偶稳定性。当模型与对象匹配，即 $G(z^{-1}) = \hat{G}(z^{-1})$ 时，由式（7-68）、式（7-69）可以看出，此时系统相当于开环，因此分析 IMC 系统的闭环稳定性，只要分析前向通道的开环稳定性即可。也就是说，对象开环稳定，控制器稳定，闭环系统总是稳定的，这就简化了系统的稳定性分析。

当模型与对象不匹配，即 $G(z^{-1}) \neq \hat{G}(z^{-1})$ 时，反馈信号 e_f 包含误差和干扰信息，这时闭环系统的稳定性和鲁棒性可以通过适当设计控制器和反馈滤波器的参数来保证。

对于开环不稳定系统，可先用反馈校正方法组成内环，把系统先稳定下来，然后再按 IMC 原理设计控制器。

（2）理想控制器特性。当对象稳定且模型精确时，若设计控制器

$$G_c(z^{-1}) = \hat{G}^{-1}(z^{-1}) \tag{7-72}$$

且模型的逆 $\hat{G}^{-1}(z^{-1})$ 存在并可实现时，由式（7-69）可得

$$y(k) = G_c(z^{-1})G(z^{-1})[y_r(k) - v(k)] + v(k)$$
$$= \begin{cases} y_r(k) & 设定值扰动下 \\ 0 & 外部干扰扰动下 \end{cases} \tag{7-73}$$

式（7-73）表明，在任意时刻，系统输出都等于输入设定值，即 $y(k) = y_r(k)$。也就是说系统可以消除所有的干扰，实现对参考输入的无偏差跟踪。条件是 $\hat{G}^{-1}(z^{-1})$ 存在且控制器可实现。

（3）零稳态偏差特性。若闭环系统稳定，即使模型与对象失配，只要控制器的设计满足 $G_c(1) = \hat{G}^{-1}(1)$，则系统对于阶跃输入和常值干扰均不存在稳态偏差。

由式（7-69）可求出 IMC 系统的闭环偏差方程为

$$E(k) = y_r(k) - y(k) = \frac{1 - G_c(z^{-1})\hat{G}(z^{-1})}{1 + G_c(z^{-1})[G(z^{-1}) - \hat{G}(z^{-1})]}[y_r(k) - v(k)] \tag{7-74}$$

在上式中，如果 $G_c(1) = \hat{G}^{-1}(1)$，显然，对阶跃输入和扰动，稳态偏差 $E(\infty)$ 总为零。

7.4.2　模型算法控制

模型算法控制（MAC）又称为模型预测启发控制（MPHC-Model Predictive Heuristic Control），是 20 世纪 70 年代末由 Richalet、Mehra 等人提出的。MAC 是一类预测控制的典型算法。

MAC 由内部模型、反馈校正、滚动优化和参考输入轨迹几部分组成（如图 7-26 所示）。算法的基本思想是：基于脉冲响应的非参数模型作为内部模型，用过去和未来的输入输出状态，根据内部模型，预测系统未来的输出状态。经过用模型输出误差进行反馈校正后，再与参考轨迹进行比较，应用二次型指标进行滚动优化，然后再计算当前时刻加于系统的控制动作，完成整个控制循环。

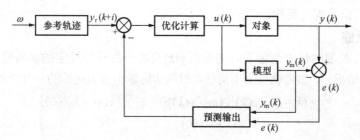

图 7-26　MAC 系统原理图

MAC 分为单步 MAC、多步 MAC、增量型 MAC、单值 MAC 等多种，此处仅以单步 MAC

为例介绍 MAC 的基本原理及最优控制律的设计计算。

一、输出预测

MAC 采用被控对象的脉冲响应模型描述。设被控对象真实模型的离散差分形式为

$$y(k+1) = g_1 u(k) + g_2 u(k-1) + \cdots + g_N u(k-N+1) + v(k+1)$$
$$= g(z^{-1})u(k) + v(k+1) \tag{7-75}$$

式中 $y(k+1)$ —— $k+1$ 时刻系统的输出；

         $u(k)$ —— k 时刻系统的输入；

         $v(k+1)$ —— $k+1$ 时刻系统的不可预测干扰或噪声；

$g_1, g_2, \cdots, g_N$ —— 系统的真实脉冲响应序列值，$g(z^{-1}) = g_1 + g_2 z^{-1} + \cdots + g_N z^{-N+1}$；

         N —— 脉冲响应序列长度，$N = 20 \sim 50$。

系统的真实脉冲传递函数为

$$G(z^{-1}) = z^{-1} g(z^{-1}) \tag{7-76}$$

由于系统的真实模型是未知的，需要通过实测或参数估计得到这个模型。这种通过实测或参数估计得到的模型称为内部模型或预测模型，即

$$y_m(k+1) = \hat{g}_1 u(k) + \hat{g}_2 u(k-1) + \cdots + \hat{g}_N u(k-N+1)$$
$$= \hat{g}(z^{-1})u(k) \tag{7-77}$$

式中 $y_m(k+1)$ —— $k+1$ 时刻预测模型输出；

$\hat{g}_1, \hat{g}_2, \cdots, \hat{g}_N$ —— 系统的实测或估计脉冲响应序列值，$\hat{g}(z^{-1}) = \hat{g}_1 + \hat{g}_2 z^{-1} + \cdots + \hat{g}_N z^{-N+1}$。

系统的内部模型的传递函数为

$$\hat{G}(z^{-1}) = z^{-1} \hat{g}(z^{-1}) \tag{7-78}$$

其脉冲响应模型如图 7-25 所示。

式（7-77）所示的模型是一个开环模型，而考虑到系统的随机干扰、模型误差等因素，预测模型与实际对象之间存在一定的误差。在预测控制中，常采用输出误差反馈校正方法对上述模型进行修正。具体做法是：将第 k 步的实际对象输出测量值 $y(k)$ 与预测模型输出 $y_m(k)$ 之间的误差，加到模型的预测输出 $y_m(k+1)$ 上，从而得到闭环输出预测，用 $y_p(k+1)$ 来表示

$$y_p(k+1) = y_m(k+1) + h_1[y(k) - y_m(k)]$$
$$= \hat{g}(z^{-1})u(k) + h_1 e(k) \tag{7-79}$$
$$e(k) = y(k) - y_m(k)$$

式中 $e(k)$ —— k 时刻预测模型输出误差；

         h_1 —— 误差修正系数。

二、参考轨迹

在 MAC 中，控制的目的是使系统的输出 $y(k)$ 沿着一条事先规定的参考输入轨迹逐渐达到设定值 ω。通常情况下，参考轨迹采用从现在时刻实际输出值为起始的一阶指数形式来描述，即

$$\left.\begin{array}{l} y_r(k+i) = y(k) + [\omega - y(k)](1 - e^{-iT_0/\tau}) \quad (i = 1, 2 \cdots) \\ y_r(k) = y(k) \end{array}\right\} \tag{7-80}$$

式中 ω —— 输入设定值；

         τ —— 参考轨迹时间常数；

         T_0 —— 采样周期。

记 $c = e^{-T_0/\tau}$，则式（7-80）可以写成

$$\left.\begin{array}{l} y_r(k+i) = c^i y(k) + (1-c^i)\omega \quad (i=1,2\cdots) \\ y_r(k) = y(k) \end{array}\right\} \tag{7-81}$$

可以看出，参考轨迹的时间常数 τ 越大，c 的值也越大，系统的柔性越好，鲁棒性越强，但系统控制的快速性却变差。因此，在 MAC 系统设计中，柔化系数 c 是一个很重要的参数。

三、滚动优化

在 MAC 中，二次型滚动优化目标函数通常取输出预测误差和控制量加权的形式，即

$$J = \alpha[y_P(k+1) - y_r(k+1)]^2 + \beta u^2(k) \tag{7-82}$$

$$y_r(k+1) = (1-c)\omega/(1-cz^{-1})$$

式中　α,β——输出预测误差和控制量的加权系数；

$\quad y_r(k+1)$——参考输入值；

$\quad \omega$——输入设定值。

将式（7-82）最小化，即令 $\partial J/\partial u(k) = 0$，可求得 MAC 最优控制律为

$$u(k) = \frac{1}{\hat{g}(z^{-1}) + \dfrac{\beta}{\alpha \hat{g}_1}}[y_r(k+1) - h_1 e(k)] \tag{7-83}$$

由式（7-83）可以看出，采用单步 MAC 的系统具有 IMC 结构，如图 7-27 所示，同时得出控制器的传递函数为

$$G_c(z^{-1}) = \frac{1}{\hat{g}(z^{-1}) + \dfrac{\beta}{\alpha \hat{g}_1}} \tag{7-84}$$

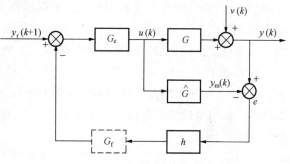

四、闭环系统特性

由图 7-27 可得到闭环系统的输入和输出方程为

图 7-27　MAC 结构框图

$$u(k) = \frac{G_c(z^{-1})}{1 + G_c(z^{-1})G_f(z^{-1})h_1[G(z^{-1}) - \hat{G}(z^{-1})]} y_r(k+1)$$

$$+ \frac{G_c(z^{-1})G_f(z^{-1})h_1}{1 + G_c(z^{-1})G_f(z^{-1})h_1[G(z^{-1}) - \hat{G}(z^{-1})]} v(k) \tag{7-85}$$

$$y(k) = \frac{G(z^{-1})G_c(z^{-1})}{1 + G_c(z^{-1})G_f(z^{-1})h_1[G(z^{-1}) - \hat{G}(z^{-1})]} y_r(k+1)$$

$$+ \frac{1 - G_c(z^{-1})G_f(z^{-1})h_1\hat{G}(z^{-1})}{1 + G_c(z^{-1})G_f(z^{-1})h_1[G(z^{-1}) - \hat{G}(z^{-1})]} v(k) \tag{7-86}$$

闭环系统输出偏差方程为

$$E(k) = \frac{1 - G_c(z^{-1})G(z^{-1})[z - G_f(z^{-1})h_1] - G_f(z^{-1})G_c(z^{-1})h_1\hat{G}(z^{-1})}{1 + G_c(z^{-1})G_f(z^{-1})h_1[G(z^{-1}) - \hat{G}(z^{-1})]} y_r(k)$$

$$- \frac{1 - G_c(z^{-1})G_f(z^{-1})h_1\hat{G}(z^{-1})}{1 + G_c(z^{-1})G_f(z^{-1})h_1[G(z^{-1}) - \hat{G}(z^{-1})]} v(k) \tag{7-87}$$

由式（7-87）可知，稳态时 $z \to 1$，$k \to \infty$，$G_{\mathrm{f}}(1) = 1$，但因 $G_{\mathrm{c}}(1) \neq \hat{G}(1)$，所以 $E(\infty) \neq 0$，即采用有控制加权项的二次型性能指标的单步模型算法控制系统的稳态偏差不为零，不能实现对参考输入的无偏差跟踪。

在控制器中引入积分因子，组成增量型模型算法控制，则可克服基本 MAC 的不足，使得即使存在模型失配时，系统对阶跃输入和干扰的输出偏差均为零，实现了无偏差跟踪。

7.4.3　动态矩阵控制

动态矩阵控制（DMC）是一种基于对象阶跃响应的预测控制算法，是 Culter 于 1980 年提出的。

DMC 一般采用多步预测控制实施。算法具有三个基本特征：①易于建立预测模型。通过简单的实验即可获得预测模型。②采用滚动式的有限时域优化策略，而不是采用一个不变的全局优化目标。③采用检测实际输出与模型输出之间的模型误差进行反馈校正。正是由于算法具有在线滚动优化、反馈校正控制的特点，从而使模型失配、时变、干扰等引起的不确定性能够及时得到弥补，在生产过程中获得了较好的应用效果。

一、预测模型

DMC 的预测模型用易于测取的阶跃响应序列 $a_1, a_2, \cdots, a_N$ 来表示，其中 N 为阶跃响应的截断点，也是模型域的长度。

当在系统的输入端加上一控制增量后，可在系统的输出端测得一个序列采样值，即 $a_1, a_2, \cdots, a_N$，用这种动态系数和输入量来描述各个采样时刻的系统输入和输出关系过程特性，就是被控对象的阶跃响应特性，也即其非参数数学模型。利用这一模型，根据线性系统的比例和叠加性质，可由给定的输入控制增量，预测系统未来时刻的输出。

设系统在 $(k+1)T, (k+2)T, \cdots, (k+N)T$ 离散时刻的初始值为 $y_0(k+1|k), y_0(k+2|k), \cdots,$ $y_0(k+N|k)$，控制增量序列为 $\Delta u(k), \Delta u(k+1), \cdots, \Delta u(k+M-1)$。根据线性系统的比例和叠加性质，利用采样值矢量 $[a_1, a_2, \cdots, a_N]^{\mathrm{T}}$ 作为预测模型建立模型参数，可获得在未来 P 个时刻系统输出的预测值为

$$y_{\mathrm{m}}(k+1|k) = y_0(k+1|k) + \hat{a}_1 \Delta u(k)$$

$$y_{\mathrm{m}}(k+2|k) = y_0(k+2|k) + \hat{a}_2 \Delta u(k) + \hat{a}_1 \Delta u(k+1)$$

$$\cdots$$

$$y_{\mathrm{m}}(k+P|k) = y_0(k+P|k) + \hat{a}_P \Delta u(k) + \hat{a}_{P-1} \Delta u(k+1) + \cdots + \hat{a}_{P-M+1} \Delta u(k+M-1)$$

写成矢量矩阵形式，即为

$$\boldsymbol{Y}_{\mathrm{m}}(k+1) = \boldsymbol{Y}_0(k+1) + \boldsymbol{A} \Delta \boldsymbol{U}(k) \tag{7-88}$$

$$\boldsymbol{Y}_{\mathrm{m}}(k+1) = [y_{\mathrm{m}}(k+1|k), y_{\mathrm{m}}(k+2|k), \cdots, y_{\mathrm{m}}(k+P|k)]^{\mathrm{T}}$$

$$\boldsymbol{Y}_0(k+1) = [y_0(k+1|k), y_0(k+2|k), \cdots, y_0(k+P|k)]^{\mathrm{T}}$$

$$\boldsymbol{A} = \begin{bmatrix} \hat{a}_1 & & & \\ \hat{a}_2 & \hat{a}_1 & & \mathbf{0} \\ \cdots & & & \\ \hat{a}_P & \hat{a}_{P-1} & \cdots & \hat{a}_{P-M+1} \end{bmatrix}_{P \times M}$$

$$\Delta \boldsymbol{U}(k) = [\Delta u(k), \Delta u(k+1), \cdots, \Delta u(k+M-1)]^{\mathrm{T}}$$

式中　$\boldsymbol{Y}_{\mathrm{m}}(k+1)$ ——k 时刻预测有 $\Delta u(k)$ 作用时未来 P 个时刻的预测模型输出矢量；

$\boldsymbol{Y}_0(k+1)$ ——k 时刻预测无 $\Delta u(k)$ 作用时未来 P 个时刻的输出初始矢量；

A ——动态矩阵，这里用动态系数 a_i 上面加上"^"来表示实测值或参数估计值。

下面介绍如何确定模型输出初值 $Y_0(k+1)$。模型输出初值是由 k 时刻以前加在系统输出端的控制增量产生的。假定从 $(k-N)$ 到 $(k-1)$ 时刻加入的控制增量分别为 $\Delta u(k-N)$，$\Delta u(k-N+1)$，…，$\Delta u(k-1)$，而在 $(k-N-1)$ 时刻假定 $\Delta u(k-N-1)=\Delta u(k-N-2)=0$，则对于 $y_0(k+1|k)$，$y_0(k+2|k)$，…，$y_0(k+P|k)$ 各个分量来说，有

$$y_0(k+1|k)=\hat{a}_N\Delta u(k-N)$$
$$+\underbrace{\hat{a}_N\Delta u(k-N+1)+\hat{a}_{N-1}\Delta u(k-N+2)+\cdots+\hat{a}_3\Delta u(k-2)+\hat{a}_2\Delta u(k-1)}_{N\text{-}1项}$$

$$y_0(k+2|k)=\hat{a}_N\Delta u(k-N)+\hat{a}_N\Delta u(k-N+1)+\hat{a}_N\Delta u(k-N+2)$$
$$+\hat{a}_{N-1}\Delta u(k-N+3)+\cdots+\hat{a}_4\Delta u(k-2)+\hat{a}_3\Delta u(k-1)$$

$$\cdots$$

$$y_0(k+P|k)=\underbrace{\hat{a}_N\Delta u(k-N)+\hat{a}_N\Delta u(k-N+1)+\cdots+\hat{a}_N\Delta u(k-N+P)}_{p+1个\hat{a}_N的项}$$
$$+\cdots+\hat{a}_{P+2}\Delta u(k-2)+\hat{a}_{P+1}\Delta u(k-1)$$

写成矢量/矩阵形式

$$Y_0(k+1)=\overline{A}_0\Delta U(k-1)$$

$$\Delta U(k-1)=[\Delta u(k-N),\Delta u(k-N+1),\cdots,\Delta u(k-1)]^T$$

$$\overline{A}_0=\begin{bmatrix}\hat{a}_N & \hat{a}_N & \hat{a}_{N-1} & \hat{a}_{N-2} & \cdots & & \hat{a}_3 & \hat{a}_2 \\ \hat{a}_N & \hat{a}_N & \hat{a}_N & \hat{a}_{N-1} & \cdots & & \hat{a}_4 & \hat{a}_3 \\ \vdots & \vdots & \vdots & \vdots & & & \vdots & \vdots \\ \hat{a}_N & \hat{a}_N & \hat{a}_N & \hat{a}_N & \cdots & \hat{a}_{N-1} & \cdots & \hat{a}_{P+2} & \hat{a}_{P+1}\end{bmatrix}_{P\times N}$$

对上式作进一步变换，将控制增量化为全量形式，并考虑到 $u(k-N-1)=0$，则有

$$Y_0(k+1)=A_0U(k-1) \tag{7-89}$$

$$U(k-1)=[u(k-N+1),\Delta u(k-N+2),\cdots,\Delta u(k-1)]^T$$

$$A_0=\begin{bmatrix}\hat{a}_N-\hat{a}_{N-1} & \hat{a}_{N-1}-\hat{a}_{N-2} & \hat{a}_{N-2}-\hat{a}_{N-3} & \cdots & \hat{a}_3-\hat{a}_2 & \hat{a}_2 \\ & \hat{a}_N-\hat{a}_{N-1} & \hat{a}_{N-1}-\hat{a}_{N-2} & \cdots & \hat{a}_4-\hat{a}_3 & \hat{a}_3 \\ 0 & & \ddots & & \vdots & \vdots \\ & \hat{a}_N-\hat{a}_{N-1} & \hat{a}_{N-1}-\hat{a}_{N-2} & \cdots & \hat{a}_{P+2}-\hat{a}_{P+1} & \hat{a}_{P+1}\end{bmatrix}_{P\times(N-1)}$$

将式（7-89）代入式（7-88），可以求出用过去施加于系统的控制量表示初值的预测模型输出为

$$Y_m(k+1)=A\Delta U(k)+A_0U(k-1) \tag{7-90}$$

$$Y_m(k+1)=[y_m(k+1|k),y_m(k+2|k),\cdots,y_m(k+N|k)]^T$$

式中 $Y_m(k+1)$ ——模型输出向量；

$A\Delta U(k)$ ——零状态响应，即待求的未知控制增量；

$A_0U(k-1)$ ——零输入响应，也即过去控制量产生的系统已知输出初值。

二、误差校正

由于模型误差、时变和干扰等诸多因素对预测值的影响，需要对预测输出进行修正，通常采用实际输出与预测模型输出之差对系统预测输出进行修正，即

$$Y_P(k+1) = Y_m(k+1) + he(k) \tag{7-91}$$
$$= A\Delta U(k+1) + A_0 U(k-1) + he(k)$$

式中　$Y_P(k+1)$——预测输出向量，$Y_P(k+1) = [y_p(k+1), \cdots, y_p(k+P)]^T$；

　　　$e(k)$——k 时刻预测模型输出误差，$e(k) = y(k) - y_m(k)$；

　　　h——误差修正系数矩阵，$h = [h_1, h_2, \cdots, h_P]^T$。

三、滚动优化

预测控制是一种优化控制算法，但它与通常的离散最优控制算法不同，不是采用一个不变的全局最优化目标，而是采用滚动式的有限时域优化策略，即优化过程不是一次离线完成，而是反复在线进行。这种局部的有限时域的优化目标使它只能获得全局的次优解。但是由于这种优化过程是在线反复进行，而且能更为及时地校正因模型失配、时变和干扰引起的不确定性，始终把优化过程建立在从实际过程中获得的最新信息的基础上，因此可以获得鲁棒性较满意的结果。

取跟踪和控制加权的二次型性能指标如下

$$J = [Y_P(k+1) - Y_r(k+1)]^T Q[Y_P(k+1) - Y_r(k+1)] + \Delta U^T(k)\lambda\Delta U(k) \tag{7-92}$$

由 $\partial J / \partial \Delta U(k) = 0$，化简后得

$$\Delta U(k) = (A^T Q A + \lambda)^{-1} A^T Q[Y_r(k+1) - A_0 U(k-1) - he(k)] \tag{7-93}$$

将式（7-93）展开，即可求出从 k 到 $k+M-1$ 时刻的顺序开环控制增量，即

$$\Delta u(k+i-1) = d_i^T[Y_r(k+1) - A_0 U(k-1) - he(k)] \tag{7-94}$$

式中　d_i^T——$(A^T Q A + \lambda)^{-1} A^T Q$ 的第 i 行。

如果只执行当前时刻的控制增量 $\Delta u(k)$ 一步，$k+1$ 及以后时刻的控制量重新计算的闭环控制策略，则只须计算 $(A^T Q A + \lambda)^{-1} A^T Q$ 的第一行即为最优控制律。

由式（7-94）可以看出，在 k 时刻，即时控制增量 $\Delta u(k)$ 给出实际控制输入 $u(k) = \Delta u(k-1) + \Delta u(k)$ 作用于受控对象，到下一时刻，又须重新计算 $\Delta u(k+1)$。因此，将此种方式称为"滚动优化"。

四、闭环系统的特性分析

对式（7-94）进行进一步推导，可知 DMC 也具有内模控制结构，因此可得到闭环系统的输出方程和偏差方程分别为

$$y(k) = \frac{G_c(z^{-1})G(z^{-1})D_r(z^{-1})}{1 + G_c(z^{-1})G_f(z^{-1})h_f[G(z^{-1}) - \hat{G}(z^{-1})]} y_r(k+P)$$
$$+ \frac{1 - G_c(z^{-1})G_f(z^{-1})h_f\hat{G}(z^{-1})}{1 + G_c(z^{-1})G_f(z^{-1})h_f[G(z^{-1}) - \hat{G}(z^{-1})]} v(k) \tag{7-95}$$

$$E(k) = \frac{1 - G_c(z^{-1})G(z^{-1})[z^P D_r(z^{-1}) - G_f(z^{-1})h_f] - G_f(z^{-1})h_f G_c(z^{-1})\hat{G}(z^{-1})}{1 + G_c(z^{-1})G_f(z^{-1})h_f[G(z^{-1}) - \hat{G}(z^{-1})]} y_r(k)$$
$$- \frac{1 - G_c(z^{-1})G_f(z^{-1})h_f\hat{G}(z^{-1})}{1 + G_c(z^{-1})G_f(z^{-1})h_f[G(z^{-1}) - \hat{G}(z^{-1})]} v(k) \tag{7-96}$$

式中　$G(z^{-1}) = z^{-1}[a_1 + (a_2 - a_1)z^{-1} + (a_3 - a_2)z^{-2} + \cdots + (a_N - a_{N-1})z^{-N+1}]$
　　　$= z^{-1}(g_1 + g_2 z^{-1} + g_3 z^{-2} + \cdots + g_N z^{-N+1})$

$$\hat{G}(z^{-1}) = z^{-1}[\hat{a}_1 + (\hat{a}_2 - \hat{a}_1)z^{-1} + (\hat{a}_3 - \hat{a}_2)z^{-2} + \cdots + (\hat{a}_N - \hat{a}_{N-1})z^{-N+1}]$$
$$= z^{-1}(\hat{g}_1 + \hat{g}_2 z^{-1} + \hat{g}_3 z^{-2} + \cdots + \hat{g}_N z^{-N+1})$$

系统达到稳态时 $(k \to \infty, z^{-1} = 1)$，$G(1) = a_N, \hat{G}(1) = \hat{a}_N, G_c(1) = \hat{a}_N^{-1}$，如果取 $G_f(1) = 1$，$D_r(1) = 1, h_1 = h_2 = \cdots = h_P = 1$，则有

$$E(\infty) = \frac{1 - G_c(1)G(1)[D_r(1) - G_f(1)] - G_f(1)G_c(1)\hat{G}(1)}{1 + G_c(1)G_f(1)[G(1) - \hat{G}(1)]} y_r(\infty)$$
$$- \frac{1 - G_c(1)G_f(1)\hat{G}(1)}{1 + G_c(1)G_f(1)[G(1) - \hat{G}(1)]} v(\infty) = 0$$

上式表明，即使模型失配，系统对阶跃响应和干扰的输出偏差均为零，因而可以实现对参考输入的无偏差跟踪。

当模型完全匹配时，闭环系统的输出方程为

$$y(k) = \frac{G(z^{-1})D_r(z^{-1})}{F(z^{-1})} y_r(k+P) + \frac{F(z^{-1}) - G_f(z^{-1})h_f\hat{G}(z^{-1})}{F(z^{-1})} v(k) \qquad (7\text{-}97)$$

$$F(z^{-1}) = 1/G_c(z^{-1})$$

由式（7-97）可见，系统的稳定性由控制器的稳定性来确定，因此，只要控制器稳定，闭环系统总是稳定的。

当模型失配时，闭环稳定性由闭环系统输出方程的特征方程确定，即

$$F(z^{-1}) + G_f(z^{-1})h_f[G(z^{-1}) - \hat{G}(z^{-1})] = 0 \qquad (7\text{-}98)$$

与完全匹配情况相比较，特征方程中增加了一项模型失配项，一般情况下，可通过适当地设计和选择反馈滤波器的结构及参数，使闭环系统稳定。也可利用 Jury 稳定判据来检验闭环系统的稳定性。

7.4.4　广义预测控制

进入 20 世纪 80 年代，随着模型算法控制（MAC）的问世，相继出现了动态矩阵控制（DMC），扩展时域预测自适应控制（EPSAC）等结构各异的预测控制算法。这些算法或基于有限脉冲响应或基于有限阶跃响应模型，算法简单，易于实现。1984 年，Clarke 和他的合作者在上述算法的基础上提出了广义预测控制（GPC）的思想及方法。由于 GPC 采用传统的参数模型，参数数目较少，对于过程和参数慢时变的系统，易于在线估计参数，实现自适应控制，因而 GPC 被认为是最具代表性的预测控制算法之一，并被广泛应用于工业过程控制中。

不同于前面讨论的两种采用非参数模型的预测控制算法，在 GPC 中，采用了最小化的参数模型。由于描述系统的参数较少，因此计算量也相对要少，适合于在线计算，这也是 GPC 算法突出的特点。

设广义预测控制被控对象的数学模型，采用下列具有随机阶跃扰动非平稳噪声的离散差分方程描述，即

$$A(z^{-1})y(k) = B(z^{-1})u(k-1) + C(z^{-1})v(k)/\Delta \qquad (7\text{-}99)$$

$$A(z^{-1}) = 1 + a_1 z^{-1} + \cdots + a_{n_a} z^{-n_a}$$

$$B(z^{-1}) = b_0 + b_1 z^{-1} + \cdots + b_{n_b} z^{-n_b}$$

$$C(z^{-1}) = 1 + c_1 z^{-1} + \cdots + c_{n_c} z^{-n_c}$$

式中　y、u、v——系统输出、输入和均值为零，方差为σ^2的白噪声；

　　　　Δ——差分算子，$\Delta = 1 - z^{-1}$。

用差分算子乘以式（7-99）的两端后得

$$\overline{A}(z^{-1}) y(k) = B(z^{-1}) \Delta u(k-1) + C(z^{-1}) v(k) \tag{7-100}$$

$$\overline{A}(z^{-1}) = A(z^{-1}) \Delta = 1 + \sum_{i=1}^{n_a+1} \overline{a}_i z^{-i}$$

这样，被控系统的数学模型即被处理成为具有平稳随机干扰噪声、采用控制增量、有积分作用的系统，因而能够有效地抑制随机阶跃噪声。这种模型被称为受控自回归积分滑动平均（Controlled Auto-Regressive Integrated Moving Average，CARIMA）模型。为了简化计算，同时也不失一般性，在本节以后的讨论中令$C(z^{-1}) = 1$。

一、多步导前输出预测

（一）j 步导前输出预测

根据预测控制理论，可利用直到 k 时刻为止的输入、输出数据，对 $k + j$ 时刻系统的输出进行预测。因此，引入下述 Diophantine 方程

$$1 = \overline{A}(z^{-1}) R_j(z^{-1}) + z^{-j} S_j(z^{-1}) \tag{7-101}$$

$$\deg R_j = j - 1, \quad \deg S_j = n_a, \quad S_j(z^{-1}) = \sum_{i=0}^{n_a} S_{j,i} z^{-i}, \quad R_j(z^{-1}) = 1 + \sum_{i=1}^{j-1} r_{j,i} z^{-i}$$

用 $R_j(z^{-1})$ 乘以式（7-100）的两端得

$$\overline{A}(z^{-1}) R_j(z^{-1}) y(k) = B(z^{-1}) R_j(z^{-1}) \Delta u(k-1) + R_j(z^{-1}) v(k) \tag{7-102}$$

将式（7-101）代入式（7-102），化简后得

$$y(k+j) = \overline{G}_j(z^{-1}) \Delta u(k+j-1) + S_j(z^{-1}) y(k) + R_j(z^{-1}) v(k+j) \tag{7-103}$$

$$\overline{G}_j(z^{-1}) = B(z^{-1}) R_j(z^{-1})$$

$$= g_{j,0} + g_{j,1} z^{-1} + \cdots + g_{j,n_b+j-1} z^{-(n_b+j-1)}$$

分析式（7-103），右边前两项为最优预测，第三项为预测误差，即

$$y(k+j) = y_P(k+j \mid k) + R_j(z^{-1}) v(k+j) \tag{7-104}$$

因此，j 步导前最优预测为

$$y_P(k+j \mid k) = \overline{G}_j(z^{-1}) \Delta u(k+j-1) + S_j(z^{-1}) y(k) \tag{7-105}$$

式中　j——预测步数，$j = 1, 2, \cdots, P$；

　　　　P——最大预测时域长度。

由式（7-105）可知，当预测步数改变时，多步输出预测式（7-105）中的 $S_j(z^{-1})$, $\overline{G}_j(z^{-1})$ 也不同，需要利用 Diophantine 方程式（7-101）重新计算。因此需要求出 $R_j(z^{-1})$, $S_j(z^{-1})$, $\overline{G}_j(z^{-1})$ 的递推解，以节省在线计算时间。

写出式（7-101）的 $j+1$ 步预测，并与式（7-101）相减，即可推出 $R_j(z^{-1})$、$S_j(z^{-1})$ 的递推公

式为

$$
\left.\begin{array}{c}
r_{j+1,i} = s_{j,0} = s_j(0) \\
s_{j+1,i} = s_{j,i+1} - \overline{a}_{i+1} s_{j,0} \quad (0 \leqslant i \leqslant n_a) \\
s_{j+1,n_a} = -s_{j,0} \overline{a}_{n_a+1}
\end{array}\right\}
\tag{7-106}
$$

初值由 $j=0$ 时的 Diophantine 方程解出

$$
\begin{cases}
R_1(z^{-1}) = r_0 = 1 \\
S_1(z^{-1}) = z[1 - \overline{A}(z^{-1})]
\end{cases}
\tag{7-107}
$$

$\overline{G}_j(z^{-1})$ 的递推公式为

$$
\begin{cases}
g_{j+1,i} = g_{j,i} + s_{j,0} b_{i-j} \quad (0 \leqslant i \leqslant j + n_a) \\
b_{i-j} = 0 \qquad\qquad (i < j)
\end{cases}
\tag{7-108}
$$

初值为 $\overline{G}_1(z^{-1}) = B(z^{-1}) R_1(z^{-1}) = B(z^{-1})$。

（二）多步输出预测

当预测时域长度 j 取 1 到 P 时，其多步输出预测值可利用上面推导的 $S_j(z^{-1})$，$\overline{G}_j(z^{-1})$ 的递推公式求得，其矢量矩阵形式为

$$
Y_P(k+1) = G\Delta U(k) + F_0 \Delta U(k-1) + S(z^{-1}) y(k)
\tag{7-109}
$$

$$
Y_P(k+1) = [y_P(k+1|k), y_P(k+2|k), \cdots, y_P(k+P|k)]^{\mathrm{T}}
$$

$$
\Delta U(k) = [\Delta u(k), \Delta u(k+1), \cdots, \Delta u(k+P-1)]^{\mathrm{T}}
$$

$$
\Delta U(k-1) = [\Delta u(k-n_b), \Delta u(k-n_b+1), \cdots, \Delta u(k-1)]^{\mathrm{T}}
$$

$$
S(z^{-1}) = [S_1(z^{-1}), S_2(z^{-1}), \cdots, S_P(z^{-1})]^{\mathrm{T}}
$$

$$
G = \begin{bmatrix}
g_{1,0} & & & \\
g_{2,1} & g_{1,0} & & \mathbf{0} \\
\vdots & \vdots & & \\
g_{P,P-1} & g_{P-1,P-2} & \cdots & g_{2,1} & g_{1,0}
\end{bmatrix}_{P \times P}
$$

$$
F_0 = \begin{bmatrix}
g_{1,n_b} & g_{1,n_b-1} & & g_{1,2} & g_{1,1} \\
g_{2,n_b+1} & g_{2,n_b} & & g_{2,3} & g_{2,2} \\
\vdots & \vdots & & & \\
g_{P,n_b+P-1} & g_{P,n_b+P-2} & \cdots & g_{P,P+1} & g_{P,P}
\end{bmatrix}_{P \times n_b}
$$

二、最优控制律

GPC 采用如下对输出误差和控制增量加权的二次型性能指标

$$
J = E\left\{ \sum_{j=N_1}^{P} q_j [y(k+j) - y_r(k+j)]^2 + \sum_{j=1}^{M} \lambda_j [\Delta u(k+j-1)]^2 \right\}
\tag{7-110}
$$

$$
\begin{cases}
y_r(k+j) = \alpha_r y_r(k+j-1) + (1-\alpha_r)\omega \quad (j=1,2\cdots) \\
y_r(k) = y(k)
\end{cases}
$$

式中　P ——最大预测时域长度；

　　　N_1 ——最小预测长度，通常取 1；

　　　M ——控制时域长度，一般选 $M < P$；

q_j, λ_j ——输出预测误差与控制增量加权系数，一般取为常值；

$y_r(k+j)$ ——输入参考轨迹。

对于式（7-110），令 $\partial J / \partial \Delta U(k) = 0$，整理得出最优控制律为

$$\Delta U(k) = (G^T Q G + \lambda)^{-1} G^T Q [Y_r(k+1) - F_0(z^{-1}) \Delta U(k-1) - S(z^{-1}) y(k)] \tag{7-111}$$

将式（7-111）展开，即可求出从 k 到 $k+M-1$ 时刻进行顺序开环控制的增量序列为

$$\Delta u(k+i-1) = d_i^T [Y_r(k+1) - F_0 \Delta U(k-1) - S(z^{-1}) y(k)] \tag{7-112}$$

式中 d_i^T —— $(G^T Q G + \lambda)^{-1} G^T Q$ 的第 i 行矢量，$d_i^T = [d_{i1}, d_{i2}, \cdots, d_{iP}]$。

为了充分调用多步预测中的有用信息，采用有平滑滤波作用的输入加权的控制律，可使 GPC 的控制效果进一步改善，即当前的控制量是现在和过去对现时预测控制量的加权平均和，即

$$u(k) = \frac{\sum_{i=1}^{M} \gamma(i) u(k \mid k-i+1)}{\sum_{i=1}^{M} \gamma(i)} \tag{7-113}$$

式中 $\gamma(i)$ ——控制量加权系数。

三、闭环系统特性

将 GPC 控制方程式（7-112）做简单变换，即可求得 GPC 系统的原理结构图（如图 7-28 所示），其系统仍具有内模控制结构。根据 IMC 结构图，可写出 GPC 闭环系统的输入和输出方程为

$$u(k) = \frac{G_c(z^{-1})}{1 + S_c(z^{-1}) G_c(z^{-1}) [G(z^{-1}) - \hat{G}(z^{-1})]} D_r(z^{-1}) y_r(k+P)$$

$$\times \frac{S_c(z^{-1}) G_c(z^{-1}) \dfrac{1}{A}}{1 + S_c(z^{-1}) G_c(z^{-1}) [G(z^{-1}) - \hat{G}(z^{-1})]} v(k) \tag{7-114}$$

$$y(k) = \frac{G_c(z^{-1}) G(z^{-1})}{1 + S(z^{-1}) G_c(z^{-1}) [G(z^{-1}) - \hat{G}(z^{-1})]} D_r(z^{-1}) y_r(k+P)$$

$$+ \frac{[1 - S_c(z^{-1}) G_c(z^{-1}) \hat{G}(z^{-1})] \dfrac{1}{A}}{1 + S_c(z^{-1}) G_c(z^{-1}) [G(z^{-1}) - \hat{G}(z^{-1})]} v(k) \tag{7-115}$$

系统的输出偏差方程为

$$E(k) = \frac{A(z^{-1}) F_c(z^{-1}) + z^{-1} B(z^{-1}) [S_c(z^{-1}) - z^{-P} D_r(z^{-1})]}{A(z^{-1}) F_c(z^{-1}) + z^{-1} B(z^{-1}) S_c(z^{-1})} y_r(k)$$

$$- \frac{F_c(z^{-1})}{A(z^{-1}) F_c(z^{-1}) + z^{-1} B(z^{-1}) S_c(z^{-1})} v(k) \tag{7-116}$$

闭环系统的稳定性可由下列特征方程确定

$$A(z^{-1}) F_c(z^{-1}) + z^{-1} B(z^{-1}) S_c(z^{-1}) = 0 \tag{7-117}$$

闭环系统的稳定性设计可以采用两步走的方法，即当模型匹配时，首先通过调整 P、M、Q、λ 等参数，设计一个控制器使系统稳定。然后再通过调整反馈回路中的反馈滤波器的参数 α_i 使模型失配时闭环稳定，并有较好的动态品质和鲁棒性。

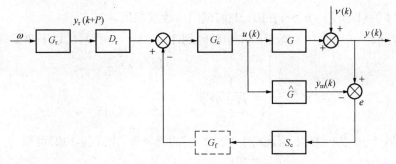

图 7-28　GPC 系统的原理结构图

分析闭环系统的输出偏差方程可知，稳态时，$k \to \infty, z^{-1} = 1$，$F_c(1) = 0$、$S_c(1) = 1$、$F(1) = \hat{G}(1)$，所以 $E(\infty) = 0$，即 GPC 系统可获得零稳态偏差特性。

7.5　模 糊 控 制

模糊控制是将模糊集合理论应用于控制的结果。模糊集合理论是由美国加利福尼亚大学的 L.A.Zadeh 教授于 1965 年提出的，至今已经应用于自然科学技术及社会科学的许多领域。模糊控制作为控制领域中的一种应用，是模仿人的思维方式，基于模糊推理对难以建立精确数学模型的对象实施的一种新型计算机控制方法。模糊控制的突出特点在于：①不需要被控对象精确的数学模型，只需要提供现场操作人员的经验及操作数据；②鲁棒性和适应性好，适用于解决常规控制难以解决的非线性、时变系统等；③以语言变量代替常规的数学变量，反映人类智慧，容易构成专家的"知识"；④控制规则易于软件实现。

7.5.1　模糊控制基础

一、模糊集合理论的基本知识

客观世界和人类思维中普遍存在着模糊现象，模糊的词义通常包括"不清晰"、"不确定"的概念，例如大、小、冷、热、中等、非常小等词语。而传统的工程设计方法只能用数据信息，无法使用语言信息。模糊理论即是以严格的数学框架来描述、处理人类思维和语言、具有模糊特性的概念。

（一）特征函数和隶属函数

数学上常用到集合的概念。对于某一特定元素，要么它属于某个集合，要么不属于该集合，归属性很清楚，不存在含混不清的情况，数学中的定义普遍是属于这个范畴。这种特性可以用特征函数 $\mu_A(x)$ 来描述，即

$$\mu_A(x) = \begin{cases} 1, & x \in A \\ 0, & x \notin A \end{cases} \tag{7-118}$$

为了表示模糊概念，需要引入模糊集合、隶属函数及隶属度的概念。隶属函数定义为

$$\mu_A(x) = \begin{cases} 1 & , \quad x \in A \\ (0,1) & , x \in A\text{的程度} \\ 0 & , \quad x \notin A \end{cases} \tag{7-119}$$

式中　A——模糊集合，由 0、1 和特征函数构成。

模糊集合的特征函数 $\mu_A(x)$ 称为隶属函数，表示元素 x 属于模糊集合 A 的程度，或称 x

属于模糊集合 A 的隶属度，$\mu_A(x)$ 在[0，1]的范围内连续取值。

例如，A 表示"年轻人"的集合，在年龄区间[15，35]内，可写出以下隶属函数

$$\mu_A(x) = \begin{cases} 1 & 15 \leq x < 25 \\ \dfrac{1}{1 + \dfrac{(x-25)^2}{25}} & 25 \leq x \leq 35 \end{cases} \tag{7-120}$$

若研究年龄为 30 岁和 35 岁的人对于"年轻人"的隶属度，由式（7-120）可得，$\mu_A(30) = 0.5$，$\mu_A(35) = 0.2$。

（二）模糊集合的表示

模糊集合 A 常用三种方法表示。

（1）Zadeh 表示法。

$$A = \frac{A(x_1)}{x_1} + \frac{A(x_2)}{x_2} + \cdots + \frac{A(x_n)}{x_n} \tag{7-121}$$

$$A(x_i) = \mu_A(x_i)$$

式中　"$+$"——连接符号；

　　分数线——元素 x_i 与隶属度的对应关系。

（2）矢量表示法。

$$A = \left\{ A(x_1) \quad A(x_2) \quad \cdots \quad A(x_n) \right\} \tag{7-122}$$

注意这种方法应列入所有元的隶属度，包括 0。

（3）隶属函数表示法。模糊集合也可完全由隶属函数 $\mu_A(x)$ 来表征，如某模糊集合 A 可以表示为

$$A = \left[1 + \left(\frac{x-25}{5} \right)^2 \right]^{-1} \tag{7-123}$$

二、模糊集合的运算

对于模糊集合而言，元素与集合之间不存在属于或不属于的确定关系，但是仍可以定义一些算子及运算。

（一）基本运算

由于模糊集合是使用隶属函数来表征的，因此集合间的运算实际上即是逐个点对隶属度进行相应的运算。

（1）空集。模糊集合 A 的空集 $\varnothing$ 为普遍集，其隶属度为 0，即

$$A = \varnothing \Leftrightarrow \mu_A(x) = 0 \tag{7-124}$$

（2）全集。模糊集合 A 的全集 E 为普遍集，其隶属度为 1，即

$$A = E \Leftrightarrow \mu_A(x) = 1 \tag{7-125}$$

（3）等集。两个模糊集合 A 和 B，若对所有的元素 x，其隶属函数相等，则 A 和 B 也相等，即

$$A = B \Leftrightarrow \mu_A(x) = \mu_B(x) \tag{7-126}$$

（4）补集。若模糊集合 $\overline{A}$ 为模糊集合 A 的补集，则

$$\overline{A} \Leftrightarrow \mu_{\overline{A}}(x) = 1 - \mu_A(x) \tag{7-127}$$

（5）子集。若模糊集合 B 为模糊集合 A 的子集，则

$$B \subseteq A \Leftrightarrow \mu_B(x) \leqslant \mu_A(x) \tag{7-128}$$

（6）并集。两个模糊集合 A 和 B 的并集表示为

$$A \bigcup B \Leftrightarrow \mu_{A \bigcup B}(x) = \max\{\mu_A(x), \mu_B(x)\} = \mu_A(x) \vee \mu_B(x) \tag{7-129}$$

式中　$\vee$——或算子，定义为对集合的隶属度做极大运算。

（7）交集。两个模糊集合 A 和 B 的交集表示为

$$A \bigcap B \Leftrightarrow \mu_{A \bigcap B}(x) = \min\{\mu_A(x), \mu_B(x)\} = \mu_A(x) \wedge \mu_B(x) \tag{7-130}$$

式中　$\wedge$——与算子，定义为对集合的隶属度做极小运算。

（8）模糊运算的基本性质。模糊集合除以上基本运算性质外，还有表 7-3 所示的一些运算性质。

表 7-3　　　　　　　　　　　　　模 糊 运 算 的 性 质

名称	运 算 法 则
幂等律	$A \bigcup A = A, \quad A \bigcap A = A$
交换律	$A \bigcup B = B \bigcup A, \quad A \bigcap B = B \bigcap A$
结合律	$(A \bigcup B) \bigcup C = A \bigcup (B \bigcup C), \quad (A \bigcap B) \bigcap C = A \bigcap (B \bigcap C)$
吸收律	$A \bigcup (A \bigcap B) = A, \quad A \bigcap (A \bigcup B) = A$
分配律	$A \bigcup (B \bigcap C) = (A \bigcup B) \bigcap (A \bigcup C), \quad A \bigcap (B \bigcup C) = (A \bigcap B) \bigcup (A \bigcap C)$
复原律	$\overline{\overline{A}} = A$
对偶律	$\overline{A \bigcup B} = \overline{A} \bigcap \overline{B}, \quad \overline{A \bigcap B} = \overline{A} \bigcup \overline{B}$
两极律	$A \bigcup E = E, \quad A \bigcap E = A; \quad A \bigcup \varnothing = A, \quad A \bigcap \varnothing = \varnothing$

【例 7-1】　设 $A = \dfrac{0.5}{x_1} + \dfrac{0.3}{x_2} + \dfrac{0.4}{x_3} + \dfrac{0.2}{x_4} + \dfrac{0.1}{x_5}$，$B = \dfrac{0.2}{x_1} + \dfrac{0.8}{x_2} + \dfrac{0.1}{x_3} + \dfrac{0.7}{x_4} + \dfrac{0.4}{x_5}$，求 $A \bigcup B$，

$A \bigcap B$。

　　解

$$A \bigcup B = \frac{0.5}{x_1} + \frac{0.8}{x_2} + \frac{0.4}{x_3} + \frac{0.7}{x_4} + \frac{0.4}{x_5}$$

$$A \bigcap B = \frac{0.2}{x_1} + \frac{0.3}{x_2} + \frac{0.1}{x_3} + \frac{0.2}{x_4} + \frac{0.1}{x_5}$$

（二）模糊算子

模糊集合的逻辑运算实际上就是隶属函数的运算。采用此前所说的或算子、与算子进行模糊集合的交、并逻辑运算是最常用的方法。除此之外，还有其他一些模糊算子。

设有模糊集合 A、B 和 C，常用的模糊算子有：

（1）交运算算子。设 $C = A \bigcap B$，有三种模糊算子。

1）模糊交算子。

$$\mu_C(x) = \min\{\mu_A(x), \mu_B(x)\} \tag{7-131}$$

2）代数积算子。

$$\mu_C(x) = \mu_A(x)\mu_B(x) \tag{7-132}$$

3）有界积算子。

$$\mu_C(x) = \max\{0, \mu_A(x) + \mu_B(x) - 1\} \tag{7-133}$$

（2）并运算算子。设 $C = A \cup B$，有三种模糊算子。

1）模糊交算子。

$$\mu_C(x) = \max\{\mu_A(x), \mu_B(x)\} \tag{7-134}$$

2）概率或算子。

$$\mu_C(x) = \mu_A(x) + \mu_B(x) - \mu_A(x)\mu_B(x) \tag{7-135}$$

3）有界和算子。

$$\mu_C(x) = \min\{1, \mu_A(x) + \mu_B(x)\} \tag{7-136}$$

（3）平衡算子。当隶属函数取最大、最小运算时，难免会丢失信息，若用平衡算子，即"γ 算子"，即可起到补偿作用。

设 $C = A \circ B$，则

$$\mu_C(x) = [\mu_A(x)\mu_B(x)]^{1-\gamma}\left\{1 - [1 - \mu_A(x)][1 - \mu_B(x)]\right\}^{\gamma} \tag{7-137}$$

其中，γ 取值为[0，1]。当 $\gamma = 0$ 时，$\mu_C(x) = \mu_A(x)\mu_B(x)$，相当于 $A \cap B$ 时的代数积算子；当 $\gamma = 1$ 时，$\mu_C(x) = \mu_A(x) + \mu_B(x) - \mu_A(x)\mu_B(x)$，相当于 $A \cup B$ 时的概率或算子。

三、模糊关系及其运算

描述客观事物之间的联系的数学模型称为关系。关系是集合中的一个重要概念，精确描述了元素之间是否相关，而模糊集合中的模糊关系则是描述元素之间相关的程度。

（一）模糊矩阵

【例 7-2】某学校组织英语、数学、物理、化学考试，各科满分为 100 分。对一组同学甲、乙、丙的成绩进行统计，见表 7-4。

表 7-4　　　　　　　　　　　　　成 绩 统 计 表

姓　　名＼功　课	英语	数学	物理	化学
甲	70	90	80	65
乙	90	85	76	70
丙	50	95	85	80

令 $X = \{$甲，乙，丙$\}$，$Y = \{$英语，数学，物理，化学$\}$，取隶属函数 $\mu(x) = \dfrac{x}{100}$，其中 x 为成绩。若将他们的成绩转化为隶属度，则构成一个 $x \times y$ 上的一个模糊关系 $\boldsymbol{R}$，见表 7-5。

表 7-5　　　　　　　　　　　　　成 绩 表 的 模 糊 化

姓　　名＼功　课	英语	数学	物理	化学
甲	0.70	0.90	0.80	0.65
乙	0.90	0.85	0.76	0.70
丙	0.50	0.95	0.85	0.80

将表 7-5 写成矩阵形式为

$$\boldsymbol{R} = \begin{bmatrix} 0.70 & 0.90 & 0.80 & 0.65 \\ 0.90 & 0.85 & 0.76 & 0.70 \\ 0.50 & 0.95 & 0.85 & 0.80 \end{bmatrix}$$

上面这一矩阵称为模糊矩阵，其各个元素在[0，1]闭环区间内取值。矩阵 $\boldsymbol{R}$ 也可以用关系图来表示，此处不再详述。

（二）模糊矩阵的运算

设有 n 阶模糊矩阵 $\boldsymbol{A}$ 和 $\boldsymbol{B}$ ，$\boldsymbol{A}=(a_{ij})$ ，$\boldsymbol{B}=(b_{ij})$ ，$i,j=1,2,\cdots,n$ 。模糊矩阵定义了以下几种运算方式。

（1）相等。若 $a_{ij}=b_{ij}$ ，则 $\boldsymbol{A}=\boldsymbol{B}$ 。

（2）包含。若 $a_{ij} \leqslant b_{ij}$ ，则 $\boldsymbol{A} \subseteq \boldsymbol{B}$ 。

（3）并运算。若 $c_{ij}=a_{ij} \vee b_{ij}$ ，则 $\boldsymbol{C}=(c_{ij})$ 为 $\boldsymbol{A}$ 和 $\boldsymbol{B}$ 的并，表示为 $\boldsymbol{C}=\boldsymbol{A} \bigcup \boldsymbol{B}$ 。

（4）交运算。若 $c_{ij}=a_{ij} \wedge b_{ij}$ ，则 $\boldsymbol{C}=(c_{ij})$ 为 $\boldsymbol{A}$ 和 $\boldsymbol{B}$ 的交，表示为 $\boldsymbol{C}=\boldsymbol{A} \bigcap \boldsymbol{B}$ 。

（5）补运算。若 $c_{ij}=1-a_{ij}$ ，则 $\boldsymbol{C}=(c_{ij})$ 为 $\boldsymbol{A}$ 的补，表示为 $\boldsymbol{C}=\overline{\boldsymbol{A}}$ 。

（6）合成运算。设矩阵 $\boldsymbol{A}$ 是 $x \times y$ 上的模糊关系，矩阵 $\boldsymbol{B}$ 是 $y \times z$ 上的模糊关系，则 $\boldsymbol{A}$ 与 $\boldsymbol{B}$ 的合成 $\boldsymbol{C}$ 是在 $x \times z$ 上的模糊关系，表示为

$$\boldsymbol{C}=(c_{ij})=\boldsymbol{A} \circ \boldsymbol{B} , \quad c_{ij}=\underset{k}{\vee}\left\{a_{ik} \wedge b_{kj}\right\}$$

例如，$\boldsymbol{A}=\begin{bmatrix} a_{11} & a_{12} \\ a_{21} & a_{22} \end{bmatrix}$ ，$\boldsymbol{B}=\begin{bmatrix} b_{11} & b_{12} \\ b_{21} & b_{22} \end{bmatrix}$ ，$\boldsymbol{C}=(c_{ij})=\boldsymbol{A} \circ \boldsymbol{B}=\begin{bmatrix} c_{11} & c_{12} \\ c_{21} & c_{22} \end{bmatrix}$ ，有

$$c_{11}=(a_{11} \wedge b_{11}) \vee (a_{12} \wedge b_{21})$$
$$c_{12}=(a_{11} \wedge b_{12}) \vee (a_{12} \wedge b_{22})$$
$$c_{21}=(a_{21} \wedge b_{11}) \vee (a_{22} \wedge b_{21})$$
$$c_{22}=(a_{21} \wedge b_{12}) \vee (a_{22} \wedge b_{22})$$

四、模糊推理

推理是根据已知条件，按照一定的规则、关系推断结果的思维过程。模糊推理是基于模糊语句描述的模糊关系作出的一种近似推理。

（一）模糊语句

含有模糊概念的语法规则构成的语句称为模糊语句，常见的有三种类型。

（1）语句本身带有模糊性，也称为模糊命题，如"今天很热"。

（2）基于模糊判断的模糊逻辑，如"甲是好学生"，其中"好学生"的概念是模糊的。

（3）模糊推理，如"今天是晴天，因此很暖和"。

（二）模糊推理

常用的模糊推理语句有两种，即

（1）If A then B else C ；

（2）If A and B then C 。

以第二种推理语句为例，可构成一个简单的模糊控制器，如图 7-29 所示。

图 7-29　两输入单输出的模糊控制器

其中，A、B、C 分别是 x、y、z 上的模糊集合，A 为误差信号上的模糊子集，B 为误差变化率上的模糊子集，C 为控制器输出上的模糊子集。

常用的模糊推理方法有 Zadeh 法、Mamdani 法、Baldwin 法、Yager 法等。此处仅介绍 Zadeh 法和 Mamdani 法。

（1）Zadeh 法。Zadeh 法是较为常用的一种模糊推理方法，其基本原理为：设 A 是 x 上的模糊集合，B 是 y 上的模糊集合，模糊蕴涵关系"If A then B"，用 $A \rightarrow B$ 表示，则 $A \rightarrow B$ 是 $x \times y$ 上的模糊关系，即

$$R = A \rightarrow B = (A \bigcap B) \bigcup (1 - \overline{A}) \tag{7-138}$$

【例 7-3】 设 $X = Y = \{1,2,3,4,5\}$，X、Y 上的模糊子集"大"、"小"、"较小"分别定义为

$$"大" = \frac{0.4}{3} + \frac{0.7}{4} + \frac{1}{5}$$

$$"小" = \frac{1}{1} + \frac{0.7}{2} + \frac{0.3}{3}$$

$$"较小" = \frac{1}{1} + \frac{0.6}{2} + \frac{0.4}{3} + \frac{0.2}{4}$$

已知规则为：若 x 小，则 y 大。试判断：当 x 较小时，则 $y = ?$

解　已知 $\mu_{小}(x) = [1 \quad 0.7 \quad 0.3 \quad 0 \quad 0]$，$\mu_{大}(y) = [0 \quad 0 \quad 0.4 \quad 0.7 \quad 1]$，而 $\mu_{较小} = [1 \quad 0.6 \quad 0.4 \quad 0.2 \quad 0]$

由 Zadeh 推理规则，$R = \mu_{小 \rightarrow 大}(x) = [\mu_{小}(x) \bigcup \mu_{大}(y)] \bigcap [1 - \mu_{小}(x)]$，可得关系矩阵为

$$R = \begin{bmatrix} 0 & 0 & 0.4 & 0.7 & 1 \\ 0.3 & 0.3 & 0.4 & 0.7 & 0.7 \\ 0.6 & 0.6 & 0.6 & 0.6 & 0.6 \\ 1 & 1 & 1 & 1 & 1 \\ 1 & 1 & 1 & 1 & 1 \end{bmatrix} \tag{7-139}$$

$$\mu(y) = \mu_{较小}(x) \circ R$$

$$= \frac{0.4}{1} + \frac{0.4}{2} + \frac{0.4}{3} + \frac{0.7}{4} + \frac{1}{5} \tag{7-140}$$

由此推理可知 y 较大。

（2）Mamdani 法。Mamdani 法是另一种较为常用的模糊推理方法，其本质为一种合成推理方法，其基本原理为：$A \in U$，$B \in U$，$C \in U$ 是三元模糊关系，模糊蕴涵关系"If A and B then C"，用 $A \wedge B \rightarrow C$ 表示，则关系矩阵为

$$R = (A \times B)^{T1} \times C \tag{7-141}$$

式中　$(A \times B)^{T1}$ ——模糊关系矩阵 $(A \times B)_{m \times n}$ 拉直而成的列向量；

T1 ——列向量转换；

n、m ——A 和 B 论域元素的个数。

根据 Mamdani 推理规则，对已知的输入 A_0 和 B_0，求相应的输出 C_0，可以表示为

$$C_0 = (A_0 \times B_0)^{T2} R \tag{7-142}$$

式中 $(A_0 \times B_0)^{T2}$ —— 模糊关系矩阵 $(A_0 \times B_0)_{m \times n}$ 拉直而成的行向量;

　　　　T2 —— 行向量转换。

若有 $(A \times B) = \begin{bmatrix} 0.1 & 0.5 & 0.5 \\ 0.1 & 1.0 & 0.6 \\ 0.1 & 0.1 & 0.1 \end{bmatrix}$，则有:

$(A \times B)^{T1}$ 为一列向量，而 $(A \times B)^{T1}$ 为一行向量，分别为

$$(A \times B)^{T1} = [0.1 \quad 0.5 \quad 0.5 \quad 0.1 \quad 1.0 \quad 0.6 \quad 0.1 \quad 0.1 \quad 0.1]^T$$

$$(A \times B)^{T2} = [0.1 \quad 0.5 \quad 0.5 \quad 0.1 \quad 1.0 \quad 0.6 \quad 0.1 \quad 0.1 \quad 0.1]$$

7.5.2 模糊控制系统

　　模糊控制是以模糊集理论、模糊语言变量和模糊逻辑推理为基础的一种智能控制方法，它可在行为上模仿人的模糊推理和决策过程。该方法首先将操作人员或专家经验编成模糊规则，然后再将从传感器测得的实时信号模糊化，将模糊化后的信号作为模糊规则的输入，完成模糊推理，最后将推理后的输出量输出到执行器上。

一、模糊控制系统的组成及工作原理

　　一般情况下模糊控制均由计算机完成，从其构成及工作原理上看，模糊控制系统的组成类似于一般的数字控制系统，其框图如图 7-30 所示，主要包括五个组成部分。

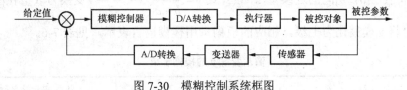

图 7-30　模糊控制系统框图

　　（1）模糊控制器。模糊控制器是整个控制系统的核心部分，其主要功能包括对输入量进行模糊化、确定模糊关系运算、模糊决策，以及对决策结果进行非模糊化处理（精确化）。

　　在实际生产中，由于系统的被控对象及控制性能的要求不同，控制器的种类及控制规则（或策略）也各不相同。如在经典控制理论中，用电阻、电容网络加上运算放大器构成的 PID 控制器和由前馈、反馈环节构成的各种串、并联校正器；在现代控制理论中，设计的状态观测器、鲁棒控制器、预测控制器、解耦控制器等；而在模糊控制理论中，则采用基于模糊控制知识表示和规则推理的语言型"模糊控制器"，这也是模糊控制系统与其他自动控制系统的主要不同之处。

　　（2）输入输出接口。输入输出接口部分的作用是将测得的被控对象的模拟信号通过 A/D 转换接口转换成数字信号，再送入模糊控制器；经过模糊控制器完成模糊关系运算、模糊决策后，由模糊控制器输出的数字信号经过 D/A 转换，转变为模拟信号，然后再送给被控对象，从而实现对系统的控制。需要注意的是，在 I/O 接口装置中，除 A/D、D/A 转换外，还包括必要的电平转换电路及放大电路等。

　　（3）被控对象。被控对象可以是一种或多种设备或装置，也可以是一个生产过程，或者是自然的、社会的、生物的或其他各种状态转移过程。这些被控对象可以是单变量的或多变量的、有滞后或无滞后的、确定的或模糊的，也可以是定常的或时变的、线性的或非线性的，以及具有多种干扰等情况。当被控对象难以建立精确数学模型时，更适宜采用模糊控制。

（4）执行机构。执行机构包括各种交、直流电动机，步进电动机，伺服电动机，液压电动机和液压缸、气动调节阀等。

（5）传感器。由于被控制量往往是非电量，如位移、速度、加速度、温度、压力、流量、浓度、湿度等。所以需要通过传感器将各种过程的被控制量转换为电信号（模拟或数字），再送入控制器。传感器在控制系统中占有十分重要的地位，它的精度往往决定整个控制系统的精度，因此，在选择传感器时，优先考虑精度高且稳定性好的传感器。

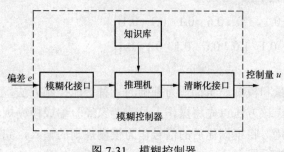

图 7-31　模糊控制器

二、模糊控制器组成

模糊控制主要由模糊控制器完成，模糊控制器是模糊控制系统的核心单元，所以这里主要分析模糊控制器。如图 7-31 所示，完整的模糊控制器主要包括输入模糊化接口、知识库、推理机、输出清晰化接口四个部分。

（1）模糊化接口。模糊化接口负责对模糊控制器的确定量输入进行模糊化，将其转换成一个模糊矢量，然后用于模糊控制，具体过程可按模糊化等级进行模糊化。

例如，取值在[a, b]间的连续量 x 经公式 $y = \dfrac{12}{b-a}\left(x - \dfrac{a+b}{2}\right)$ 变换为取值在[-6, 6]间的连续量 y，再将 y 模糊化为七级，相应的模糊量用模糊语言表示，见表 7-6。

表 7-6　　　　　　　　　　　　　　　　输入变量 y 的模糊子集

表 示 符	连续量数值	表示符名称
NL	在-6 附近	负大
NM	在-4 附近	负中
NS	在-2 附近	负小
Z0	在 0 附近	适中
PS	在 2 附近	正小
PM	在 4 附近	正中
PL	在 6 附近	正大

因此，模糊输入变量 y 的模糊子集为 $y=\{NL, NM, NS, Z0, PS, PM, PL\}$，表中的数为对应元素在对应模糊集中的隶属度。

（2）知识库。知识库包括数据库和规则库两部分。数据库存放所有输入输出变量的全部模糊子集的隶属度矢量值。若论域为连续域，则存放的是隶属度函数。输入变量和输出变量的测量数据集不属于数据库存放范畴。规则库用来存放全部模糊控制规则。在推理时为"推理机"提供控制规则。模糊控制器的规则通常都源于专家知识或手动操作经验，一般都按照人的直觉推理，用语言表示形式呈现。模糊规则通常由一系列的关系词连接而成，如 if、then、else、also、end、or 等。关系词必须经过"翻译"，才能将模糊规则数值化。

如果某模糊控制器的输入变量为 e（误差）和 ec（误差变化），则它们相应的语言变量为 E 与 EC。

（3）推理机。在模糊控制器中，推理机根据输入模糊量和知识库完成模糊推理，求解模糊关系方程，从而获得模糊控制量。模糊控制规则也就是模糊决策，它是人们在控制生产过程中的经验总结。这些经验可以写成下列形式：

"如果 A 则 B"型，用关系词写成 if　A　then　B。

"如果 A 则 B 否则 C"型，用关系词写成 if　A　then　B　else　C。

"如果 A 且 B 则 C"型，用关系词写成 if　A　and　B　then　C。

对于更复杂的系统，控制语言可能更复杂。例如，"如果 A 且 B 且 C 则 D，否则 E"等。

单输入单输出的控制系统的控制决策可用"如果 X 则 Y"语言来描述，即若输入为 X_1 则输出为 $Y_1 = X_1 R = X_1(X \times Y)$。

双输入单输出的控制系统的控制决策可用"如果 X 且 Y 则 Z"型控制语言来描述。若输入为 Y_1、X_1，则输出为 $Z_1 = (X_1 \times Y_1)R = (X_1 \times Y_1) \cdot (X \times Y \times Z)$。

确定一个控制系统的模糊规则最关键是要求得模糊关系 R，而模糊关系 R 的求解取决于控制的模糊语言。

（4）清晰化接口。通过模糊决策所得到的输出是模糊量，要进行控制必须经过反模糊化，即清晰化接口将其转换成精确量。若通过模糊决策所得的输出量为

$$B_1 = \{\mu_C(x_1)/x_1, \mu_C(x_2)/x_2, \cdots, \mu_C(x_n)/x_n\}$$

对于模糊量，可以采用三种方法将其转换成精确的执行量。

方法一：选择隶属度大的原则

若对应的模糊决策的模糊集 C 中，元素 $x^* \in U$ 满足

$$\mu_C(x^*) \geq \mu_C(x)$$

则取 x^*（精确量）作为输出控制量。如果这样的隶属度最大对应的点 x^* 不止一个，就取所有具有最大隶属度输出的平均值作为输出执行量。这种方法简单、易行、实时性好，缺点是概括的信息量少。

方法二：加权平均原则

加权平均原则的输出控制量 x^* 可以表示为

$$x^* = \frac{\sum\limits_i \mu_C(x_i)x_i}{\sum\limits_i \mu_C(x_i)} \tag{7-143}$$

式（7-143）也称为重心法。

在这种方法中，可以选择加权系数 K_i，称为加权平均法，其计算公式为

$$x^* = \frac{\sum\limits_i K_i x_i}{\sum\limits_i K_i} \tag{7-144}$$

其中，系数 K_i 的选择根据实际情况而定。

加权会影响系统的响应特性，因此采用此方法时可以通过修改加权系数来改善系统的响应特性。

方法三：中位数判决

在最大隶属度判决法中，只考虑了最大隶属数，忽略了其他信息的影响。中位数判决法是将隶属函数曲线与横坐标所围成的面积平均分成两部分，以分界点所对应的论域元素 x_i 作为判决输出，克服了最大隶属度判决法的缺点。

三、模糊控制器设计

模糊逻辑控制器简称为模糊控制器。在模糊控制系统设计中如何设计和调整模糊控制器及其参数是一项很重要的工作。

（一）模糊控制器的结构设计。

模糊控制器的结构设计是指确定模糊控制器的输入变量和输出变量。在确定性自动控制系统中，通常称具有一个输入变量和一个输出变量的系统为单变量系统，而称多于一个输入/输出变量的系统为多变量控制系统。在模糊控制系统中，也可以类推出相似的定义为"单变量模糊控制系统"和"多变量模糊控制系统"。区别在于，模糊控制系统往往把一个被控制量（通常是系统输出量）的偏差或者偏差变化、偏差变化率作为模糊控制器的输入。因此从形式上看，这时输入量应该是三个，但是人们也习惯于称它为单变量模糊控制系统。

（1）单输入单输出结构。在单输入单输出系统中，通常设计一维或二维模糊控制器。极少情况下才有设计三维控制器的要求。这里所讲的模糊控制器的维数，通常是指其输入变量的个数。

1）一维模糊控制器。一维模糊控制器是最为简单的模糊控制器，其输入和输出变量都只有一个。假设模糊控制器输入变量为 x，输出变量为 y，此时的模糊规则为（一般将 x 作为控制误差，将 y 作为控制量）：

$$R_1: \text{if} \quad x \quad \text{is} \quad A_1, \text{then} \quad y \quad \text{is} \quad B_1$$
$$\vdots$$
$$R_n: \text{if} \quad x \quad \text{is} \quad A_n, \text{then} \quad y \quad \text{is} \quad B_n$$

此处的 $A_1, \cdots, A_n$ 和 $B_1, \cdots, B_n$ 为输入及输出论域上的模糊子集。这类模糊规则下的模糊关系记为

$$R(x,y) = \bigcup_{i=1}^{n} A_i \times B_i$$

2）二维模糊控制器。这里的二维指的是模糊控制器的输入变量有两个，而控制器的输出只有一个。这类模糊规则的一般形式为：

$$R_i: \text{if} \quad x_1 \text{ is } \quad A_i^1 \text{ and } x_2 \text{ is } \quad A_i^2 \text{ then } y \text{ is } B_i$$

这里，A_i^1、A_i^2 和 B_i 均为论域上的模糊子集。这类模糊规则的模糊关系为

$$R(x,y) = \bigcup_{i=1}^{n} (A_i^1 \times A_i^2) \times B_i$$

在实际系统中，x_1 一般取为误差，x_2 通常取为误差变化率，y 一般取为控制量。

（2）多输入多输出结构。这里以二输入三输出为例，有：

$$R_i: \text{ if } (x_1 \text{ is } \quad A_i^1 \text{ and } x_2 \text{ is } \quad A_i^2) \quad \text{then } (y_1 \text{ is } \quad B_i^1 \text{ and } y_2 \text{ is } \quad B_i^2 \text{ and } y_3 \text{ is } \quad B_i^3)$$

从上面的规则可以看出，该规则和二维模糊控制器的规则建立思路一脉相承。由于人脑对具体事物的逻辑思维一般不超过三维，因此对多输入多输出系统直接提取控制规则很难做到。例如，已有样本数据 $(x_1, x_2, y_1, y_2, y_3)$，人脑一般将之变换为 (x_1, x_2, y_1)，(x_1, x_2, y_2)，

(x_1，x_2，y_3）。所以多输入多输出结构的模糊控制器设计，从本质上讲，也是单输入单输出的模糊控制器设计。通过将复杂的结构简化，不仅设计简单，而且经过人们的长期实践检验也是可行的，这就是多变量控制系统的模糊解耦问题。具体实施方法可参考单输入单输出模糊控制，这里不再详述。

（二）模糊控制规则的设计

（1）选择描述输入和输出变量的词集。一般模糊规则中选用"大、中、小"三个词汇来描述模糊控制器的输入、输出变量的状态。然后将大、中、小再加上正、负两个方向并考虑变量的零状态，共有七个词汇，即

$$\{负大，负中，负小，零，正小，正中，正大\}$$

一般用英文字头缩写为：

$$\{NB，NM，NS，0，PS，PM，PB\}$$

对误差的变化这个输入变量，在选择描述其状态的词汇时，常常将"零"分为"正零"和"负零"来表示误差的变化在当前是"增加"趋势还是"减少"趋势。所以词集中又增加了负零(N0)和正零(P0)。

（2）定义各模糊变量的模糊子集。定义模糊子集，实际上就是要确定模糊子集隶属函数曲线的形状。将确定的隶属函数曲线离散化，就得到了有限个点上的隶属度，由此构成了一个相应的模糊变量的子集。下面举例对模糊子集的确定进行说明，首先给出隶属函数曲线，如图 7-32 所示，曲线表示 X 中的元素 x 对模糊变量 A 的隶属程度。

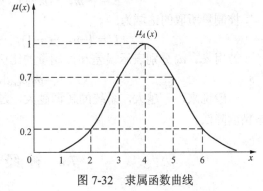

图 7-32　隶属函数曲线

例如 $X=\{-6$，-5，-4，-3，-2，-1，0，1，2，3，4，5，$6\}$，则有 $\mu_A(2)=\mu_A(6)=0.2$；$\mu_A(3)=\mu_A(5)=0.7$；$\mu(4)=1$。

若 X 内除 $x=2$、3、4、5、6 外，其他各点的隶属度均取为零，则模糊变量 A 的模糊子集为

$$A = \frac{0.2}{2} + \frac{0.7}{3} + \frac{1}{4} + \frac{0.7}{5} + \frac{0.2}{6}$$

由此不难看出，确定了隶属函数曲线后，就很容易定义出一个模糊变量的模糊子集。

（三）建立模糊控制器的控制规则

要建立模糊控制器的控制规则，就是要利用语言来归纳手动控制过程中所使用的控制策略。手动控制策略一般都可以用"if then"形式的条件语句来加以描述。常见的模糊控制语句及其对应的模糊关系 R 概括如下：

（1）if A then B

$$R=A\times B$$

（2）if A and B then C

$$R=(A\times B)\cap(B\times C)$$

（3）if A or B and C or D then E

$$R=[(A\cup B)\times E]\cap[(C\cup D)\times E]$$

（4）if A then B and if A then C

$$R = (A×B) \cap (A×C)$$

（5）if A then B or if A then C

$$R = (A×B) \cup (A×C)$$

（四）反模糊化

模糊控制器的输出是一个模糊量，这个模糊量不能用于控制执行机构，还需要把这个模糊量转化为一个精确量，这种转换过程称为反模糊化，也称为清晰化。

清晰化的目的是根据模糊推理的结果，求得最能反映控制量的真实分布便于控制。目前常用的方法有三种，即最大隶属度法、加权平均原则和中位数判决法。这三种方法在清晰化接口内容中已有详细的阐述，这里不再重复。

（五）模糊控制器论域及比例因子的确定

由于在实际系统中，任意信号都是有界的，在模糊控制系统中，这个有界体现为该变量的基本论域，即实际系统的变化范围。以单输入单输出的模糊控制系统为例，设定误差的基本论域为$[-|e_{max}|, |e_{max}|]$，控制量的变化范围为$[-|u_{max}|, |u_{max}|]$，则

误差的模糊论域为

$$E = \{-m, -(m-1), \cdots, 0, 1, 2, \cdots, m\}$$

控制量所取的论域为

$$U = \{-n, -(n-1), \cdots, 0, 1, 2, \cdots, n\}$$

若用α_e，α_u分别表示误差和控制量的比例因子，则有

$$\alpha_e = m/|e_{max}|, \quad \alpha_u = n/|u_{max}|$$

一般说来，α_e越大，系统的超调越大，过渡过程就越长；α_e越小，则系统变化越慢，稳态精度降低。

7.6　神经网络控制

人工神经网络（Artificial Neural Network，ANN，简称神经网络 NN）是模拟人脑思维方式的数学模型。它是在现代生物学研究人脑组织成果的基础上提出的，用以模拟人类大脑神经网络的结构和行为。神经网络控制是将神经网络与控制理论相结合而发展起来的，基本上不依赖于模型的智能控制方法，主要为解决建模难或高度非线性的被控过程。因其具有并行性、冗余性、容错性、本质非线性及自组织、自学习、自适应能力，已经成功地应用到很多领域。

7.6.1　神经网络基础

一、生物神经元与人工神经元模型

（一）生物神经元

生物神经系统是一个具有高度组织和相互作用、数量庞大的细胞组织群体，其基本构造是神经细胞（也称神经元），是处理人体内部信息传递的基本单元。人类大脑皮层约有 140 亿个神经元，小脑皮层约有 1000 亿个神经元。每个神经元都是由细胞体、树突、轴突和突触等四部分组成，如图 7-33 所示。细胞体由细胞核、细胞质和细胞膜三部分构成，是神经元的主体，负责接受与处理信息。树突是在细胞体周围向外伸出许多突起的神经纤维，用于为细胞体传入信息。轴突也称神经纤维，其末端是神经末梢，用于传出神经冲动。突触是生物神

经元之间传递信息的接口，神经元通过其轴突的神经末梢，经突触与另外一个神经元的树突连接，实现信息的传递。

（二）人工神经元模型

人工神经元网络是利用物理器件来模拟生物神经网络的某些结构和功能。人工神经元是一个多输入单输出的非线性器件，其模型如图 7-34 所示。

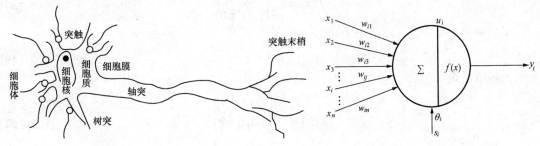

图 7-33 生物神经元模型　　　　　图 7-34 人工神经元模型

图 7-34 所示神经元模型的输入/输出关系可用 一阶微分方程描述为

$$\begin{cases} u_i = \sum_{i=1}^{n} w_{ij} x_i - \theta_i \\ y_i = f(u_i) \end{cases} \tag{7-145}$$

式中　u_i——神经元 i 的内部状态；

　　　　x_i——输入信号；

　　　　w_{ij}——与神经元 x_i 连接的权值；

　　　　θ_i——阈值；

　　　　$f(\cdot)$——神经元输入与输出的对应关系，又称为激发函数或变换函数，用以模拟生物神经元所具有的非线性传递特性。

图 7-34 中 s_i 表示某一外部输入的控制信号。

激发函数 $f(\cdot)$ 的不同使得神经元具有不同的信息处理特性，常见的激发函数如图 7-35 所示。

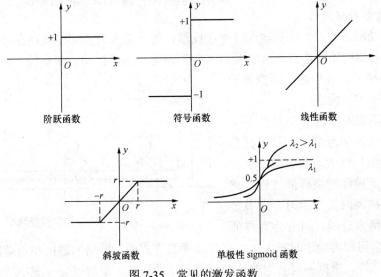

图 7-35 常见的激发函数

·阶跃函数

$$f(x) = \begin{cases} 1 & (x \geq 0) \\ 0 & (x < 0) \end{cases} \tag{7-146}$$

·符号函数

$$f(x) = \begin{cases} 1 & (x \geq 0) \\ -1 & (x < 0) \end{cases} \tag{7-147}$$

·线性函数

$$f(x) = x \tag{7-148}$$

·斜坡函数

$$f(x) = \begin{cases} r & (x \geq r) \\ x & (|x| < r) \\ -r & (x \leq r) \end{cases} \tag{7-149}$$

·sigmoid 函数（S 形曲线）

$$f(x) = \frac{1}{1 + e^{-\alpha x}} \quad (\alpha > 0) \tag{7-150}$$

二、人工神经网络的结构

将多个人工神经元模型按照一定的连接方式组成的网络结构，称为人工神经网络。人工神经网络是以技术手段来模拟生物神经网络的结构和特征的系统。目前，已经有几十种神经网络模型，但大多仍处于极低水平上对生物神经网络的模仿。典型的结构模型有前馈型神经网络和反馈型神经网络。

（一）前馈型神经网络

前馈型神经网络也称前向网络，其结构如图 7-36 所示。神经元分层排列，有输入层、隐含层（也称中间层，可有若干层）和输出层，每一层的神经元只接受前一层神经元的输入。典型的前馈网络有感知器、误差反向传播神经（BP）网络等。

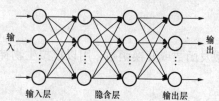
输入　　输出
输入层　　隐含层　　输出层
图 7-36　前馈型神经网络

（二）反馈型神经网络

反馈型神经网络的输出层到输入层存在反馈，每个输入节点都可能存在来自外部或输出节点的反馈，其结构如图 7-37 所示。反馈神经网络是一种反馈动力学系统，它需要工作一段时间才能达到稳定。典型的反馈型神经网络有 Hopfield 神经网络。

三、神经网络的学习

神经网络通过学习算法，可以具备自适应、自组织和自学习的能力。学习算法是体现人工神经网络智能特性的重要标志。目前神经网络的学习方法有多种，按有无导师来分类，可分为有导师

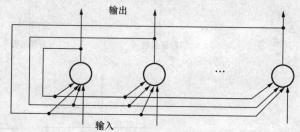
输出
输入
图 7-37　反馈型神经网络

学习、无导师学习和再励学习三大类。有导师学习方式中，网络的输出和期望的输出（即教师信号）进行比较，根据两者之间的差异调整网络的权值，最终使差异变小。无导师学习方

式中，输入模式进入网络后，网络按照某种预先设定的规则（如竞争规则）自动调整权值，使网络最终具有模式分类等功能。再励学习是介于有导师学习和无导师学习两者之间的一种学习方式。

下面介绍两种基本的学习算法。

（一）Hebb 学习规则

Hebb 学习规则是一种联想式学习方法。联想是人脑形象思维过程的一种表现形式。生物学家 D.O.Hebbian 基于对生物学和心理学的研究，认为突触前与突触后同时兴奋，即两个神经元同时处于激发状态时，它们之间的连接强度将得到加强。这一论述的数学描述被称为 Hebb 学习规则，即

$$w_{ij}(k+1) = w_{ij}(k) + u_i u_j \tag{7-151}$$

式中　$w_{ij}(k)$——连接自神经元 i 到神经元 j 的当前权值；

　　　u_i、u_j——神经元 i 和 j 的激活水平。

Hebb 学习规则是一种无导师的学习方法，它只根据神经元连接间的激活水平改变权值，故又称为相关学习或并联学习。

（二）δ 学习规则

假设误差准则函数为

$$E = \frac{1}{2}\sum_{p=1}^{P}(d_p - y_p)^2 = \sum_{p=1}^{P}E_p \tag{7-152}$$

$$y_p = f(\boldsymbol{W}\boldsymbol{X}_p)$$

式中　d_p 代表期望的输出（导师信号）。

$\boldsymbol{W}$ 为网络所有权值组成的向量，即

$$\boldsymbol{W} = (w_0, w_1, \cdots, w_n)^{\mathrm{T}} \tag{7-153}$$

$\boldsymbol{X}_p$ 为输入模式，即

$$\boldsymbol{X}_p = (x_{p0}, x_{p1}, \cdots, x_{pn})^{\mathrm{T}} \tag{7-154}$$

其中，训练样本数为 $p = 1$，2，$\cdots$，P。

神经网络学习的目的是通过调整权值 $\boldsymbol{W}$，使误差准则函数最小。可采用梯度下降法来实现权值的调整，其基本思想是沿着 E 的负梯度方向不断修正 $\boldsymbol{W}$ 值，直到 E 达到最小，这种方法的数学表达式为

$$\nabla \boldsymbol{W} = \eta\left(-\frac{\partial E}{\partial W_i}\right) \tag{7-155}$$

$$\frac{\partial E}{\partial W_i} = \sum_{p=1}^{P}\frac{\partial E_p}{\partial W_i} \tag{7-156}$$

其中

$$E_p = \frac{1}{2}(d_p - y_p)^2 \tag{7-157}$$

令 $\theta_p = \boldsymbol{W}x_p$，则

$$\frac{\partial E_p}{\partial W_i} = \frac{\partial E_p}{\partial \theta_p}\frac{\partial \theta_p}{\partial W_i} = \frac{\partial E_p}{\partial y_p}\frac{\partial y_p}{\partial \theta_p}X_{ip} = -(d_p - y_p)f'(\theta_p)X_{ip} \qquad (7\text{-}158)$$

W 的修正规则为

$$\Delta w_i = \eta \sum_{p=1}^{P}(d_p - y_p)f'(\theta_p)X_{ip} \qquad (7\text{-}159)$$

上式称为 δ 学习规则，也称误差修正规则。

除以上介绍的两种学习规则外，还有诸如概率式学习、竞争式学习等学习规则，感兴趣的读者可参考相关文献。

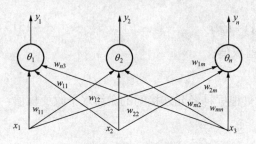

图 7-38　单层感知器网络

下面给出感知器的一种学习算法：

（1）随机地给定一组连接权；

（2）输入一组样本和期望的输出；

（3）计算感知器的实际输出；

（4）修正权值；

（5）选取另一组样本，重复步骤（2）～（4）的过程，直到权值对一切样本均稳定不变，学习过程结束。

二、BP 神经网络

误差反向传播神经网络，简称 BP（Back Propagation）网络，是一种单向传播的多层前向网络，如图 7-39 所示。BP 神经网络的学习算法简称 BP 算法，其基本思想是梯度下降法，采用梯度搜索技术，目的是使网络的实际输出值与期望输出值的误差均方值为最小。

BP 算法的学习过程由正向传播和反向传播组成。在正向传播过程中，输入信息从输入层经隐含层逐层处理，并传向输出层，每层神经元（节点）的状态只影响下一层神经元的状态。若在输出层得不到期望的输出，则转入反向传播，将误差信号（理想输出与实际输出之差）沿原来的连接通路返回，利用梯度下降法来调整各层神经元的权值，使误差信号减小至最小。

7.6.2　典型神经网络

一、感知器网络

感知器是一个具有单层神经元的神经网络，由线性阈值元件组成，是最简单的前向网络。感知器主要用于模式分类，其网络结构如图 7-38 所示。图中，$\boldsymbol{X} = (x_1, x_2, \cdots, x_n)^{\mathrm{T}}$ 为输入特征向量，$y_i\ (i = 1, 2, \cdots, m)$ 为输出量。w_{ij} 是 x_i 到 y_j 的连接权值，此权值是可以调整的，因此有学习能力。

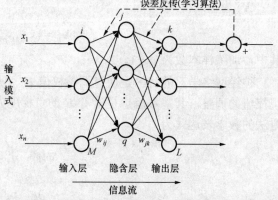

图 7-39　BP 网络结构示意图

BP 学习算法的计算流程如图 7-40 所示，具体步骤如下：

（1）初始化，置所有权值为较小的随机数；

（2）提供训练集，给定输入向量和期望的目标输出向量；

（3）计算实际输出，计算隐含层、输出层各神经元输出；

（4）计算目标值与实际输出的偏差 E_p；

（5）计算 Δw_{jk}；

（6）计算 Δw_{ij}；

（7）返回步骤（2）重复计算，直到偏差 E_p 满足要求。

使用 BP 算法时，应注意三个问题：①学习之初，各隐含层连接权系数的初值应设置为较小的随机数。②采用 S 形激发函数时，由于输出层各神经元的输出只能趋于但达不到 1 或 0，在设置各训练样本时，期望的输出分量不能设置为 1 或 0，多设置为 0.9 或 0.1。③学习速率 η 的选择。学习初始阶段，η 选较大的值可以加快学习速度。学习接近优化区时，η 值必须相当小，否则权系数将产生振荡而不收敛。平滑因子 α 的选值在 0.1 左右。

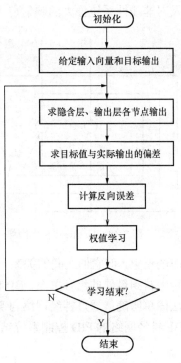

图 7-40　BP 算法流程图

三、RBF 神经网络

径向基函数（Radial Basis Function，RBF）神经网络属于前向网络，在结构上与 BP 网络类似，也是静态网络，但只具有单隐层，如图 7-41 所示。RBF 神经网络模拟了人脑中局部调整、相互覆盖接收域的神经网络结构，对于输入空间的某个局部区域，仅有少数几个连接权影响网络的输出，具有学习速度快的特点。

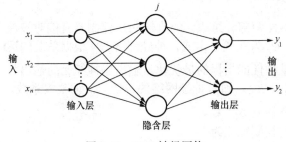

图 7-41　RBF 神经网络

RBF 神经网络的学习过程与 BP 神经网络的学习过程类似，主要区别在于使用了不同的激发函数。BP 神经网络隐含层节点使用的是 sigmoid 函数，其值在输入空间中无限大的范围内为非零值，是一种全局逼近的神经网络。而 RBF 神经网络中的激发函数是高斯基函数，其值在输入空间内有限的范围内为非零值，是一种局部逼近的神经网络。

四、Hopfield 神经网络

Hopfield 神经网络是一种具有 RC 环节的反馈网络，其拓扑结构为全连接加权无向图，可分为离散型和连续型两种。这里简要介绍离散型 Hopfield 神经网络，其结构如图 7-42 所示。离散 Hopfield 神经网络是一个单层结构，有 n 个神经元节点，每个神经元的输出均连接到其他神经元的输入。各节点均无自反馈，且都附有一个阈值 θ_i。当某一神经元节点受到的刺激超过其阈值时，该神经元节点就处于一种状态（例如 1），否则就处于另一种状态（例如 −1）。整个网络根据所有节点调整是否同步分为异步方式和同步方式两种工作方式。

7.6.3　神经网络控制系统

神经网络控制系统是一种具有高度非线性的连续时间动力系统，具有很强的自学习能力及对非线性系统强大的映射能力，已经广泛应用于各种复杂对象的控制中。下面简要介绍神经网络 PID 控制系统。

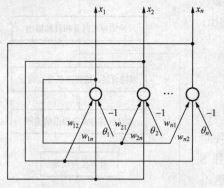

图 7-42　Hopfield 神经网络

PID 控制是工业过程中最为常用的一种控制方式，具有结构简单、实现容易和较好的鲁棒性能。但对于具有复杂非线性特性的被控对象，难以建立精确的数学模型。对于对象和环境的不确定性，也难以获得满意的控制效果。神经网络在一定条件下可以逼近非线性函数，将神经网络与 PID 控制结合起来，构成神经网络 PID 控制系统，则可很好地解决上述问题。神经网络 PID 控制系统有多种实现方式，这里简要介绍基于 BP 网络的 PID 控制系统。PID 控制要取得理想的控制效果，必须对 P、I、D 三种控制作用进行相应的调整，但它们之间的关系不是简单的"线性组合"，首先要解决的就是从变化的非线性组合中找到最佳的组合关系。BP 神经网络具有逼近任意非线性函数的能力，而且结构和学习算法简单明确。通过神经网络自身的学习，可以找到某一最优控制率下的 P、I、D 参数。基于 BP 神经网络的 PID 控制系统结构如图 7-43 所示。

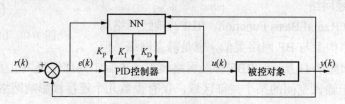

图 7-43　基于 BP 神经网络的 PID 控制系统结构

控制器由经典的 PID 控制器和神经网络 NN 两部分组成。经典的 PID 控制器直接对被控对象进行闭环控制，并且三个参数 K_P、K_I、K_D 为在线整定式。神经网络 NN 根据系统的运行状态，调节 PID 控制器的参数，以期达到某种性能指标的最优化。输出层神经元的输出状态对应于 PID 控制器的三个可调参数 K_P、K_I、K_D，通过神经网络的自学习，调整权系数，使其稳定状态对应于某种最优控制律下的 PID 控制器参数。

由第 4 章的内容可知，增量式数字 PID 的控制算式为

$$u(k) = u(k-1) + K_P[e(k)-e(k-1)] + K_I e(k) + K_D[e(k)-2e(k-1)+e(k-2)] \qquad (7\text{-}160)$$

式中　K_P、K_I、K_D——比例、积分、微分系数。

将 K_P、K_I、K_D 视为依赖于系统运行状态的可调系数时，可将式（7-160）描述为

$$u(k) = f[u(k-1), K_P, K_I, K_D, e(k), e(k-1), e(k-2)] \qquad (7\text{-}161)$$

式中，$f(\cdot)$——与 K_P、K_I、K_D、$u(k-1)$、$y(k)$ 等有关的非线性函数，可以用 BP 神经网络通过训练和学习来找到这样一个最佳控制规律。

设 BP 神经网络 NN 是一个三层 BP 网络，其结构如图 7-44 所示。有 M 个输入节点、Q 个隐含层节点、3 个输出节点。输入节点对应所选的系统运行状态量，如不同时刻系统的输入量和输出量等，必要时要进行归一化处理。输出节点分别对应 PID 控制器的三个可调参数 K_P、K_I、K_D。由于 K_P、K_I、K_D 不能为负值，所以输出层神经元的激发函数取非负的 sigmoid

函数，而隐含层神经元的激发函数可取正负对称的 sigmoid 函数。

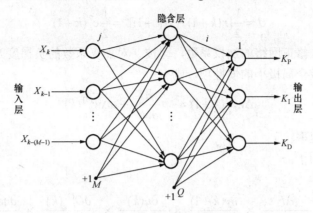

图 7-44　NN-BP 网络结构

BP 神经网络的输入层节点的输出为

$$\begin{cases} Q_j^{(1)} = x_{k-j} = e(k-j), & j = 0,1,\cdots,M-1 \\ O_M^{(1)} \equiv 1 \end{cases} \tag{7-162}$$

其中，输入层节点的个数 M 取决于被控系统的复杂程度。

隐含层输入、输出为

$$\begin{cases} net_i^{(2)}(k) = \sum_{j=0}^{M} w_{ij}^{(2)} O_j^{(1)}(k) \\ O_i^{(2)}(k) = f[net_i^{(2)}(k)], & i = 0,1,\cdots,Q-1 \\ \qquad O_Q^{(2)}(k) \equiv 1 \end{cases} \tag{7-163}$$

式中　　　　　　　$w_{ij}^{(2)}$ ——隐含层加权系数；

$w_{iM}^{(2)}$ ——隐含层神经元的阈值；

$f[x]$ ——激发函数，$f[x] = \tan h(x)$；

上角标（1）、（2）、（3）——对应输入层、隐含层、输出层。

输出层的输入、输出为

$$\begin{cases} net_l^{(3)}(k) = \sum_{i=0}^{Q} w_{li}^{(3)} O_i^{(2)}(k) \\ O_l^{(3)}(k) = g[net_i^{(3)}(k)], l = 0,1,2 \\ O_0^{(3)}(k) = K_P \\ O_1^{(3)}(k) = K_I \\ O_2^{(3)}(k) = K_D \end{cases} \tag{7-164}$$

式中　$w_{li}^{(3)}$ ——输出层加权系数；

$w_{lQ}^{(3)}$ ——输出层神经元的阈值；

$g[x]$ ——激发函数，$g[x] = \dfrac{1}{2}[1 + \tan h(x)]$。

取性能指标函数为

$$J = \frac{1}{2}[r(k+1) - y(k+1)]^2 = \frac{1}{2}e^2(k+1) \tag{7-165}$$

按照最速下降法修正网络的加权系数，即按 J 对加权系数的负梯度方向搜索调整，并附加一使搜索快速收敛全局极小的惯性项，则有

$$\Delta w_{li}^{(3)}(k+1) = -\eta \frac{\partial J}{\partial w_{li}^{(3)}} + \alpha \Delta w_{li}^{(3)}(k) \tag{7-166}$$

式中，η——学习速率；

α——平滑因子。

而

$$\frac{\partial J}{\partial w_{li}^{(3)}} = \frac{\partial J}{\partial y(k+1)} \times \frac{\partial y(k+1)}{\partial u(k)} \times \frac{\partial u(k)}{\partial O_l^{(3)}(k)} \times \frac{\partial O_l^{(3)}(k)}{\partial net_l^{(3)}(k)} \times \frac{\partial net_l^{(3)}(k)}{\partial w_{li}^{(3)}} \tag{7-167}$$

由于 $\partial y(k+1)/\partial u(k)$ 未知，近似用符号函数 $\mathrm{sgn}[\partial y(k+1)/\partial u(k)]$ 取代。由此带来的对计算结果的影响可以通过调整学习速率 η 来补偿。

由式（7-160）可以求得

$$\begin{cases} \dfrac{\partial u(k)}{\partial O_0^{(3)}(k)} = e(k) - e(k-1) \\[2mm] \dfrac{\partial u(k)}{\partial O_1^{(3)}(k)} = e(k) \\[2mm] \dfrac{\partial u(k)}{\partial O_2^{(3)}(k)} = e(k) - 2e(k-1) + e(k-2) \end{cases} \tag{7-168}$$

因此，可得到 BP 神经网络输出层的加权系数计算公式为

$$\begin{cases} \Delta w_{li}^{(3)}(k+1) = \eta \delta_l^{(3)} O_i^{(2)}(k) + \alpha \Delta w_{li}^{(3)}(k) \\[2mm] \delta_l^{(3)} = e(k+1)\mathrm{sgn}[\dfrac{\partial y(k+1)}{\partial u(k)}] \times \dfrac{\partial u(k)}{\partial O_l^{(3)}(k)} g'[net_l^{(3)}(k)], \quad l = 0,1,2 \end{cases} \tag{7-169}$$

$$g'[x] = g(x)[1 - g(x)]$$

类似地，还可以得到隐含层的加权系统计算公式为

$$\begin{cases} \Delta w_{ij}^{(2)}(k+1) = \eta \delta_i^{(2)} O_j^{(1)}(k) + \alpha \Delta w_{ij}^{(2)}(k) \\[2mm] \delta_i^{(2)} = f'[net_i^{(2)}(k)]\displaystyle\sum_{l=0}^{2} \delta_l^{(3)} w_{li}^{(3)}, \quad i = 0,1,\cdots,Q-1 \end{cases} \tag{7-170}$$

$$f'[x] = \frac{1 - f^2(x)}{2}$$

由以上推导过程可知，基于 BP 神经网络的 PID 控制算法可以归纳如下：

（1）事先选定 BP 神经网络 NN 的结构，即选定输入层节点个数 M 和隐含层节点数 Q，并给出各层加权系数的初值 $w_{ij}^{(2)}(0)$、$w_{li}^{(3)}(0)$，选定学习速率 η 和平滑因子 α，再令 $k=1$。

（2）采样得到 $r(k)$ 和 $y(k)$，计算 $e(k) = r(k) - y(k)$。

（3）对 $r(k)$、$y(k)$、$u(i-1)$、$e(i)$ $(i=k,k-1,\cdots,k-p)$ 进行归一化处理，作为神经网络的输入。

（4）根据式（7-160）～式（7-162），计算前向神经网络的各层神经元的输入和输出，神经网络输出层的输出即为 PID 控制器的三个可调参数 $K_P(k)$、$K_I(k)$、$K_D(k)$。

（5）根据式（7-160）计算 PID 控制器的控制输出 $u(k)$，并参与控制和计算。

（6）根据式（7-169）计算修正输出层的加权系数 $w_{li}^{(3)}(k)$。

（7）根据式（7-170）计算修正隐含层的加权系数 $w_{ij}^{(2)}(k)$。

（8）置 $k = k + 1$，返回到步骤（2）。

复习思考题与习题

7-1　何谓串级控制？试举出一个串级控制的例子，并分析主、副回路的构成。

7-2　串级控制系统较单回路控制系统有哪些主要特点？

7-3　串级控制一般应用于什么场合？举例说明。

7-4　串级控制系统的参数整定方法有哪些？各自的依据又是什么？

7-5　试比较前馈控制与反馈控制的区别及各自的特点。

7-6　前馈控制一般不单独使用，试分析原因。

7-7　前馈控制在什么样的场合效果最好？

7-8　前馈控制系统有哪几种结构？各自应用于哪些场合？

7-9　解耦控制系统工程实施中应注意哪些问题？简述部分解耦的概念及特点。

7-10　解耦控制系统设计方法有哪些？简述之。

7-11　为什么大滞后过程是一种难控制的过程？它对系统的控制品质有怎样的影响？

7-12　微分先行控制方案和中间微分控制方案与常规控制方案有何不同？

7-13　预测控制的主要特点是什么？

7-14　与 PID 算法相比，预测控制有什么优点？这些优点使它能处理一些 PID 算法无法处理的问题，试举出其中的一、两个问题。

7-15　内模控制系统的基本特点是什么？

7-16　试说明基本模糊控制器的组成部分及功能。

7-17　已知模糊向量 A 和模糊集合 B 如下

$$A = \{0.7, 0.1, 0.4\}, \quad B = \begin{bmatrix} 0.9 & 0.5 & 0.3 & 0.2 \\ 0.7 & 0.4 & 0 & 0.8 \\ 0.5 & 0 & 0.7 & 0.3 \end{bmatrix}$$

试计算 $A \circ B$。

7-18　简述神经网络的学习方法。

7-19　简述 BP 网络的基本原理及学习方法。

7-20　神经网络控制与模糊控制两种方法相比较，有什么优点？有什么缺点？

8 计算机过程控制系统

本章首先概述了计算机过程控制系统的基本概念、组成、类型及发展方向，然后介绍了数据采集及传输的概念及方法。在计算机过程控制常规算法介绍中，主要介绍了数字 PID 算法及 PID 参数的整定方法。随后，以力控组态软件为例，介绍了工业控制组态软件及其应用。最后，概述了集散控制系统和现场总线技术。本章重点要求掌握数字 PID 算法及 PID 参数的整定方法，了解工业控制组态软件及其应用方法、集散控制系统和现场总线技术基本概念。

近年来，现代工业过程不断地向大型化和连续化的方向发展，生产过程也日渐复杂，导致了对过程控制系统的要求越来越高，因此仅用常规仪表已经难以满足现代化工业企业的控制要求了。同时，随着计算机技术的迅速发展，运算速度快、精度高、存储量大、编程方便、通信能力强这些特点，使计算机已经广泛地应用于过程控制系统中，并由此产生了计算机过程控制系统。

8.1 计算机过程控制系统概述

8.1.1 计算机过程控制系统简介

将计算机用于过程控制系统，就构成了计算机过程控制系统，系统主要由被控对象、测量变送装置、计算机和执行机构等组成，其典型结构如图 8-1 所示。

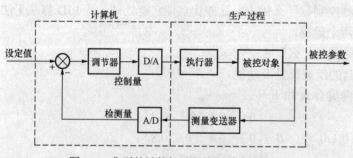

计算机过程控制综合了计算机、生产过程及自动控制理论方面的知识。计算机过程控制以自动控制理论为支柱，反过来又促进了自动控制理论的发展及应用。

与常规的过程控制系统相比，计算机过程控制系统主要特点体现在三个方面：一是控制系统的核心部件不同；二是控制规律的实现方法不同；三是控制功能有显著的差异。常规系统的控制器为模拟控制器，其电路模拟器件构成，控制器的参数主要依靠具体的器件进行调整，控制方案的改变要通过更换器件来完成。计算机过程控制系统的核心器件是微型计算机、微处理器、单片机或 PLC，其控制规律由计算机软件实现，通过软编程，即可改变系统的控制方案，十分灵活。由此可见，计算机过程控制系统的功能强大、方便灵活，易于变更与扩展。

图 8-1 典型的计算机过程控制系统结构图

8.1.2 计算机过程控制系统的组成

尽管工业生产过程千变万化，计算机控制系统多种多样，但有一个共同点，即计算机过程控制系统都是一个实时系统，其组成可分为硬件和软件两大部分。

（一）硬件

计算机过程控制系统的硬件主要由主机、被控对象、外部设备、过程输入/输出设备、操作控制台组成。

主机通常由中央处理器、时钟电路及内存储器构成，是组成计算机过程控制系统的核心部分。

过程输入/输出设备是计算机与生产过程之间的信息传输通道。过程输入/输出设备包括模拟量输入通道、开关量输入通道、模拟量输出通道及开关量输出通道。其设备主要有 A/D 转换器和 D/A 转换器两大类。

按功能分，外部设备通常可分为输入设备、输出设备和外存储器三类。常用的输入设备是键盘，用来输入数据、程序及操作命令。常用的输出设备有打印机、绘图仪器和 CRT 显示器等，用来反映生产过程的运行工况等信息。

计算机过程控制系统中，需要有一套专供运行操作人员使用的控制台，称为运行操作控制台。操作控制台一般包括各种控制开关、数字键、功能键、指示灯、声讯器、数字显示器或 CRT 显示器等。操作控制台用来供操作人员了解生产过程，并进行相关的操作。

（二）软件

计算机硬件是计算机过程控制系统的物质基础，只有配置了相应的软件后，系统才能针对生产过程的运行状态，按照既定的目标，完成相应的控制功能。从功能上划分，软件可分为系统软件和应用软件两大类。系统软件一般包括操作系统、数据库、数据结构、汇编语言、高级算法语言、过程控制语言、通信网络软件和诊断程序等。应用软件则是系统设计人员针对某一个具体的生产过程而编制的软件，也即控制管理程序。

8.1.3　计算机过程控制系统的类型

计算机控制系统与其控制的生产对象关系密切，根据应用特点、控制方案、控制目的和系统构成及系统的功能和发展进程，计算机过程控制系统大体上可以分成五种类型，即操作指导控制系统、直接数字控制系统、监督计算机控制系统、集散控制系统及现场总线控制系统。

一、操作指导控制系统

操作指导控制系统的结构如图 8-2 所示，这种系统具有数据采集和处理功能，主要由人来手动控制生产过程，系统能够给出操作指导信息，供操作人员参考。这种系统的优点是灵活安全，缺点是由于受到人工操作的速度限制，不能控制多个对象。

该系统属于一种开环控制系统，计算机根据一定的控制算法，依靠测量元件测得的数据，计算出供操作人员选择的最优操作参数及操作

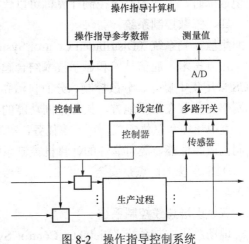

图 8-2　操作指导控制系统

方案。操作人员根据计算机的输出信息，手动改变控制器的给定值，或直接操作执行机构。

二、直接数字控制系统

直接数字控制系统（Direct Digital Control，DDC）直接面向生产过程的底层应用。在这

种系统中，计算机通过自动化仪表、输入通道、输出通道采集现场参数，将数据进行处理并按一定控制规律的控制算法运算，随后向生产过程输出控制信号，直接参与对过程系统的监视。其控制系统的结构如图 8-3 所示，是一个典型的闭环控制系统。

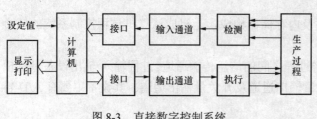

图 8-3　直接数字控制系统

直接数字控制系统的主要特点是计算机运算速度快、计算能力强。其优点是控制方案均由软件实现，所以修改灵活、方便，除能实现 PID 控制规律外，还能实现多回路的串级控制、前馈控制、纯滞后补偿控制、多变量解耦控制及自适应控制和智能控制等复杂控制规律的控制。

三、监督计算机控制系统

监督计算机控制系统（Supervisory Computer Control，SCC）是一个分级的控制系统，系统采用闭环控制结构，具体控制过程如下：首先上一级的监督计算机从生产过程中采集生产参数，通过计算，得出当前工况下的最佳控制值，提供给下一级执行 DDC 控制的计算机实现对过程的控制。

SCC 有两种不同的结构形式，即 SCC 加上模拟控制器的控制系统和 SCC 加上 DDC 的分级控制系统。前一种系统由计算机巡回检测各物理量，对生产工况进行分析、计算后将得出的对象参数的最优给定值送给控制器，使生产工况保持最优，系统的结构原理如图 8-4（a）所示。后一种实质上是一个二级控制系统，SCC 计算机可完成整个工段、车间一级的优化分析和计算，得出最优给定值，交由 DDC 级执行过程控制，系统的结构原理如图 8-4（b）所示。

SCC 系统的优点是可以实现生产过程的最优控制，使控制的目标值达到最佳，还可以提高系统的可靠性，尤其当上位机出现故障时，下一级的 DDC 可以独立完成控制操作，当 DDC 出现故障时，上层的监督控制计算机可以代替执行其控制任务。

四、集散控制系统

集散控制系统（Distributed Control System，DCS）又称分布式控制系统，是将计算机技术、控制技术、通信技术和显示技术结合起来的新型计算机控制系统，采用闭环控制结构。DCS 采用集中操作、分散控制、分而自治和综合协调的设计原则，通过数据高速公路或计算机网络将分散在不同地方，执行不同功能的计算机连接起来，实现这些计算机之间的信息共享、集中管理和总体配置，并下放任务，实施分散控制，分散在不同地点的计算机各司其职，共同构成高性能、高可靠性的计算机控制系统。

DCS 系统的优点是安全、可靠、便于维护和扩展，它集合上述三种控制系统的功能于一身，功能强大。

五、现场总线控制系统

现场总线控制系统（Fieldbus Control System，FCS）采用网络控制系统，将自动化系统现场控制装置与现场智能仪表互相连接起来构成整体系统，是连接工业工程现场仪表和控制系统之间的全数字化、双向、多站点的串行通信网络，与控制系统和现场仪表联用组成现场总线控制系统。比起 DCS 系统，现场总线的最大优势是用数字仪表代替了 DCS 中的模拟仪表，它不仅仅是一种通信技术，而是用新一代的现场 FCS 代替传统的分散型控制系统 DCS，实现现场总线通信网络与控制系统的集成。

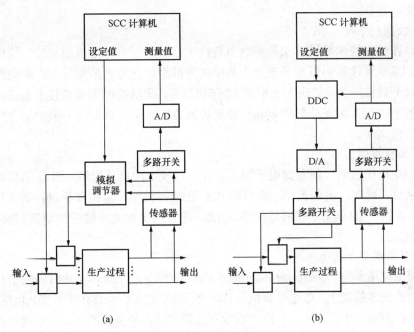

图 8-4　监督计算机控制系统

（a）SCC+模拟调节系统；（b）SCC+DDC 系统

8.1.4　计算机过程控制系统的特点及发展趋势

一、计算机过程控制系统的特点

与模拟连续过程控制系统相比，计算机过程控制系统的特点主要表现在三个方面。

（一）结构特点

模拟连续过程控制系统中全部采用模拟器件，调节器也是依赖运算放大器等模拟器件来实现各种控制规律，硬件电路复杂，且控制规律与硬件结构对应，修改控制规律必须改变硬件结构。而计算机过程控制系统实现控制功能的核心部件是计算机，只有外围的测量装置、执行装置等采用模拟器件，因此计算机过程控制系统是模拟和数字部件的混合体，控制规律也是依靠程序实现，可以实现复杂的控制规律，并能在线修改，修改控制规律一般无需修改硬件电路，只需改变程序即可，具有很强的灵活性和适应性。

（二）信号特点

模拟连续过程控制系统中各处的信号均为连续模拟信号，而计算机过程控制系统中除了有连续模拟信号，还存在离散模拟、离散数字等多种信号形式。

（三）功能特点

计算机过程控制系统具有多种数据存储方式和强大的状态、数据显示功能，在分析、解决问题时可以减少盲目性，提高研发效率，缩短研发周期，系统在运行时可以清楚地显示工作状态及控制效果。联网的计算机控制系统还可以实现多个系统的联网管理，实现资源共享和最优化管理，也可构成分级分布集散控制系统，满足更高的控制要求。

二、计算机过程控制系统的发展趋势

计算机过程控制系统经历了操作指导控制系统、直接数字控制系统、监督计算机控制系统、集散控制系统及现场总线控制系统几个过程，随着生产过程的大型化和复杂化，系统的功能也会越来越复杂。

（一）集散控制系统

近年来，在过程控制领域，集散控制系统技术已日趋完善并逐步成为广泛使用的主流系统。集散控制系统又被称为以微处理器为基础的分散型信息综合控制系统。集散控制在其发展初期以实现分散控制为主，进入上世纪80年代以后，集散控制系统的技术重点转向全系统信息的综合管理。因考虑其分散控制和综合管理两方面特征，故称为分散型综合控制系统，一般简称为集散系统。

（二）可编程控制器

20世纪80年代以来，随着微电子技术和计算机技术的迅猛发展，PLC的功能已经远远超出了逻辑运算、顺序控制的范围，高档的PLC还能如微型计算机那样进行数学计算、数据处理、故障自诊断、PID运算、联网通信等。因此，把它们统称为可编程控制器（Programmable Controller，PC）。

（三）计算机集成制造系统

计算机集成制造系统（Computer Integrated Manufacturing System，CIMS）是在自动化技术、信息技术及制造技术基础上，通过计算机及其软件，将制造工厂全部生产环节，包括产品设计、生产规划、生产控制、生产设备、生产过程等所需使用的各种分散的自动化系统有机地集成起来，消除自动化孤岛，实现多品种、中小批量生产的总体高效益、高柔性的智能制造系统。

（四）低成本自动化

近年来，随着计算机向高速度、大容量发展，各种功能完善、价格昂贵的计算机综合自动化系统日趋完善。与此同时，国际上的科技发展动态又向着低成本自动化（Low Cost Automation，LCA）的方向发展。国际自动控制联合委员会（IFAC）已把LCA定为系列学术会议之一，第五届LCA国际会议已于1997年在中国召开。

（五）智能控制系统

智能控制还没有统一的定义，一般认为，智能控制是驱动智能机器自主地实现其目标的自动控制。或者说，智能控制是一类无需人的干预就能独立驱动智能机器实现其目标的自动控制。对自主机器人的控制就是一例。所谓智能控制系统就是驱动自主智能机器以实现其目标而无需操作人员干预的自动控制系统。这类系统必须具有智能调节和执行等能力。智能控制的理论基础是人工智能、控制论、运筹学和系统学等学科。

8.2　数据采集及传输

在计算机过程控制系统中，计算机要不断地采集外部设备的数据，通过所获取的数据信息进行分析、运算及判断，对生产过程进行控制或干预。因此，计算机控制系统的数据采集及传输主要包括模拟量输入和模拟量输出两大部分。这两个部分要通过两个通道来完成，即模拟量输入通道和模拟量输出通道。

8.2.1　模拟量输入通道

模拟量输入通道的任务是把被控对象的模拟量信号（如温度、压力、流量、料位和成分等）转换成计算机可以接受的数字量信号。模拟量输入通道一般是由多路模拟开关、前置放大器、采样保持器、模/数转换器、接口电路和控制电路等组成的。其核心是模/数（A/D）转换器，通常也会把模拟量输入通道简称为 A/D 通道。

一、A/D 转换器的工作原理

目前的计算机控制系统中，大多数采用中、低速大规模集成 A/D 转换芯片。这类芯片的转换方式通常有计数—比较式、双斜积分式和逐次逼近型三种。其中，计数—比较式结构简单、价格便宜，但缺点是转换速度慢，现在已较少采用。双斜积分式精度高，有时还在采用。逐次逼近型 A/D 转换技术由于能很好地兼顾速度和精度，故这种方式在 16 位以下的 A/D 转换器中得到了广泛的应用。

（一）逐次逼近型 A/D 转换原理

图 8-5 所示为逐次逼近型 A/D 转换电路框图。该电路主要由逐次逼近寄存器 SAR、数字/电压转换器、比较器、时序及逻辑控制等部分组成。

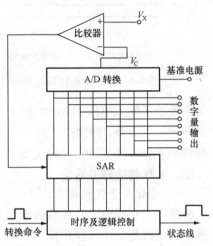

逐次逼近型 A/D 转换是把设定在 SAR 中的数字量所对应的 A/D 转换网络输出的电压与要被转换的模拟电压进行比较，从 SAR 的最高位开始，逐位确定各数码是"1"还是"0"，它的工作过程如下。

当计算机发出"转换命令"并清除 SAR 寄存器后，控制电路先设定 SAR 的最高位为"1"，其余位为"0"，此预测数据被送至 A/D 转换器，转换成电压 V_C，然后将 V_C 与输入模拟电压 V_X 在高增益的输出为逻辑 0 或逻辑 1 的比较器中进行比较。如果

图 8-5　逐次逼近型 A/D 转换电路框图

$V_X \geq V_C$，说明此位置"1"是对的，应予保留。如果 $V_X < V_C$，说明此位置"1"是不对的，应予清除。然后按照上述方法继续对次高位进行转换、比较和判断，决定次高位应取"1"还是取"0"。重复上述过程，直至确定 SAR 最低位为止。该过程完成后，状态线就改变状态，表示已经完成后一次完整的转换。最后，SAR 中的状态就是与输入的模拟电压相对应的二进制数字代码。

逐次逼近型 A/D 转换器的优点是精度较高，转换速度较快（例如 10 位转换时间最快可达 1μs），并且转换时间都是固定的，因此特别适合用作计算机数据采集系统和控制系统的模拟量输入通道。但它的缺点是抗干扰能力不强，而且当信号变化较快时，会产生较大的线性误差。如果采用采样—保持器，则可使该情况得到较大的改进。

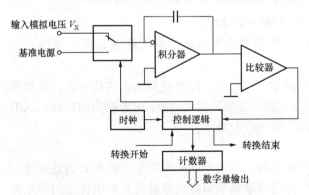

（二）双积分型 A/D 转换原理

双积分型 A/D 转换器的抗干扰能力比逐次逼近型强一些。该方法的基础是测量两个时间，一个是模拟输入电压向电容器充电的固定时间，另一个是在已知参考电压下放电所需的时间。模拟输入电压与参考电压的比值就等于上述两个时间之比。

图 8-6　双积分 A/D 转换器组成框图

双积分型 A/D 转换器的组成框图和原理图如图 8-6 和图 8-7 所示。

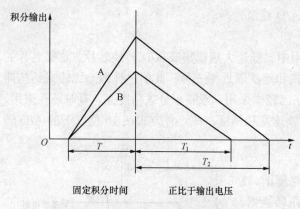

图 8-7 双积分 A/D 转换器原理图

在"转换开始"有效信号控制下，模拟输入电压 V_X 在固定时间内充电 n 个时钟脉冲，时间一到，控制逻辑就将模拟开关转换到与 V_X 极性相反的基准电源上，开始使电容放电。放电器件计数器计数脉冲的多少反映了放电时间的长短，从而决定模拟输入电压的大小。放电时间长，则表明输入的模拟电压大。当比较器判定电容放电完毕时就输出信号使计数器停止计数，并通过控制逻辑发出"转换结束"信号，计数器中的数值大小反映了输入电压 V_X 在固定积分时间 T 内的平均值。这种转换方法的优点是消除干扰和电源噪声的能力强、精度高，但转换速度慢。因此，该类型 A/D 转换器适用于信号变化缓慢、模拟量输入速率较低、转换精度要求较高且现场存在较严重干扰信号的场合。

二、A/D 转换器的量化

（一）量化与量化误差

将在时间和幅值上均连续的模拟量转换为在时间和幅值上均离散的，以二进制数码表示的数字量过程是一个采样和量化的过程。

所谓"量化"，就是用有限字长的一组二进制数码去整量化或逼近时间离散、幅值连续的采样信号。

量化处理给出的数字信号只代表某一瞬间的相应模拟信号的近似量。也就是说，在量值上，数字信号是整量化了的信息，该信息的变化只能由类似于阶跃变化的量值变化反映出来。例如二进制数 0100 和 0101 表示的数字信号，后者表示比前者变化了一个最低有效位所代表的量值。在量化理论中，这一最低有效位所代表的量值，称为量化单位 q。在理论及实践中，量化单位 q 被用作对采样信号幅值量化的标准尺度。

例如，对 n 位字长的 A/D 转换器，若满量程输入的模拟量表示为 FRS，则量化单位 q 由下式计算

$$q = FRS / 2^n$$

假设满量程输入电压为 5V，用 12 位 A/D 转换器进行模/数转换，则有

$$q = 5 / 2^{12} = 5 / 4096 = 1.22\text{mV}$$

上式说明，对于同一个 FRS 值，A/D 转换器的位数越多，量化单位 q 所代表的量值就越小。

由上例可以看出，量化过程是一种非线性的处理过程。经量化后给出的数字量，其精度取决于所选定的量化单位 q。这种由量化所引起的误差称为量化误差，可表征为 $\pm(1/2)q$。A/D 转换器的位数越多，其量化转换的精度越高、量化误差越小。

（二）A/D 转换结果的编码

在计算机控制系统中采用的编码形式有许多种。选取不同的编码形式将影响到处理这一数字量时的编码操作。下面介绍几种常用的能反映被测模拟量信号极性的单极性编码和双极性编码。

（1）单极性编码。常用的单极性编码形式是二进制代码。在这种编码中，n 位数字量 D 用加权和来表示，即

$$D = \sum_{i=0}^{n-1} a_i 2^i = a_{n-1} 2^{n-1} + a_{n-2} 2^{n-2} + \cdots + a_1 2^1 + a_0 2^0$$

其中，a_i 是 0 还是 1 取决于相应位数是 0 还是 1；2^i 表示相应位数的权值。

（2）双极性编码。常用的双极性编码有三种形式，分别是符号—数值码、偏移二进制码和补码。

1）符号—数值码。它是在单极性编码的基础上增加一个符号位构成的。通常情况下，数值为正时符号位用 0 表示，反之用 1 表示。这一编码的优点能确保 A/D 转换器精确的零输出，且当从小的正值变化到负值或相反变化时，变化的码位数较少。

2）偏移二进制码。这是一种满量程加偏移量的直接二进制编码。数值为正时符号位均为 1，数值为负时则均为 0。在计算机控制系统中，这一编码形式常用于实现 A/D 转换器的模拟量双极性转换。

3）补码表示。这是二进制的补码表示法。它的特点是符号位恰好与偏移二进制码的相反，但数值相同。

三、A/D 转换器的技术指标

A/D 转换器的技术指标很多，主要有分辨率、量程、精度、转换时间、电源灵敏度及基准电压精度。

（一）分辨率

分辨率越高，则相对于输入信号的变化，A/D 转换器的反应就越灵敏。分辨率通常用数字量的位数来表示。如 8 位、10 位、12 位、16 位等。例如，分辨率为 8 位的 A/D 转换器，表示它可对满量程的 $1/2^8 = 1/256$ 的增量做出反应。故 n 位二进制数最低位具有的权值就是它的分辨率。

分辨率=满量程$/2^n$，n 为转换器二进制数字量的位数。

（二）量程

量程是 A/D 转换器所能转换的电压范围。

（三）精度

有绝对精度和相对精度两种表示方法。常用数字量的位数作为度量绝对精度的单位，如精度为最低位 LSB 的 $(\pm 1/2)$ 位即 $(\pm 1/2)$LSB。例如满量程为 10V，则 10 位绝对精度是 4.88mV。若用百分比来表示满量程时的相对误差，则 10 位的相对精度为 0.1%。注意，精度和分辨率是两个不同的概念；精度是指转换后所得结果相对于实际值的准确度，而分辨率指的是能对转换结果发生影响的最小输入量。如满量程是 10V 时其 10 位分辨率为 9.77mV。但是，即使分辨率很高，如果受到温度漂移、线性度不良等因素的影响，也会降低其转换精度。

（四）转换时间

逐次逼近型单片 A/D 转换器转换时间的典型值是 $1 \sim 200\mu s$。

（五）电源灵敏度

当电源变化时，也会引起 A/D 转换器的输出发生变化。这种变化的实际作用相对于 A/D 转换器输入量的变化，因而产生误差。

通常 A/D 转换器对电源变化的灵敏度用相当于同样变化的模拟输入值的百分数来表示。例如，电源灵敏度为 0.05%/%ΔU_s 时，其含义是电源电压 U_s 的 1%时，相当于引入 0.05%的模拟量输入值的变化。

（六）基准电压精度

基准电压的精度将对整个系统的精度产生影响，故选片时要考虑是否要外加精密参考电源。

8.2.2　8 位 A/D 转换器及其接口技术

8 位 A/D 转换器的种类较多，一般采用逐次逼近型的转换原理，有单输入和多输入之分。下面以最为常用的 8 输入、8 位 A/D 转换器 ADC0808/ADC0809 为例，介绍 8 位 A/D 转换器的原理及其接口技术。

一、ADC0808/ADC0809 简介

ADC0808/ADC0809 是 NS（National Semiconductor）公司的产品，是 8 位逐次逼近型 A/D 转换器，该芯片是一种非常经典的 COMS 器件，包括 8 位的模/数转换器、8 通道多路转换器和微处理器或微控制器兼容的控制逻辑。8 通道多路转换器能直接连通 8 路单极性模拟信号中的任何一个。

（一）ADC0808/ADC0809 引脚功能

该类型芯片的片内带有锁存功能的 8 路模拟多路开关，可对 8 路 0～5V 输入模拟信号分时进行转换。此外，片内还有多路开关的地址译码器和锁存电路、比较器、256R 电阻 T 型网络、树状电子开关、逐次逼近寄存器 SAR、控制与时序电路等。输出具有 TTL 三态锁存缓冲器，可直接连在单片机数据总线上。

ADC0808/ADC0809 的主要性能如下：①分辨率为 8 位；②线性误差 ADC0808 为 ±1/2 LSB，ADC0809 为 ±1 LSB；③单一的+5V 供电，模拟输入范围为 0～5V；④可锁存三态输出，输出信号与 TTL 兼容；⑤功耗为 15mW；⑥不需进行零点和满刻度调整。

ADC0808/ADC0809 的转换速度取决于芯片的时钟频率。时钟频率范围为 10～1280kHz，例如，当 CLK=640kHz 时转换时间为100μs 。

ADC0808/ADC0809 芯片引脚如图 8-8 所示。各引脚功能介绍如下：IN0～IN7 为 8 路输入通道的模拟量输入端口，D0～D7 为 8 位数字量输出端口，START 为启动控制输入端口，ALE 为地址锁存控制信号端口，这两个信号端口可连在一起，当通过软件输入一个正脉冲时，便立刻启动 A/D 转换。EOC 为转换结束信号脉冲输出端口，OE 为输出允许控制端口，这两个信号端也可连接在一起，表示 A/D 转换的结束。OE 端的低电平由低变高，将打开三态输出锁存器，把转换结果的数字量输出到数据总线上。$V_{REF}(+)$ 和 $V_{REF}(-)$ 为参考电压输入端，V_{CC} 为主电源输入端，GND 为接地端，一般可将 $V_{REF}(+)$ 与 V_{CC} 连接在一起，$V_{REF}(-)$ 与 GND 连接在一起。CLOCK 为时钟输入端，ADD A、ADD B、ADD C 为 8 路模拟开关的 3 位地址选通输入端，以选择对应的输入通道，其对应关系见表 8-1。

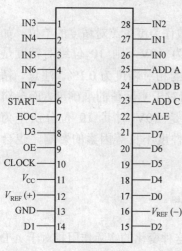

图 8-8　ADC0808/ADC0809 引脚图

表 8-1　　　　　　　　　　　地址码与输入通道对应关系

地址码			对应的输入通道
ADD C	ADD B	ADD A	
0	0	0	IN0
0	0	1	IN1
0	1	0	IN2
0	1	1	IN3
1	0	0	IN4
1	0	1	IN5
1	1	0	IN6
1	1	1	IN7

（二）ADC0808/ADC0809 的工作过程

8 位 A/D 转换器对选送至输入端信号 INi 进行转换，并将转换结果 D[D=0-（2^8-1）]存入锁存缓冲器。它在 START 上接收到一个启动转换命令（正脉冲）后，开始转换，100μs 左右（64 个时钟周期）后转换结束时，EOC 信号由低电平变为高电平，此时通知 CPU 读取转换结果。启动后，CPU 可用查询方式（例如，可将转换结束信号接至 CPU 的一条 I/O 线上）或中断方式（可将 EOC 作为中断请求信号引入中断逻辑）判断 A/D 转换过程是否结束。

三态输出锁存缓冲器用于存放转换结果 D，允许输出信号 OE 为高电平时，D 由 D0～D7 上输出；OE 为低电平输入时，数据输出线为高阻态。ADC0808/ADC0809 的转换时序如图 8-9 所示。

二、8 位 A/D 转换器与 CPU 的接口

8 位 A/D 转换器与 CPU 之间的接口既可以采用直接方式，也可通过 8255A、三态缓冲器等扩展端口方式进行连接。下面以 ADC0809 为例，介绍 8 位 A/D 转换器与 CPU 的直接连接方式。

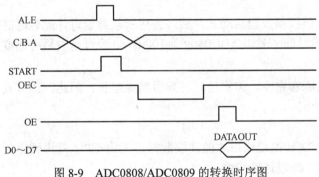

图 8-9　ADC0808/ADC0809 的转换时序图

当 A/D 转换器具有三态输出缓冲器时，可直接与 CPU 相连，如图 8-10 所示。

在图 8-10 中，V_{IN0}～V_{IN7} 为 8 位 0～5V 的模拟信号输入，8088CPU 的地址线 A3～A15 经过译码器译码后，生成一个片选信号 $\overline{CS}$，$\overline{CS}$ 与 $\overline{IOW}$ 逻辑组合接至 ADC0809 的 START 和 ALE 引脚，在 8088CPU 的低三位地址总线 A0～A2 的配合下，选择希望输入的模拟信号通道，并启动 A/D 转换，当 A/D 转换结束后，A/D 转换结束信号 EOC 变为有效，通过 8259A 的中断控制器向 8088CPU 发出中断请求信号。片选信号 $\overline{CS}$ 和控制信号 $\overline{IOR}$ 相组合接到 ADC0809 的输出允许信号（OE）端，在中断服务子程序中读取 A/D 转换结果。

8.2.3　8 位 A/D 转换器的应用程序设计

根据 A/D 转换器与 CPU 的连接方式及控制系统本身的要求不同，编写 A/D 转换程序的方法也不同。常用的编程方法有程序查询方式、定时采样方式和中断方式。

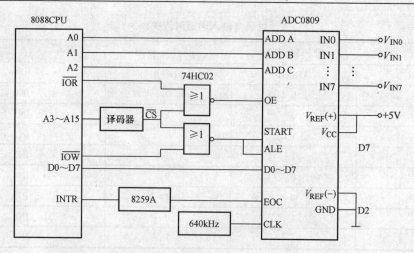

图 8-10　8 位 A/D 转换器 ADC0809 与 CPU 直接连接电路

（一）程序查询方式

该编程方式的特点是，先由 CPU 向 A/D 转换器发出启动脉冲，然后再读取转换结束信号，根据转换结束信号的状态，判断 A/D 转换是否结束。如果已经结束，可以读出 A/D 转换结果。否则，要继续查询，直到 A/D 转换结束。这种程序设计方法的优点是设计比较简单、可靠性高，但实时性差，因为微机将大量的时间都用于在"查询"上，因此该编程方法只能应用在对实时性要求不太高或控制回路较少的控制系统中。由于大多数控制系统对于这样少许的时间是允许的，因此，这种方法是在三种方法中用得最多的一种。

（二）定时采样方式

定时采样方式是指在 CPU 向 A/D 转换器发出启动脉冲后，先进行软件延时，此延时时间由 A/D 转换器完成 A/D 转换所需要的时间（例如 ADC0809 为 100μs），经过延时后可读取数据。

在这种方式下，有时为了确保转换能够完成，需将延时时间适当地延长，因此，该方式比查询方式的转换速度还慢，故应用较少。

（三）中断方式

在前两种方式中，由于需要等待 A/D 转换结束后才能读取数据，无论 CPU 是否暂停，对于控制过程来说都是处于等待的状态，所以速度较慢。

为了充分发挥 CPU 的效率，有时会采用中断方式。在这种方式中，CPU 启动 A/D 转换后，即可去处理其他的事情，而不必考虑 A/D 转换是否完成。一旦 A/D 转换结束，则由 A/D 转换器发一个转换结束的信号到 8088CPU 的 INTR 引脚，CPU 响应中断后，在中断处理子程序中读入转换后的数字信号。这种工作方式使得 CPU 与 A/D 转换器是并行工作的，因而提高了工作效率。因此，有时在多回路数据采集系统中采用。

值得注意的是，尽管中断方式具有很多优点，但是，如果 A/D 转换的时间很短（几至几十微秒），中断方式便失去其优越性。这是因为转而去执行中断服务的准备工作，如保护现场和恢复现场等，都将用去不少时间。因此，在数据采集系统的程序设计中，A/D 转换到底采取何种工作方式应根据具体情况而定。

8.2.4　其他常用 A/D 转换器简介

除了 8 位 A/D 转换器 ADC0809 外，目前在一些对精度要求高的场合也使用更高精度的常用 A/D 转换器，如 12 位和 24 位 A/D 转换器，其中较为常见的有，12 位 A/D 转换器 AD574/AD1674，24 位∑-△型 A/D 转换器 AD7714。其工作原理和与 CPU 的连接方式与 8 位 A/D 转换器 ADC0809 相似。限于篇幅，这里不过多介绍。读者在具体应用时，请查阅芯片的产品手册和相关的应用电路。

8.2.5　模拟量输出通道

一、模拟量输出通道的组成

模拟量输出通道的任务是把计算机输出的数字量转换成模拟量。这一任务主要是由 D/A 转换器来完成。对该通道的要求是，除了可靠性高、满足一定的精度要求外，输出还需有信号保持的功能，用以保证被控对象能可靠地工作。

当模拟量的输出通道为单路时，其电路组成较简单，但在计算机控制系统中，常常采用的是多路模拟量输出通道。

多路模拟量输出通道的结构形式主要由输出保持器的构成方式决定。输出保持器的作用主要是在新的信号到来前，使本次输出控制信号维持不变。保持器一般分为数字保持和模拟保持方案两种。这也决定了模拟量输出通道的两种基本结构形式。

（一）一个通道设置一片 D/A 转换器

在这种结构形式下，CPU 和模拟量通路之间通过独立的接口缓冲器传递信息。其优点是转换速度快，工作可靠，即便是一路 D/A 转换器出现故障，也不会影响其他通道的工作。缺点是使用较多的 D/A 转换器。但随着大规模集成电路技术的发展，这个缺点正在逐步得以克服。一个通道设置一片 D/A 转换器的形式，如图 8-11 所示。

（二）多个通道共用一片 D/A 转换器

由于共用一片 D/A 转换器，所以必须在计算机控制下分时工作，即逐次把 D/A 转换器转换成模拟电压（或电流），经过多路模拟开关传送给输出采样保持器。这种结构形式的好处是节省了

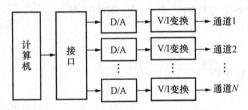

图 8-11　一个通道设置一片 D/A 转换器

D/A 转换器，但是由于分时工作，只适用于通路数量较多且对速率要求不高的场合。它还需使用多路模拟开关，而且要求输出采样—保持器的保持时间与采样时间之比较大，这种方案工作可靠性较差。共用 D/A 转换器的形式如图 8-12 所示。

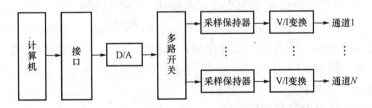

图 8-12　共用一片 D/A 转换器

二、D/A 转换器的工作原理

D/A 转换器有并行和串行两种，下面仅介绍并行 D/A 转换器的工作原理。

并行 A/D 转换器由 4 部分组成，即电子开关、$S_1 \sim S_n$ 电阻网络、放大器 A、标准电压

VB。每一位二进制数接一个电子开关，并用二进制数控制电子开关。当 $D_i=1$ 时，标准电压接入电阻网络，而 $D_i=0$ 时，开关断开。电阻网络把标准电压转换成相应的电流，并将其求和放大输出。并行 D/A 转换器根据电阻网络的不同，可分为权电阻译码 D/A 转换器，T 型网络 D/A 转换器，以及变形权电阻译码 D/A 转换器等。下面通过权电阻译码 D/A 转换器，说明并行 D/A 转换器的工作原理。

权电阻型数/模转换就是将某一数字量的二进制代码各位按它的"权"的数值转换成相应的电流，然后再把代表各位数值的电流加起来。一个 8 位的权电阻 D/A 转换器的原理框图如图 8-13 所示。

图 8-13 中左侧为二进制，电路中每一位的电阻值是与这一位的"权"相对应的，"权"越大，电阻值越小，因此称之为权电阻解码网络。

这是一个线性电阻网络，可以应用叠加原理来分析网络的输出电压。其做法是，先逐个求出每个开关单独接通标准电压，再计算其余开关量均接地时网络的输出电压分量，然后将所有接标准电压开关的输出分量相加，就可以得到总的输出电压。

在图 8-13 中，$D_i=0$ 时，S_i 接地，$D_i=1$ 时，S_i 接 VB（$i=0，1，\cdots，7$）。

对于权电阻 D/A 转换器，其简化电路如图 8-14 所示。图中，$V_0=a_7V_B$，$V_1=a_6V_B$，$V_2=a_5V_B$，$V_3=a_4V_B$，$V_4=a_3V_B$，$V_5=a_2V_B$，$V_6=a_1V_B$，$V_7=a_0V_B$，$a_0，a_1,\cdots，a_7=0$ 或 1。

$$V_{OUT}=-\left(\frac{R_f}{2^0R}V_0+\frac{R_f}{2^1R}V_1+\cdots+\frac{R_f}{2^7R}V_7\right) \tag{8-1}$$

当 $R=2R_f$ 时，代入式（8-1）得

$$V_{OUT}=-\frac{V_B}{2^8}\sum_{i=0}^{7}a_i2^i \tag{8-2}$$

由此得

$$V_{OUT}=-\frac{V_B}{2^8}D \tag{8-3}$$

三、D/A 转换器的性能指标

D/A 转换器的性能指标主要有分辨率、稳定时间、输出电平、输入编码等。其中，分辨率的含义与 A/D 转换器相同。

稳定时间。稳定时间是指 D/A 转换器转换代码出现满读值变化时，其输出达到稳定（通常指稳定到与±1/2 最低位位值相当的模拟量范围内）所需的时间。一般为几十毫秒到几微秒。

输出电平。不同型号的 D/A 转换器的输出电平相差较大，一般为 5～10V，也有一些高电压输出型的为 24～30V。还有些电流输出型，低的为 20mA，高的可达 3A。

输入编码。如二进制、BCD 码、双极性的符号—数值码、补码、偏移二进制码等。必需时可在 D/A 转换前用计算机进行代码转换。

8.2.6　8 位 D/A 转换器及其接口技术

一、DAC0832 介绍

（一）DAC0832 的结构及工作原理

DAC0832 属于 8 位 D/A 转换器，该器件采用先进的 CMOS/Si-Cr 工艺，可与 8088 及其他常用的微处理器直接连接。在电路中使用了 CMOS 电流开关和控制逻辑，从而实现了工作中较低的功耗和输出漏电流误差。采用特殊的电路结构可与 TTL 逻辑输入电平相互兼容。

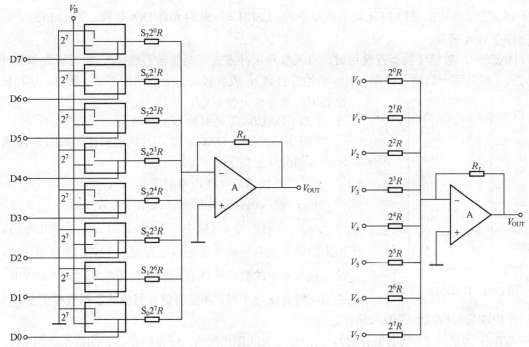

图 8-13　权电阻 D/A 转换器　　　　　　　　图 8-14　权电阻 D/A 转换器简化电路

DAC0832 数模转换器的内部，具有双输入数据缓冲器和一个 8 位 D/A 转换器，其原理如图 8-15 所示。

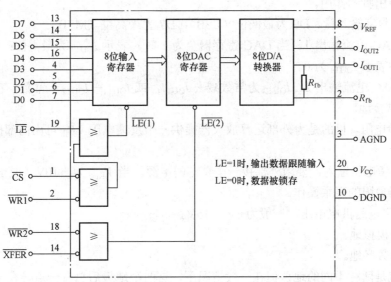

图 8-15　DAC0832 原理图

在图 8-15 中，$\overline{\text{LE}}$ 为寄存命令，当 $\overline{\text{LE}} = 1$ 时，寄存器的输出随着输入而变化；当 $\overline{\text{LE}} = 0$ 时，数据锁存在寄存器中，而不随输入数据的变化而变化。故其逻辑表达式为

$$\overline{\text{LE}(1)} = I_{\text{LE}} \cdot \overline{\text{CS}} \cdot \overline{\text{WR}_1}$$

由上式知，当 $I_{\text{LE}} = 1$，$\overline{\text{CS}} = \overline{\text{WR}_1} = 0$ 时，$\overline{\text{LE}(1)} = 1$，允许数据输入。而当 $\overline{\text{WR}_1} = 1$ 时，$\overline{\text{LE}(1)} = 0$，则数据被锁存。能否进行 D/A 转换，除了取决于 $\overline{\text{LE}(1)}$ 外，还取决于 $\overline{\text{LE}(2)}$，由

图 8-15 可知，当 $\overline{WR_2}$ 和 $\overline{XFER}$ 均为低电平时，$\overline{LE}(2)=1$，此时允许 D/A 转换，否则 $\overline{LE}(2)=0$，就会停止 D/A 转换。

　　DAC0832 数模转换器在使用时，可采取双缓冲方式（两级输入锁存），也可采取单缓冲的方式（即只用一级输入锁存，另一极始终直通），或者接为完全直通的形式。所以，这种转换器用起来非常方便灵活。

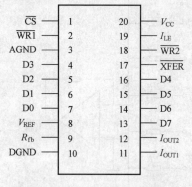

图 8-16　DAC0832 引脚图

（二）DAC0832 的引脚功能介绍

（1）控制信号。DAC0832 芯片的引脚排列如图 8-16 所示。各引脚功能如下：

$\overline{CS}$：片选信号（低电平有效）。

I_{LE}：输入锁存允许信号（高电平有效）。

$\overline{WR_1}$：写信号 1（低电平有效）。当 $\overline{WR_1}$ 为低电平时，用来将输入的数据传送至输入锁存器；当 $\overline{WR_1}$ 为高电平时，输入锁存器中的数字被锁存；当 I_{LE} 为高电平，且 $\overline{CS}$ 和 $\overline{WR_2}$ 必须同时为低电平时，才能将锁存器中的数据进行更新。以上三个控制信号构成一级输入锁存。

　　$\overline{WR_2}$：写信号 2（低电平有效）。该信号与 $\overline{XFER}$ 相配合，可将锁存器中的数据送到 DAC 寄存器中进行转换。

　　$\overline{XFER}$：传送控制信号（低电平有效）。$\overline{XFER}$ 将与 $\overline{WR_2}$ 配合使用，构成二级锁存。

（2）其他引脚的作用。

D0-D7：数字输入量。D0 为最低位（LSB），D7 为最高位（MSB）。

I_{OUT1}：DAC 电流输出 1。当 DAC 寄存器全为 1 时，表示 I_{OUT1} 为最大值；当 DAC 寄存器全为 0 时，表示 I_{OUT1} 为 0。

I_{OUT2}：DAC 电流输出 2。I_{OUT2} 为常数减去 I_{OUT1}，或 $I_{OUT1}+I_{OUT2}$ = 常数。在单极性输出时，I_{OUT2} 常常接地。

R_{fb}：反馈电阻，目的是为外部运算放大器提供一个反馈电压，R_{fb} 可由内部提供，也可由外部提供。

V_{REF}：参考电压输入，要求外部接一个精密的电源。当 V_{REF} 为 $\pm 10V$（或 $\pm 5V$）时，可获得满量程四象限的可乘操作。

V_{CC}：数字电路供电电压，一般为 +5～+15V。

AGND：模拟地。

DGND：数字地。

注意，这是两种不同的地，但在一般情况下，这两个地最后总有一点接在一起，以便提高抗干扰的能力。

（3）DAC0832 的技术指标。DAC0809 的主要技术指标如下：①分辨率：8 位。②电流建立时间：1μs。③线性度（在整个温度范围内）：8 位。④增益温度系数：0.0002% 或 FS/℃。⑤低功耗：20mW。⑥单一电源：+5～+15（直流）。

二、8 位 D/A 转换器与 CPU 的接口

8 位 D/A 转换器有三种方式与 CPU 进行连接，通过锁存器连接、使用可编程并行口 8255A

连接、直接连接。至于采用哪种方法，应根据各种 D/A 转换器的结构形式及系统的要求来进行选择。

（1）用锁存器连接。如 D/A 转换器本身没有传送器，则在 D/A 转换器与 CPU 之间必须通过一个锁存器进行连接，锁存器可选 74HC273 或 74HC373 等。锁存器的作用是：锁存器的选通脉冲作为 DAC I/O 地址选通信号，该信号出现正跳变时，则锁存器 D 输入端的信号被送到 Q 输出端，然后再加到 D/A 转换器的 8 位数据线上，以便进行 D/A 转换；当选通信号为低电平，输出 Q 端将保持 D 端的输入数据，以便维持 D/A 转换。

（2）通过 8255A 连接。当 D/A 转换器没有锁存器，或即使有锁存器，但为了控制灵活、方便，通常用 8255A 并行口将 CPU 与 D/A 转换器连接起来。在这种接口方法中，例如将 8255A 的 A 口和 C 口设置为输出口，A 口用来向 D/A 转换器传输数据，C 口用来控制 D/A 转换。

（3）D/A 转换器与 CPU 直接相连。对于带有锁存器的 D/A 转换器，可采用直接连接方式。例如 DAC0832 与 CPU 的连接，如图 8-17 所示。

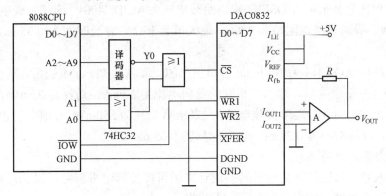

图 8-17　DAC0832 与 CPU 的直接连接法

从图 8-17 中可看出，由于 DAC0832 内部自带有输入锁存器，故不需要其他接口芯片，可直接与 CPU 的数据总线相连，也不需要保持器，只要没有新的数据输入，它将保持原来的输出值。在图 8-17 中，$\overline{WR2}$ 和 $\overline{XFER}$ 需接成低电平，CPU 输入的数据存入 DAC0832 的 8 位输入存储器，再经过 8 位 DAC 缓冲器送进 D/A 转换网络进行转换，输出电压信号 $V_{OUT} = \dfrac{D}{2^8} V_{REF}$。

除 DAC0832 外，还有一些更高精度的 D/A 转换器，如 12 位 D/A 转换器 DAC1028 系列，DAC1230 系列，4 路并行 D/A 转换器 DAC7624 和 DAC7625 等。由于其工作原理及与 CPU 接口方式都与前面所述的 DAC0832 类似，限于篇幅，这里不再一一详述，有兴趣的读者可自行查阅相关的技术资料和用户手册。

8.2.7　数字量输入输出通道

一、光耦合器

光耦合器是计算机控制系统中常用的光电隔离保护器件，它能实现输入与输出之间的隔离。根据其自身特点和应用场合的不同，大致分为一般隔离用光耦合器，AC 交流用光耦合器，高速光耦合器等。这里只介绍一般隔离用光耦合器和 PhotoMos 继电器。三极管输出的光耦合器如图 8-18 所示。

光耦合器的输入端为发光二极管，输出端为光敏三极管。当发光二极管中流过一定强度

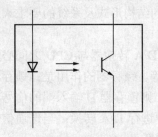

图 8-18　三极管输出的光耦合器

的电流时就会发出一定的光，该光被光敏三极管接收，光敏三极管便会处于导通的状态。如果将该电流撤去，发光二极管熄灭，光敏三极管截止，这种特性被用来实现开关控制的目的。不同的光耦合器，其特性和参数也有所不同。

（一）一般隔离用的光耦合器

该类产品主要有 Toshiba 公司的 TLP521-1/TLP521-2/TLP521-4；NEC 公司的 PS2501-1；Sharp 公司的 PC817；Motorola 公司的 4N25。

（二）PhotoMos 继电器

该类器件的特点是，输入端为发光二极管，输出为 MOSFET。生产 PhotoMos 继电器的主要厂商有 NEC 公司和 National 公司。

（1）PS7341。PS7341 为 NEC 公司生产的一款常开 PhotoMos 继电器。输入二极管的正向电流为 50mA，功耗为 50mW。MOSFET 输出负载电压为 AC/DC400V，连续负载电流为 150mA，功耗为 560mW。导通典型电阻值为 20Ω，最大值为 30Ω，导通时间为 0.35ms，关断时间为 0.03ms。

（2）AQV214。AQV214 为 National 公司生产的一款常开 PhotoMos 继电器。引脚与 NEC 公司的 PS7341-1A 完全兼容。输入二极管的正向电流为 50mA，功耗为 75mW。MOSFET 输出负载电压为 AC/DC400V，连续负载电流为 120mA，功耗为 550mW。导通典型电阻值为 30Ω，最大值为 50Ω，导通时间为 0.21ms，关断时间为 0.05ms.

二、数字量输入通道

数字量输入通道将现场开关信号转换成计算机可接受的电平信号，以二进制高低电平的数字量形式输入计算机，计算机通过三态缓冲器读取状态信息。数字量输入通道主要由三态缓冲器、输入调理多路，输入口地址译码器等电路组成，如图 8-19 所示。

数字量也称开关量，其输入通道接收的信号可能是电压、电流、开关等触点，很容易引发瞬时高压、过电压、接触抖动等现象。为了将合格的外部开关量信号送入计算机，必须将现场输入的状态信号经过转换、保护、滤波、隔离等措施

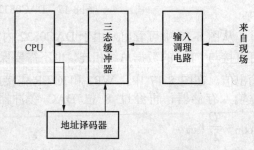

图 8-19　数字量输入通道结构

转换成计算机能够接受的逻辑电平信号，这一过程称为信号调理。

（一）数字量输入电路

数字量输入实用电路如图 8-20 所示。当 JP1 跳线器 1-2 短路，JP2 跳线器 1-2 断开、2-3 短路时，输入端 DI+ 和 DI− 可接一干接点信号。

当 JP1 跳线器 1-2 断开，JP2 跳线器 1-2 短路、2-3 断开时，输入端 DI+ 和 DI− 可接有源接点。

（二）交流输入信号检测电路

交流输入检测电路如图 8-21 所示。图中，L_1、L_2 为电感，一般取为 1000μH，RV_1 为压敏电阻，当交流输入信号为 110V 时，RV_1 取 270V；当交流输入信号为 220V 时，RV_1 取 470V。

R_1 取 510kΩ/0.5W 电阻，R_2 取 3W 电阻，电阻 R_3 取 2.4 kΩ/0.25W，电阻 R_4 取 100Ω/0.25W，电容 C_1 取 10μF/25V，光耦合器可取 TLP620 或 PS2505-1。

L、N 为交流侧输入端，当 S 按钮按下时，IO=0；当 S 按钮未按下时，IO=1。

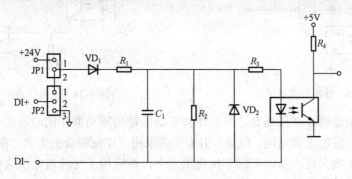

图 8-20　数字量输入实用电路

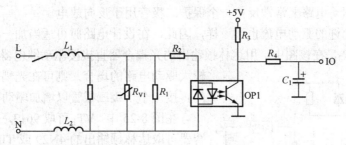

图 8-21　交流输入信号检测电路

三、数字量输出通道

数字量输出通道的作用是将计算机的数字输出转换成现场各种开关设备所需的信号。计算机通过锁存器输出控制信号。

数字量的输出通道主要由锁存器、输出驱动电路、输出口地址译码器等电路组成，如图 8-22 所示。

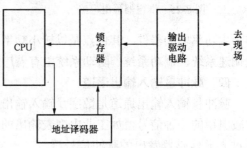

图 8-22　数字量输出通道结构

（一）低电压开关量信号输出技术

在低电压情况下，可采用晶体管、OC 门或运放等方式实现开关量控制输出。例如，输出的开关量可驱动电磁阀、指示灯、直流电动机等，如图 8-23 所示。当使用 OC 门时，由于其为集电极开路输出形式，在其输出为"高"电平状态时，实质只是一种高阻状态，必须外接上拉电阻，此时的输出驱动电流主要靠 V_C 提供，属于直流驱动，且 OC 门的驱动电流不大，通常为几十毫安。如果驱动设备所需驱动电流较大，还可采用三极管输出方式，如图 8-24 所示。

（二）继电器输出接口技术

以继电器方式进行输出的开关量输出，是目前最常用的一种数字量输出方式。尤其是在驱动大型设备时，经常要用继电器作为控制系统输出到输出驱动级之间的第一级执行机构，通过第一级继电器的输出，可完成从低压直流到高压交流的过渡。输出电路如图 8-25 所示，在经光耦合后，由直流部分给继电器供电，而其输出部分可直接与 220V 三相交流电源相连。

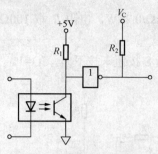

图 8-23　低压开关量输出

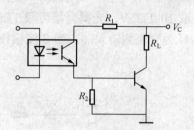

图 8-24　三极管输出驱动

继电器输出也能用作低压场合，与晶体管等低压输出驱动器相比，当继电器输入时，输入端与输出端有一定的隔离功能。但是，由于开关采用了电磁吸合的方式，在开关的一瞬间，在触点处容易产生电火花，从而引起干扰现象发生；在应用于交流高电压这样的场合时，触点容易氧化；由于继电器的驱动线圈上有一定的电感，在关断瞬间可能会产生较大的电压，所以在继电器的驱动电路上常常反接一个保护二极管用于反向放电。

不同继电器允许的驱动电流也不一样，因此，在设计电路时可适当加一限流电阻，如图 8-25 所示的电阻 R_3，在该图中，用达林顿输出的光耦合器直接接驱动继电器，而在某些需要较大驱动电路的场合，则可在光耦合器和继电器之间再接一个一级三极管以增加驱动电流。

在图 8-25 中，VT_1 可取 9013 三极管，OPI 光耦合器可取达林顿输出的 4N29 或 TIL113。加二极管的目的是消除继电器厂的线圈产生的反电动势，R_4、C_1 为灭弧电路。

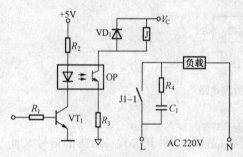

图 8-25　继电器输出电路

（三）晶闸管输出接口技术

晶闸管属于功率较大的半导体器件，可分为单向晶闸管和双向晶闸管，在计算机控制系统中，可作为大功率驱动器件，其优点是以较小功率控制大功率、开关无触点。因此，在交直流电动机调速系统、调功系统、随动系统中有着广泛的应用。

四、脉冲量输入输出通道

脉冲量输入输出通道是数字量输入输出通道的一种特殊形式，脉冲量是工业测控领域中比较典型的一种信号，如工业电度表输出的电能脉冲信号，图书馆、公共场所人员出入次数通过光电传感器发出的脉冲信号等，计算机控制系统将上述信号的输入输出电路称为脉冲量输入输出通道。如果脉冲量的频率不太高，则其接口电路与数字量输入输出通道的一样；如果脉冲量的频率较高，应该使用高速光耦合器。

（一）脉冲量输入通道

脉冲量输入通道的电路原理图如图 8-26 所示。图中，R_1、C_1 构成 RC

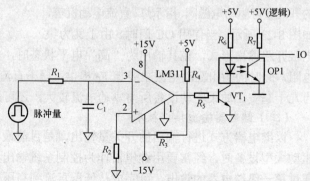

图 8-26　脉冲量输入通道电路原理图

低通滤波电路，过零电压比较器 LM311
接成施密特电路，输出信号通过光耦合器
OP1 隔离后，送往计算机测量脉冲的 I/O
口。除了可采用 8253 对脉冲进行计数外，
也可以采用单片机微控制器的捕获定时
器对脉冲进行计数。

（二）脉冲量输出通道

脉冲量输出通道应用电路如图 8-27
所示。图中，IO 为计算机的输出端口，
OP1 可选择光耦合器 PS2501-1，OP2 可选
择 PS7341-1A 或 AQV214 PhotoMos 继电

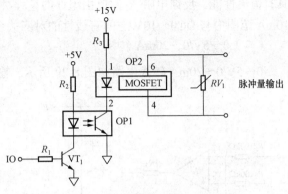

图 8-27　脉冲量输出通道应用电路

器，RV_1 为压敏电阻，其电压值由所带电压负载决定，由于采用了两次光电隔离，此电路具
有很强的抗干扰能力。

8.2.8　电流/电压转换电路

在计算机控制系统设计中，为增加系统的可靠性，缩短研发周期，实现系统功能的模块
化，常常选用具有一定功能的电动组合单元作为系统的一部分，例如在温度测量中，通常选
择热电偶或热电阻变送器作为测量单元；在电动机控制中，利用输入为 4～20mA 或 0～5V
的变频调速器作为输出单元等。在某些控制系统的改造中，为使系统的整体结构基本保持原
状，也常常会遇到微机系统与电动单元的接口问题。

对于 DDZ-Ⅱ型电动组合单元，其输出信号标准为 DC0～10mA，而 DDZ-Ⅲ型的输出标
准为 DC4～20mA；对于许多控制单元，如一些温控器、变频器等，其输入信号也经常是 0～
10mA 或 4～20mA 的标准直流电流信号。然而，计算机控制系统输出的模拟信号是电压信号；
它能处理的一般也只是电压信号。因此，在某些需要电流信号输出且只提供电流信号的场合，
需要通过相应的电路进行电压/电流转换。

一、电压/电流转换

（一）0～10V/0～10mA 转换

DC0～10V/0～10mA 的转换电路如图 8-28 所示。在输出回路中，引入一个反馈电阻 R_f,
输出电流 I_0 经过反馈电阻得到一个反馈电压 V_f，经过电阻 R_3、R_4 加到运算放大器的两个输入
端。由电路可知，其同相端和反相端的电压分别为

$$V_P=V_1R_2/(R_2+R_3)$$
$$V_N=V_2+(V_i-V_2)R_4/(R_1+R_4)$$

对于理想运放，由于有 $V_N≈V_P$，故

$$V_2(1-R_4/(R_1+R_4))+V_iR_4/(R_1+R_4)=V_1R_2/(R_2+R_3)$$

由于 $V_2=V_2-V_f$，则有

$$V_1R_1(R_1+R_4)+(V_iR_4-V_fR_1)/(R_1+R_4)=V_1R_2/(R_2+R_3)$$

假定 $R_1=R_2=100kΩ$，$R_3=R_4=20kΩ$，则有

$$V_f=V_iR_4/R_1=V_i/5$$

略去反馈回路的电流，则有

$$I_0=V_f/R_f=V_i/5R_f$$

由此可见，当开环增益足够大时，输出电流与输入电压的关系只与反馈电阻有关，因而

具有恒流性能。反馈电阻 R_f 的值由组件的量程决定，当 R_f=200Ω 时，输出电流 I_o 在 DC0～10mA 范围内与 DC0～10V 之间有线性的对应关系。

（二）0～5V/0～20mA 转换

0～5V/0～20mA 转换电路如图 8-29 所示。输出电流 $I = \dfrac{V_{IN}}{250} \times 1000\text{mA}$ 。

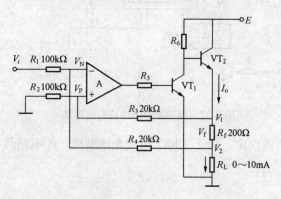

图 8-28　DC0～10V/0～10mA 转换电路

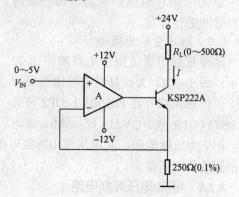

图 8-29　0～5V/0～20mA 转换电路

二、电流/电压转换

当变送器的输出信号为电流信号时，需要转换成可被单片机系统接受并处理的电压信号，需要经过 I/V 转换。最简单的电流/电压转换可利用一个 500Ω 的精密电阻，将 0～10mA 的电流信号转换为 0～5V 的电压信号。

当不存在共模干扰时，DC 0～10mA 电流信号采用图 8-30 所示的电阻式 I/V 转换，其中 RC 构成低通滤波电路，RP 用于调整输出电压值。

当有共模干扰时，可采用隔离变压器耦合的方式，将其转换为 0～5V 的电压信号输出。在输出端接负载时，要考虑转换器的输出驱动能力，可在输出端再接一个电压跟随器作为缓冲器。这种 I/V 转换电路如图 8-31 所示。该电路实际上是一个同相放大器，利用 0～10mA 电流在电阻 R 上产生输出电压，如果取 R=200Ω，则当 I=10mA 时，产生 2V 的输入电压，该电路的放大倍数为 $A = 1 + \dfrac{R_f}{R_1}$ 。如果取 R_1=100kΩ，R_f=150kΩ，则 0～10mA 输入对应 0～5V 的电压输出。

由于采用同相端输入，因此放大器 A 的共模抑制比要高，从电路结构可知，其输入阻抗较低。

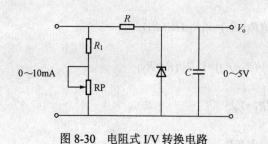

图 8-30　电阻式 I/V 转换电路

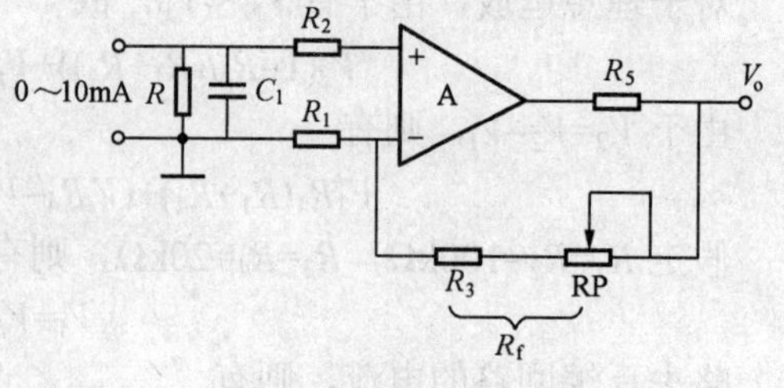

图 8-31　0～10mA/0～5V 转换电路

8.3 计算机过程控制常规算法

计算机过程控制算法有很多种，本节以工业中应用得最多，也是最普遍的数字 PID 及其改进算法、串级控制算法和前馈—反馈控制法为例，说明它们在计算机控制系统中的实现方法。

8.3.1 数字 PID 算法

比例积分微分（PID）控制，在前面已经对其基本控制原理进行了说明，本节将对 PID 算法的离散化及其在计算机控制系统中是如何实现的做进一步的讨论，并对 PID 算法的改进算法进行介绍。

一、PID 算法

（一）PID 算法的离散化

对被控对象的静态和动态特性研究表明，在绝大多数系统中都存在储能部件，这些部件的存在使得系统对外作用有一定的惯性，可用时间常数来表征这种惯性。另外，被控对象在能量和信息传输时还会引入一些时间上的滞后。在工业生产的实时控制中，经常存在外界的干扰和系统参数的变化，这些将会使系统的性能变差。因此，为了改善控制系统性能，除了要按偏差的比例调节以外，引入对偏差的积分，用以克服残差，提高精度，加强对系统参数变化的适应能力。引入对偏差的微分来提高系统的反应能力，克服惯性滞后，提高系统的抗干扰性能和稳定性。单参数 PID 控制回路如图 8-32 所示。图中 $y(t)$ 是被控量，R 是 $y(t)$ 的设定值，$e(t)$ 是调节器的偏差，$u(t)$ 是调节器输出的控制量，它相当于阀门的阀位。理想模拟调节器的 PID 算式为

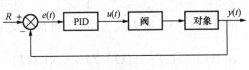

图 8-32　单参数 PID 控制

$$u(t) = K_P \left[e(t) + \frac{1}{T_I} \int e(t)\mathrm{d}t + T_D \frac{\mathrm{d}e(t)}{\mathrm{d}t} \right] \qquad (8\text{-}4)$$

$$e(t) = R - y(t)$$

式中　K_P——比例系数；

　　　T_I——积分时间常数；

　　　T_D——微分时间常数。

在计算机控制系统中，经常用采样方式对生产过程的各个回路进行巡回检测及控制，该系统属于采样调节。因而，将描述连续系统的微分方程应由相应的描述离散系统的差分方程来代替。离散化时，令

$$t = kT$$

$$u(t) \approx u(kT)$$

$$e(t) \approx e(kT)$$

$$\int_0^t e(t)\mathrm{d}t \approx T \sum_{j=0}^{k} e(jt)$$

$$\frac{\mathrm{d}e(t)}{\mathrm{d}t} \approx \frac{e(kT) - e(kT - T)}{T} = \frac{\Delta e(kT)}{T}$$

式中　$e(kT)$——第 k 次采样获得的偏差信号；

　　　$\Delta e(kT)$ ——本次和上次测量值偏差的差。

当给定值不变时，$\Delta e(kT)$ 可表示为相邻两次的测量值之差，即

$$\Delta e(kT) = e(kT) - e(kT - T) = [R - y(kT)] - [R - y(kT - T)] = y(kT - T) - y(kT)$$

式中　T——采样周期（两次采样之间的时间间隔），若要保证控制系统有足够的精度，采样周期必须要足够短；

　　　k——采样序列号，$k=0,1,2\cdots$。

则离散系统的 PID 算式为

$$u(kT) = K_P\left\{e(kT) + \frac{T}{T_I}\sum_{j=0}^{k}e(jT) + \frac{T_D}{T}[e(kT) - e(kT - T)]\right\} \tag{8-5}$$

在式（8-5）所表示的控制算式中，其输出值是与阀位一一对应的，故通常称为 PID 的位置算式。在该式中，每次的输出都与过去的所有状态有关。它不但要求计算机对 e 进行不断累加，而且当计算机发生故障时，会造成输出量 u 的变化，导致大幅度地改变阀门位置，这将对安全生产带来严重后果。所以，目前的计算机控制 PID 算法常采用增量控制算法，具体方法是：

对于 $k-1$ 次采样有

$$u(kT - T) = K_P\left\{e(kT - T) + \frac{T}{T_I}\sum_{j=0}^{k-1}e(jT) + \frac{T_D}{T}[e(kT - T) - e(kT - 2T)]\right\} \tag{8-6}$$

用式（8-5）减去式（8-6），可得两次采样输出量之差为

$$\Delta u(kT) = u(kT) - u(kT - T) = K_P\left\{[e(kT) - e(kT - T)] + \frac{T}{T_I}e(kT) + \frac{T_D}{T}[\Delta e(kT) - \Delta e(kT - T)]\right\}$$

因为
$$\Delta e(kT) = e(kT) - e(kT - T)$$
$$\Delta e(kT - T) = e(kT - T) - e(kT - 2T)$$

所以有　$\Delta u(kT) = K_P\left\{[e(kT) - e(kT - T)] + \dfrac{T}{T_I}e(kT) + \dfrac{T_D}{T}[e(kT) - 2e(kT - T) + e(kT - 2T)]\right\}$

$$= K_P[e(kT) - e(kT - T)] + K_I e(kT) + K_D[e(kT) - 2e(kT - T) + e(kT - 2T)] \tag{8-7}$$

$$K_I = K_P\frac{T}{T_I}$$

$$K_D = K_P\frac{T_D}{T}$$

式中　K_I——积分系数；

　　　K_D——微分系数。

在计算机控制系统中，一般取采样周期 T 为恒定，当确定了 K_P、K_I、K_D 时，根据前后三次测量值偏差即可由式（8-7）求出控制增量。由于它的控制输出对应每次阀门的增量，所以称为 PID 控制的增量式算式。

实际上，位置式控制与增量式控制对整个闭环系统没有本质区别，只是将原来全部由计算机承担的算式，分出一部分由其他部件去完成。例如，当用步进电机作为系统的输出控制部件时，就能起到这样的作用。步进电机作为一个积分元件，且兼作输出保持器，对计算机

的输出增量 $\Delta u(kT)$ 进行累加，实现了 $u(kT)=\Sigma\Delta u(kT)$ 的作用，而步进电机的角度对应于阀门的位置。

增量算式的优点：①由于计算机每次只输出控制增量即每次阀位的变化，故当机器出现故障时影响就小。必要时可通过逻辑判断限制或禁止出现故障时的输出，从而不会严重影响系统的工况。②手动—自动切换冲击小。由于阀门的位置信号总是绝对值，不论是位置式还是增量式，在手动改为自动时总要事先设定一个与手动输出相对应的 $u(kT-T)$ 值，然后再改为自动，才能做到无冲击切换。增量式控制时阀位与步进电机的转角相对应，设定时比位置式简单。③增量式算式中不需要累加，控制增量的确定仅仅与最后几次的采样值有关，较容易通过加权处理来获得较好的控制效果。

【例 8-1】 在单输入单输出计算机控制系统中，试分析 K_P 对系统性能的影响及 K_P 的选择方法。单输入单输出计算机控制系统如图 8-33 所示。采样周期 $T=0.1\mathrm{s}$，数字控制器 $D(z)=K_P$。

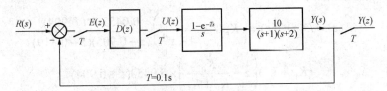

图 8-33　单输入单输出计算机控制系统

解　系统广义对象的 z 传递函数为

$$G(z)=Z\left[\frac{1-\mathrm{e}^{-Ts}}{s}\frac{10}{(s+1)(s+2)}\right]=Z\left[(1-\mathrm{e}^{-Ts})\left(\frac{5}{s}-\frac{10}{s+1}+\frac{5}{s+2}\right)\right] \tag{8-8}$$

$$=\frac{0.0453z^{-1}(1+0.904z^{-1})}{(1-0.905z^{-1})(1-0.819z^{-1})}=\frac{0.0453(z+0.904)}{(z-0.905)(z-0.819)}$$

若数字控制器 $D(z)=K_P$，则系统的闭环传递函数为

$$G_c(z)=\frac{Y(z)}{R(z)}=\frac{D(z)G(z)}{1+D(z)G(z)}=\frac{0.0453(z+0.904)K_P}{z^2-1.724+0.741+0.0453K_Pz+0.04095K_P} \tag{8-9}$$

当 $K_P=1$，系统在单位阶跃输入时，输出量的 z 变换为

$$Y(z)=\frac{0.0453z^2+0.04095z}{z^3-2.679z^2+2.461z-0.782} \tag{8-10}$$

由式（8-10）及 z 变换的性质，可求出输出序列 $y(kT)$。

系统在单位阶跃输入时，输出量的稳态值为

$$y(\infty)=\lim_{z\to1}(z-1)G_c(z)R(z)=\lim_{z\to1}\frac{0.0453(z+0.904)K_P}{z^2-1.724+0.741+0.0453K_Pz+0.04095K_P} \tag{8-11}$$

$$=\frac{0.08625K_P}{0.017+0.08625K_P}$$

当 $K_P=1$ 时，$y(\infty)=0.835$，稳态误差 $e_{ss}=0.165$。

当 $K_P=2$ 时，$y(\infty)=0.901$，稳态误差 $e_{ss}=0.09$。

当 $K_P=3$ 时，$y(\infty)=0.9621$，稳态误差 $e_{ss}=0.038$。

通过以上分析可知，当 K_P 增大时，系统的稳态误差将减小。在一般情况下，比例系数是根据系统的静态速度误差系数 K_P 的要求来确定的，即

$$K_v = \lim_{z \to 1}(z-1)G(z)K_P \tag{8-12}$$

在 PID 控制中，积分控制器可用作消除系统的稳态误差，因为只要存在偏差，它的积分所产生的输出总是用来消除稳态误差的，直到偏差达到零，积分作用才会停止。

【例8-2】 在图 8-33 所示单输入单输出计算机控制系统中，试分析积分作用及参数的选择。

采用数字 PI 控制器，$D(z) = K_P + K_I \dfrac{1}{1-z^{-1}}$。

解 由［例 8-1］可知，广义对象的 z 传递函数为

$$G(z) = \frac{0.0453(z+0.904)}{(z-0.905)(z-0.819)}$$

系统的开环传递函数为

$$
\begin{aligned}
G_0(z) = D(z)G(z) &= \left(K_P + K_I \frac{1}{1-z^{-1}}\right)\frac{0.0453(z+0.904)}{(z-0.905)(z-0.819)} \\
&= \frac{(K_P + K_I)\left(z - \dfrac{K_P}{K_P + K_I}\right) \times 0.0453(z+0.904)}{(z-0.905)(z-0.819)(z-1)}
\end{aligned} \tag{8-13}
$$

为了确定积分系数 K_I，可用积分控制增加零点 $\left(z - \dfrac{K_P}{K_P + K_I}\right)$ 抵消极点 $(z-0.905)$。

由此可得

$$\frac{K_P}{K_P + K_I} = 0.905 \tag{8-14}$$

假设放大倍数 K_P 已由静态速度误差系数确定，若取 $K_P=1$，则由式（8-11）可得到 $K_I \approx 0.105$，数字调节器的 z 传递函数为

$$G_c(z) = \frac{Y(z)}{R(z)} = \frac{D(z)G(z)}{1+D(z)G(z)} = \frac{0.05(z+0.904)}{(z-1)(z-0.819)+0.05(z+0.904)} \tag{8-15}$$

系统在单位阶跃输入时，输出量的 z 变换为

$$Y(z) = G_c(z)R(z) = \frac{0.05z(z+0.904)}{(z-1)(z-0.819)+0.05(z+0.904)} \times \frac{z}{z-1} \tag{8-16}$$

由式（8-16）可求出输出响应 $y(kT)$。

系统在单阶跃输入时，输出量的稳态值为

$$y(\infty) = \lim_{z \to 1}(z-1)Y(z) = \lim_{z \to 1}\frac{0.05z(z+0.904)}{(z-1)(z-0.819)+0.05(z+0.904)} = 1$$

因此，系统的稳态误差 $e_{ss}=0$。由此可见，当系统加积分校正后，消除了稳态误差，提高了控制精度。

系统采用数字 PI 控制可消除稳态误差。但是由式（8-16）做出的动态响应曲线图（图 8-34）可以看出，系统的超调量达到 45%，且调节时间较长。为了改善动态性能还必须引入微分校正，即采用数字 PID 控制。

微分控制的作用，实际上是跟偏差的变化速度有关，也就是说微分的控制作用跟偏差的变化率有关。微分控制能够预测偏差，从而产生超前的校正作用。所以，微分控制可较好地改善动态性能。

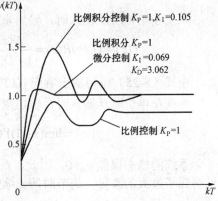

图 8-34 比例积分微分控制过渡过程曲线

【例 8-3】 在图 8-33 所示单输入单输出计算机控制系统中，试分析微分作用及参数的选择。

采用数字 PID 控制器，$D(z) = K_P + \dfrac{K_I}{1-z^{-1}} + K_D(1-z^{-1})$。

解 求解广义对象的 z 传递函数同〔例 8-1〕，即

$$G(z) = \frac{0.04533(z+0.904)}{(z-0.905)(z-0.819)}$$

PID 数字控制器的 z 传递函数为

$$D(z) = \frac{K_P(1-z^{-1}) + K_I + K_D(1-z^{-1})^2}{1-z^{-1}}$$

$$= \frac{(K_P + K_I + K_D)\left(z^2 - \dfrac{K_P+2K_D}{K_P+K_I+K_D}z + \dfrac{K_D}{K_P+K_I+K_D}\right)}{z(z-1)} \tag{8-17}$$

假设 $K_P=1$，且要求 $D(z)$ 的前两个零点抵消 $G(z)$ 的两个极点，即 $z=0.905$ 和 $z=0.819$，则

$$z^2 - \frac{K_P+2K_D}{K_P+K_I+K_D}z + \frac{K_D}{K_P+K_I+K_D} = (z-0.905)(z-0.819) \tag{8-18}$$

由式（8-18）可得方程

$$\frac{K_P+2K_D}{K_P+K_I+K_D} = 1.724 \tag{8-19}$$

$$\frac{K_D}{K_P+K_I+K_D} = 0.7412 \tag{8-20}$$

由 $K_P=1$ 及式（8-19）和式（8-20）可求出

$$K_P=0.069, \quad K_D=3.062 \tag{8-21}$$

数字 PID 控制器的 z 传递函数为

$$D(z) = K_P + \frac{4.131(z-0.905)(z-0.819)}{z(z-1)} \tag{8-22}$$

系统的开环传递函数为

$$G_o(z) = D(z)G(z) = \frac{4.131(z-0.905)(z-0.819) \times 0.0453(z+0.904)}{z(z-1)(z-0.905)(z-0.819)}$$

$$= \frac{0.187(z+0.904)}{z(z-1)} \tag{8-23}$$

系统的闭环传递函数为

$$G_c(z) = \frac{D(z)G(z)}{1 + D(z)G(z)} = \frac{0.187(z + 0.904)}{z(z-1) + 0.187(z + 0.904)} \qquad (8-24)$$

系统在单位阶跃输入时，输出量的 z 变换为

$$Y(z) = G_c(z)R(z) = \frac{D(z)G(z)}{1 + D(z)G(z)} = \frac{0.187(z + 0.904)}{z(z-1) + 0.187(z + 0.904)} \times \frac{z}{z-1} \qquad (8-25)$$

由式（8-25）可得输出响应 $y(kT)$。

系统在单位阶跃输入时，输出量的稳态值为

$$y(\infty) = \lim_{x \to 1}(z-1)Y(z) = \lim_{x \to 1}\frac{0.187(z + 0.904)z}{z(z-1) + 0.187(z + 0.904)} = 1$$

系统的稳态误差 e_{ss}=0，因此，系统在 PID 控制时，由于积分的控制作用，系统的动态特性得到了很大的改善，调节时间 t_s 缩短，超调量 σ_p 减小。

比例控制、比例积分控制和比例积分微分控制过渡过程曲线如图 8-34 所示。

【例 8-4】 设有一温度控制系统，温度测量范围是 0～600℃，温度控制指标为（450±2）℃。若比例系数 K_P=4；积分时间 T_I=1min；微分时间 T_D=15s；采样周期 T=5s。当测量值 $y(kT)$=448，$y(kT-T)$=449，$y(kT-2T)$=452 时，求增量输出 $\Delta u(kT)$。若 $\Delta u(kT-T)$=1860，计算 k 次阀位输出 $u(kT)$。

解
$$K_P = 4$$

$$K_I = K_P \frac{T}{T_I} = 4 \times \frac{5}{1 \times 60} = \frac{1}{3}$$

$$K_D = K_P \frac{T_D}{T} = 4 \times \frac{15}{5} = 12$$

$$R = 450$$

$$e(kT) = R - y(kT) = 450 - 448 = 2$$

$$e(kT-T) = R - y(Kt-T) = 450 - 449 = 1$$

$$e(kT-2T) = R - y(kT-2T) = 450 - 452 = -2$$

$$\Delta u(kT) = K_P[e(kT) - e(kT-T)] + K_I e(kT) + K_D[e(kT) - 2e(kT-T) + e(kT-2T)]$$

$$= 4 \times (2-1) + \frac{1}{3} \times 2 + 12 \times [2 - 2 \times 1 - (-2)] = 4 + \frac{2}{3} - 24 \approx -19$$

$$u(kT) = u(kT-T) + \Delta u(kT) = 1860 + (-19) = 1841$$

（二）PID 算法的程序设计

PID 算法程序设计主要分为位置式和增量式两种。

（1）位置式 PID 算法的程序设计。第 k 次采样的位置式 PID 输出算式为

$$u(kT) = K_P e(kT) + K_I \sum_{j=0}^{k} e(jT) + K_D[e(kT) - e(kT-T)]$$

其中，设

$$u_P(kT) = K_P e(kT)$$

$$u_I(kT) = K_I \sum_{j=0}^{k} e(jT) = K_I e(kT) + K_I \sum_{j=0}^{k-1} e(jT) = K_I e(kT) + u_I(kT-T)$$

$$u_D(kT) = K_D[e(kT) - e(kT-T)]$$

故 $u(kT)$ 可写为

$$u(kT) = u_P(kT) + u_I(kT) + u_D(kT)$$

上式为可用于计算机实现的离散化位置式 PID 编程表达式。

位置式 PID 算法的程序流程图如图 8-35 所示。各参数和中间结果内存分配见表 8-2。程序清单从略。

表 8-2　　位置式 PID 算法内存分配表

符号地址	参　数	注　　释
SAMP	$y(kT)$	第 k 次采样值
SPR	R	给定值
COFKP	K_P	比例系数
COFKI	K_I	积分系数
COFKD	K_D	微分系数
EK	$e(kT)$	第 k 次采样偏差
EK1	$e(kT-T)$	第 $k-1$ 次采样偏差
UI1	$u_I(kT-T)$	第 $k-1$ 次积分项
UPK	$u_P(kT)$	第 k 次比例项
UIK	$u_I(kT)$	第 k 次积分项
UDK	$u_D(kT)$	第 k 次微分项
UK	$u(kT)$	第 k 次位置输出

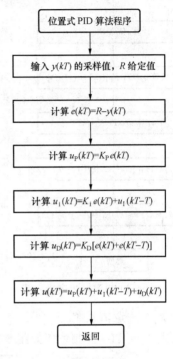

图 8-35　位置式 PID 算法程序流程图

（2）增量式 PID 算法程序设计。第 k 次采样增量式 PID 的输出算式为

$$\Delta u(kT) = K_P[e(kT) - e(kT-T)] + K_I e(kT) + K_D[e(kT) - 2e(kT-T) - e(kT-2T)]$$

其中，设定 $u_P(kT) = K_P[e(kT) - e(kT-T)]$

$$u_I(kT) = K_I e(kT)$$

$$u_D(kT) = K_D[e(kT) - 2e(kT-T) - e(kT-2T)]$$

所以，$\Delta u(kT)$ 可表示为

$$\Delta u(kT) = u_P(kT) + u_I(kT) + u_D(kT)$$

增量式 PID 算法的程序流程图如图 8-36 所示。各参数和中间结果内存分配见表 8-3。

表 8-3　　　　　　　　　　增量式 PID 算法内存分配表

符号地址	参数	注释	符号地址	参数	注释
SAMP	$y(kT)$	第 k 次采样值	EK1	$e(kT-T)$	第 $k-1$ 次采样偏差
SPR	R	给定值	EK2	$e(kT-T)$	第 $k-2$ 次采样偏差
COFKP	K_P	比例系数	UPK	$u_P(kT)$	比例项
COFKI	K_I	积分系数	UIK	$u_I(kT)$	积分项
COFKD	K_D	微分系数	UDK	$u_D(kT)$	微分相
EK	$e(kT)$	第 k 次采样偏差	UK	$\Delta u(kT)$	第 k 次增量输出

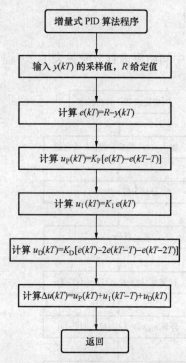

图 8-36　增量式 PID 算法程序流程图

式中　K_1——逻辑系数。

积分分离 PID 控制系统如图 8-37 所示。

二、PID 算法的改进

除了上述常规 PID 算法外，也可根据系统的不同需要，对 PID 控制进行改进，下面介绍几种数字 PID 的改进算法。主要有积分分离算法、不完全微分算法和微分先行算法等。

（一）积分分离 PID 控制算法

系统中加入积分项后，会产生较大的超调量，这对某些生产过程来说是不允许的，可采用积分分离算法，既保持了积分的作用，又有利于减小超调量，较大地改善了系统的控制性能。

积分分离算法要设置积分分离阈值 E_0。

当 $|e(kT)| \leqslant |E_0|$ 时，即偏差 $|e(kT)|$ 较小时，采用 PID 控制，可保证系统的控制精度。

当 $|e(kT)| \geqslant |E_0|$ 时，即偏差 $|e(kT)|$ 较大时，采用 PD 控制，可使超调量大幅度降低。积分分离算法可表示为

$$u(kT) = K_P(ekT) + K_1 K_I \sum_{j=0}^{k} e(jT) + K_D[(ekT) - (ekT - T)]$$

$$K_1 = \begin{cases} 1, & |e(kT)| \leqslant |E_0| \\ 0 & |e(kT)| > |E_0| \end{cases}$$

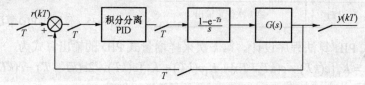

图 8-37　积分分离 PID 计算机控制系统结构图

采用积分分离 PID 控制算法后，比例积分微分控制过渡过程如图 8-38 所示。由图可见，采用该算法使得控制系统的性能有了很大的改善。

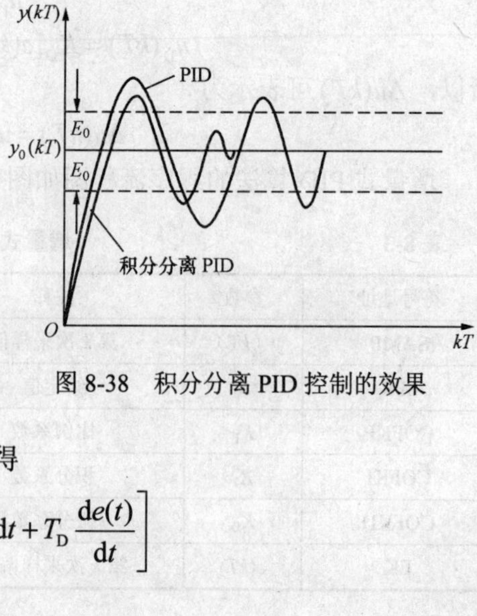

（二）不完全微分 PID 控制算法

在 PID 控制中，微分项的作用容易引进高频干扰，故在数字调节器中常常采用串接低通滤波器（一阶惯性环节）的方法来抑制高频干扰，低通滤波器的传递函数为

$$G_f(s) = \frac{1}{1 + T_f s} \qquad (8\text{-}26)$$

图 8-38　积分分离 PID 控制的效果

不完全微分 PID 控制如图 8-39 所示。由该图可得

$$u'(t) = K_P \left[e(t) + \frac{1}{T_I} \int_0^t e(k) \mathrm{d}t + T_D \frac{\mathrm{d}e(t)}{\mathrm{d}t} \right]$$

$$T_f \frac{du(t)}{dt} + u(t) = u'(t)$$

所以

$$T_f \frac{du(t)}{dt} + u(t) = K_P \left[e(t) + \frac{1}{T_I} \int_0^t e(k)dt + T_D \frac{de(t)}{dt} \right] \quad (8\text{-}27)$$

将式（8-27）离散化后得差分方程为

$$u(kT) = au(kT - T) + (1-a)u'(kT) \quad (8\text{-}28)$$

$$a = \frac{T_f}{T + T_f}$$

$$\Delta u'(kT) = K_P \left\{ e(kT) + \frac{T}{T_I} \sum_{j=0}^{k} e(kT) + \frac{T_D}{T} \left[\Delta e(kT) - \Delta e(kT - T) \right] \right\}$$

与普通的 PID 一样，不完全微分 PID 也有增量式算法，即

$$\Delta u(kT) = a\Delta u(kT - T) + (1-a)\Delta u'(kT)$$

$$a = \frac{T_f}{T + T_f}, \quad \Delta u'(kT) = K_P \left\{ \Delta e(kT) + \frac{T}{T_I} e(kT) + \frac{T_D}{T} \left[\Delta e(kT) - \Delta e(kT - T) \right] \right\}$$

普通的数字 PID 调节器在单位阶跃输入时，微分作用只是在第一个周期里起作用，不能按照偏差的变化趋势在整个调节过程中起作用。此外，微分作用只在第一个周期里起较强的作用，很容易溢出。控制作用 $u(kT)$ 如图 8-40（a）所示。

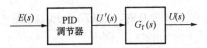

图 8-39 不完全微分 PID 控制算法

设数字微分调节器的输入为阶跃序列 $e(kT)=a$, $k=0$，1，2…

当采用完全微分算法时，有

$$U(s) = T_D sE(s)$$

也可写成

$$u(t) = T_D \frac{de(t)}{dt}$$

将上式离散化可得

$$u(kT) = \frac{T_D}{T} [e(kT) - e(kT - T)] \quad (8\text{-}29)$$

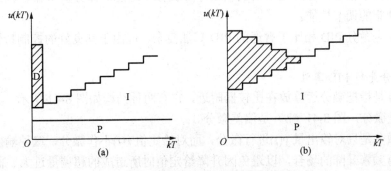

图 8-40 数字 PID 调节器的控制作用

（a）普通数字 PID 控制；（b）不完全微分数字 PID 控制

由式（8-29），可得

$$u(0) = \frac{T_D}{T}a$$

$$u(T) = u(2T) = \cdots = 0$$

可见，普通数字 PID 的微分作用，只有在第一个采样周期内起作用，通常情况 $T_D \gg T$，所以 $u(0) \gg a$。

不完全微分数字 PID 控制算法的优点是，不但完全能够抑制高频干扰，而且克服了普通 PID 控制的缺点。数字调节器输出的微分作用在各个周期里按照偏差变化的趋势，均匀地输出，真正起到了微分作用，改善了系统的性能。不完全微分数字 PID 调节器在单位阶跃输入时，输出的控制作用如图 8-40（b）所示。

对于数字微分调节器，当使用不完全微分 PID 算法时有

$$U(s) = \frac{T_D s}{1 + T_f s}E(s)$$

或

$$u(t) + T_f \frac{du(t)}{dt} = T_D \frac{de(t)}{dt}$$

将上式离散化后得

$$u(kT) = \frac{T_f}{T + T_f}u(kT - T) + \frac{T_D}{T + T_f}[e(kT) - e(kT - T)] \tag{8-30}$$

当 $k \geq 0$ 时，$e(kT) = a$，由式（8-30）可得

$$u(0) = \frac{T_D}{T + T_f}a$$

$$u(T) = \frac{T_f T_D}{(T + T_f)^2}a$$

$$u(2T) = \frac{T_f^2 T_D}{(T + T_f)^3}a$$

显然，$u(kT) \neq 0$，k=1，2…，并且

$$u(0) = \frac{T_D}{T + T_f}a << \frac{T_D}{T}a$$

因此，在第一个采样周期里采用了不完全微分数字调节器的输出比采用完全微分数字调节器的输出幅值小很多。并且调节器的输出十分类似于理想的微分调节器，因此，不完全微分具有比较理想的调节性能。

虽然不完全微分 PID 相比于普通的 PID 算法复杂，但由于其良好的控制特性，应用范围越来越广。

（三）微分先行 PID 算法

微分先行是指把微分运算放在比较器附近，它有两种结构如图 8-41 所示。其中，图 8-41（a）是输出量微分，图 8-41（b）是偏差微分。

输出量微分是只对输出量 $y(t)$ 进行微分，而对给定值 $r(t)$ 不作微分，这种输出量微分控制适用于给定值频繁升降的场合，以避免因升降给定值时所造成的超调量过大、阀门动作过分剧烈的振荡。

偏差微分是对偏差值微分，也就是对输出量 $y(t)$ 和定值 $r(t)$ 都要进行微分运算，偏差微分适用于串级控制的副控回路，因为副控回路的给定值是由主控调节器给定的，也应该对其做

微分处理。因此，需要在副控回路中采用偏差微分 PID。

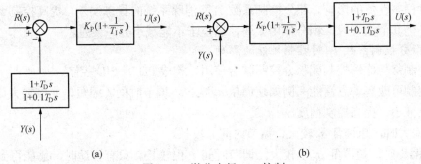

图 8-41　微分先行 PID 控制

（a）输出量微分；（b）偏差微分

8.3.2　PID 参数的整定

数字 PID 算式参数整定主要目的是确定 K_P、T_I、T_D 和采样周期 T。对于一个结构和控制算法形式已定的控制系统，控制系统的控制性能好坏主要取决于参数选择得是否合理。由于计算机控制系统的采样周期很短，数字 PID 与模拟 PID 的算法十分相似。所以，其整定方法采用扩充临界比例度法。

一、PID 参数对控制性能的影响

在连续控制系统中，使用最广泛的控制规律是 PID，即调节器的输出 $u(t)$ 与输入 $e(t)$ 之间成比例、积分、微分的关系，即

$$u(t) = K_P e(t) + \frac{1}{T_I} \int_0^t e(t)\mathrm{d}t + T_D \frac{\mathrm{d}e(t)}{\mathrm{d}t} \tag{8-31}$$

同样，计算机控制系统中 PID 控制规律使用得也较为普遍。在 PID 控制下，数字调节器的输出与输入之间的关系是

$$u(kT) = K_P \left\{ e(kT) + \frac{T}{T_I} \sum_{j=0}^{k} e(jT) + \frac{T_D}{T} \left[e(kT) - e(kT - T) \right] \right\} \tag{8-32}$$

下面以 PID 控制为例，讨论控制参数如比例系数 K_P，积分时间常数 T_I 和微分时间常数 T_D 对控制系统性能的影响，负反馈控制系统如图 8-42 所示

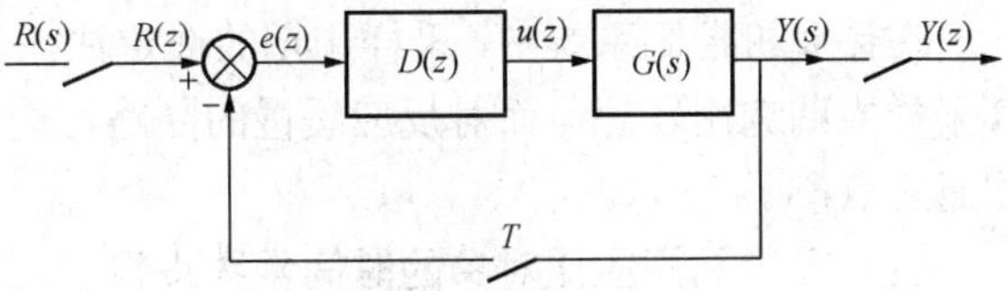

（一）比例控制系数 K_P 对控制性能的影响

（1）对动态性能的影响。比例控制系数 K_P 加大，会使得系统的灵敏度增大，

图 8-42　负反馈控制系统框图

K_P 偏大，振荡次数增多，调节时间延长。当 K_P 太大时，将会导致系统不稳定，而 K_P 太小，又会导致系统反应迟钝，动作缓慢。

（2）对稳态性能的影响。加大系数 K_P，在系统稳定的情况下，可减小系统的稳态误差 e_{ss}，提高控制精度，但是加大 K_P 减小 e_{ss}，不能完全消除稳态误差。

（二）积分控制系数 T_I 对控制性能的影响

积分控制系数 T_I 与比例控制或微分控制联合作用，构成 PI 控制或 PID 控制。

（1）对动态性能的影响。积分控制系数 T_I 通常使系统的稳定性下降。T_I 太小将会导致系统不稳定。T_I 偏小，则振荡次数较多，T_I 太大，对系统性能的影响减少。当合适时，过渡特

性较为理想。

（2）对稳态性能的影响。积分控制系数 T_I 能消除系统的稳态误差，提高控制系统的控制精度。但是当其值太大时，积分作用太弱，以至于不能减小稳态误差。

（三）微分控制系数 T_D 对控制性能的影响

微分控制常与比例控制或积分控制联合使用，构成 PD 或 PID 控制。

微分控制可改善动态性能，例如超调量 σ_p 减少，调节时间 t_s 缩短，允许加大比例控制，使稳态误差减小，提高控制精度。

当 T_D 偏大时，超调量 σ_p 较大，调节时间 t_s 较长。

当 T_D 偏小时，超调量 σ_p 也较大，调节时间 t_s 也较长。只有合适时，才能得到较满意的过渡过程。

（四）控制规律的选择

PID 调节器长期以来在生产过程中应用广泛，被广大工程技术人员接受并熟悉。究其原因，可以证明对于特性为 $Ke^{-\tau s}/(1+T_m s)$ 和 $Ke^{-\tau s}/[(1+T_1 s)(1+T_2 s)]$ 的控制对象，PID 控制是一种最优的控制算法；PID 的控制参数 K_P、T_I、T_D 相互独立，参数整定比较方便；PID 算法比较简单，计算工作量较小，容易实现多回路控制。在应用中，根据对象特性和负荷情况，合理选择控制规律是非常重要的。

根据上述分析，可得出如下结论：

（1）对于一阶惯性对象，负荷变化不大，工艺要求不高，可采用比例（P）控制。例如，对于压力、液位、串级副控回路等。

（2）对于一阶惯性与纯滞后串联的对象，负荷变化不大，要求控制精度较高，可采用比例积分（PI）控制。例如对压力、流量、液位的控制。

（3）对于纯滞后时间 τ 较大，系统的负荷变化也较大，对于控制性能要求高的场合，可采用比例积分微分调节器（PID）控制。例如，用于过热温度控制、pH 值控制。

（4）当对象为高阶（二阶以上）的惯性环节又有纯滞后的特性，负载变化较大，控制性能要求高时，应采用串级控制，前馈—反馈控制、前馈—串级或纯滞后补偿控制。

二、采样周期 T 的选取

在计算机控制系统中，采样周期的选定往往要视具体对象而定，对于反应快的控制回路，其采样周期选用较短，而对反应缓慢的回路可选择较长的采样周期 T。在实际选用时，需要注意三点：

（1）采样周期应比对象的时间常数小得多，否则采样信息无法反映瞬变过程。采样频率应远远大于信号变化的频率。按照香农（Shannon）采样定理，为了不失真地复原信号的变化，采样频率至少应该是有用信号最高频率的 2 倍，实际常选用 4～10 倍。

（2）采样周期的选择应考虑到系统主要干扰的频谱，特别是工业电网的干扰。一般希望它有整数倍的关系，这对抑制测量中出现的干扰和进行数字滤波很有好处。

（3）当系统的纯滞后占主要地位时，采样周期按纯滞后大小选取，并尽可能使纯滞后时间接近或等于采样周期的整数倍。

实际上，采用理论计算的方法往往在实现上有一定的困难，例如信号的最高频率、噪声干扰源频率都不易确定。因此，一般按照表 8-4 的经验数据进行选取，在运行试验时进行修正。

一个计算机控制系统，往往含有多个不同类别的回路，采样周期一般要按采样周期最小的回路来选取。如有困难，可采用对某些要求周期特别小的回路多采样几次的方法，来缩短采样间隔。

表 8-4 　　　　　　　　　　　　　**常见对象选择采样周期的经验数据**

控制回路类别	采样周期（s）	备　　注
流量	1～5	优先选用 1～2s
压力	3～10	优先选用 6～8s
液位	6～8	优先选用 7s
温度	15～20	取纯滞后时间常数
成分	15～20	优先选用 18s

三、扩充临界比例度法

扩充临界比例度法是整定模拟调节器参数的临界比例度法的扩充，其主要步骤如下：

（1）根据对象反应的快慢，结合表 8-4 选用足够短的采样周期 T。

（2）用选定的 T，求出临界比例系数 K_k 及临界振荡周期 T_k。具体的做法是使计算机控制系统只采用纯比例调节，逐渐增大比例系数，直至出现临界振荡，这时的 K_P 和振荡周期就是 K_k 和 T_k。

（3）选定控制度。即以模拟调节器为基准，将计算机控制效果和模拟调节器的控制效果相比较。控制效果的评价函数 Q 表示为

$$Q = \frac{\left[\left(\int_0^\infty e^2 \mathrm{d}t\right)_{\min}\right]_{DDC}}{\left[\left(\int_0^\infty e^2 \mathrm{d}t\right)_{\min}\right]_{模拟调节器}} \qquad (8\text{-}33)$$

（4）根据选用的控制度按表 8-5 求取 T、K_P、T_I、T_D 的值。表 8-5 为按扩充临界比例度法整定的值。

表 8-5 　　　　　　　　　　　　**扩充临界比例度法整定的参数值表**

Q	控制算式	T/T_k	K_P/K_k	T_I/T_k	T_D/T_k
1.05	PI	0.03	0.55	0.88	—
1.05	PID	0.14	0.63	0.49	0.14
1.20	PI	0.05	0.49	0.91	—
1.20	PID	0.043	0.47	0.47	0.16
1.50	PI	0.14	0.42	0.99	—
1.50	PID	0.09	0.34	0.43	0.20
2.00	PI	0.22	0.36	1.05	—
2.00	PID	0.16	0.27	0.40	0.22
模拟调节器	PI	—	0.57	0.85	—
模拟调节器	PID	—	0.70	0.50	0.13
简化的扩充临界	PI	—	0.45	0.83	—
比例度法	PID	—	0.60	0.50	0.125

（5）按照计算参数进行在线运行，观察结果。如系统的控制性能欠佳，可适当加大 Q 值，重新求取各个参数，继续观察效果，直至满意为止。

为了对扩充临界比例度整定法进行改善，Robert P. D. 于 1974 年提出简化扩充临界比例度整定法。现将该方法介绍如下：

设 PID 的增量式算式为

$$\Delta u(kT) = K_P \left\{ [e(kT) - e(kT-T)] + \frac{T}{T_I}[e(kT)] + \frac{T_D}{T}[e(kT) - 2e(kT-T) + e(kT-2T)] \right\}$$

$$= K_P \left[\left(1 + \frac{T}{T_I} + \frac{T_D}{T} \right) e(kT) - \left(1 + 2\frac{T_D}{T} \right) e(kT-T) + \frac{T_D}{T} e(kT-2T) \right] \qquad (8-34)$$

$$= K_P[d_0 e(kT) + d_1 e(kT-T) + d_2 e(kT-2T)]$$

式中　T——采样周期；

　　　T_I——积分时间常数；

　　　T_D——微分时间常数。

$$\begin{cases} d_0 = 1 + \frac{T}{T_I} + \frac{T_D}{T} \\[2mm] d_1 = -\left(1 + 2\frac{T_D}{T} \right) \\[2mm] d_2 = -\frac{T_D}{T} \end{cases} \qquad (8-35)$$

对式（8-34）做 z 变换，可得数字 PID 调节器的 z 传递函数为

$$D(z) = \frac{U(z)}{E(z)} = \frac{K_P(d_0 + d_1 z^{-1} + d_2 z^{-2})}{1 - z^{-1}} \qquad (8-36)$$

其中，$U(z)$ 和 $E(z)$ 分别表示数字调节器输出量和输入量的 z 变换。

按照前面介绍的数字 PID 调节器参数的整定，就是要确定 T、K_P、T_I 和 T_D 4 个参数。为了减少在线整定参数的数目，根据大量实际经验的总结，人为假定约束的条件，以减少独立变量的个数。例如取

$$T \approx 0.1T_k$$
$$T_I \approx 0.5T_k \qquad (8-37)$$
$$T_D \approx 0.125T_k$$

将式（8-37）代入式（8-34）和式（8-35）可得数字调节器的 z 传递函数为

$$D(z) = \frac{K_P(2.45 - 3.5z^{-1} + 1.25z^{-2})}{1 - z^{-1}} \qquad (8-38)$$

相应的差分方程为

$$\Delta u(kT) = K_P[2.45e(kT) - 3.5e(kT-T) + 1.25e(kT-2T)] \qquad (8-39)$$

由式（8-39）可以看出，对 4 个参数的整定简化成对一个参数 K_P 的整定，可使问题得到明显的简化。

应用约束条件减少整定参数数目的归一参数整定法是很有发展前景的，因为它不仅对数字 PID 调节器的整定有意义，还给实现 PID 自整定系统带来诸多方便。

8.4　工业控制组态软件

在自动化控制技术发展日新月异的今天，计算机过程控制系统的研发人员和相关的工程

技术人员均对缩短系统的研发周期、增强系统的稳定性、提高系统的集成能力和二次开发能力提出了更高的要求。在这样的工程背景下，采用专用的工业控制自动化软件进行系统开发无疑是当今的主流方法和发展趋势。目前广泛应用于自动控制领域中的工业控制组态软件就是集上述特点及优点于一身的、可供该领域工程技术人员进行二次开发与系统集成的软件开发平台。本节将以北京三维力控科技有限公司开发的工业监控组态软件 Forcecontrol V6.0 为例，说明组态软件在过程控制系统中的应用及组态软件开发的基本流程。

8.4.1 监控组态软件简介

一、监控组态软件的定义和特点

（一）什么是组态软件

组态软件指一些数据采集与过程控制系统的专用软件，它们是在自动控制系统监控层一级的软件平台和开发环境，能以灵活多样的组态方式（而不是编程方式）提供良好的用户开发界面，其预设置的各种软件模块可以非常容易地实现和完成监控层的各项功能，并能同时支持各种硬件厂家的计算机和 I/O 设备，与高可靠性的工控计算机和网络系统结合，可向控制层和管理层提供软、硬件的全部接口，进行系统集成。

（二）组态软件的发展和现状

世界上第一个把组态软件作为商品进行开发、销售的专业软件公司是美国的 Wonderware 公司，它于 20 世纪 80 年代末率先推出第一个商品化监控组态软件 Intouch。此后组态软件得到了迅猛的发展。目前世界上的组态软件有几十种之多，国际上较知名的监控组态软件有：Fix，Intouch，Wincc，LabView，Citech 等。

（三）组态软件的特点

组态软件最显著的特点是使用简单，用户只需编写少量自己所需的控制算法代码，甚至可以不写代码；并且运行可靠；同时，提供数据采集设备的驱动程序、自动化应用系统所需的组件；具有强大的图形设计工具。

二、力控监控组态软件简介

力控监控组态软件（ForceControl）是一个面向方案的 HMI/SCADA（human machine interface/ supervisory control and data acquisition）平台软件。其分布式实时多数据库系统，可提供访问工厂和企业系统数据的一个公共入口。内置 TCP/IP 协议的网络服务程序使用户可以充分利用 Intranet 或 Internet 的网络资源。该软件可用于开发石油、化工、半导体、汽车、电力等多个行业和领域的工业自动化、过程控制、管理监测、工业现场监视、远程监视/远程诊断等系统。

（一）ForceControl 集成环境

开发系统（Draw）：是一个集成环境，可以创建工程画面，配置各种系统参数，启动力控其他程序组件等。

界面运行系统（View）：用来运行由开发系统 Draw 创建的画面。

实时数据库（DB）：是数据处理的核心，构建分布式应用系统的基础。它负责实时数据处理、历史数据存储、统计数据处理、报警处理、数据服务请求处理等。

I/O 驱动程序：负责力控与 I/O 设备的通信。它将 I/O 设备寄存器中的数据读出后，传送到力控的数据库，然后在系统的运行界面上动态显示。

网络通信程序（NetClient/NetServer）：网络通信程序采用 TCP/IP 通信协议，可利用 Intranet/Internet 实现不同网络结点上力控之间的数据通信。

（二）ForceControl 6.0 中其他可选程序组件

串行通信程序（SCOMClient/SCOMServer）：两台计算机之间，使用 RS232C/422/485 接口，可实现一对一的通信；如果使用 RS485 总线，还可实现一对多台计算机的通信。

拨号通信程序（TelClient/TelServer）：任何地方与工业现场之间，只要能拨打电话，就可以实现对远程现场生产过程的实时监控，唯一需要的是 Modem 和电话线。

Web 服务器程序（Web Server）：Web 服务器程序可为处在世界各地的远程用户实现在台式机或便携机上用标准浏览器实时监控现场生产过程。

控制策略生成器（StrategyBuilder）：是面向控制的新一代软件逻辑自动化控制软件。提供包括变量、数学运算、逻辑功能和程序控制处理等在内的十几类基本运算块，内置常规 PID、比值控制、开关控制、斜坡控制等丰富的控制算法。同时提供开放的算法接口，可以嵌入用户自己的控制程序。

8.4.2　力控组态软件开发入门

一、建立工程

打开应用管理器，选择 "文件" 菜单项下面的"新建应用"选项，在应用名称对话框中输入一个应用程序的名称"MonitorPLC"，按"确定"按钮，如图 8-43 所示。在工程列表中会出现新建的工程，点击工具栏中的"开发"选项，打开集成开发环境，开始组态工作，如图 8-44 所示。

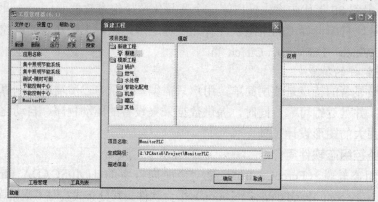

图 8-43　新建一个工程应用

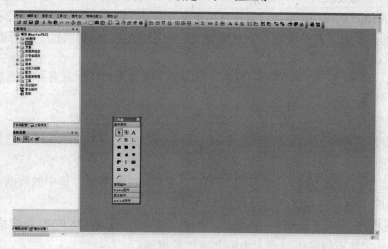

图 8-44　ForceControl 6.0 的集成开发环境

二、新建用户图形窗口

在集成编译环境下，双击工程项目下的"窗口"，即可建立用户图形窗口（见图 8-45），全部保持默认值，点击"确认"按钮，就建立了一个新的窗口，即可在图形用户窗口下进行人机界面的开发。

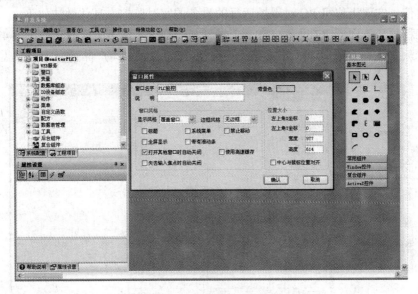

图 8-45　新建用户图形窗口

三、监控界面的开发

在图形用户窗口可使用基本图元工具箱进行设备图形绘制，对于工程中常用的图形，可在"工具"菜单项下面的"图库"选项中打开开发环境自带的图库。例如，打开图库下面的报警灯子库，可以看到有不同形状的报警灯备选，双击其中的一个图标即可在用户窗口中绘制一个报警灯，如图 8-46 所示。

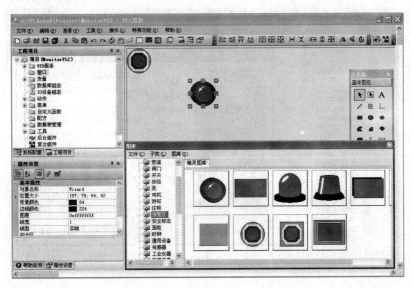

图 8-46　图形用户界面开发

四、IO 设备组态

IO 设备组态是指组态软件的集成开发环境中对很多国内外知名公司的设备进行了集成，如通信协议制定、传输速率的设置、存储单元定义等。对这样的外部设备只需要将其与 PC 进行正确的设备组态，当该设备与 PC 机通信端口进行正确的接线后，PC 即可以和该设备进行正常的通信，实现上位机 PC 对现场运行的设备的实时监控。具体做法如下。

双击工程项目下面的 IO 设备组态，会看到其中列出了许多类产品，如图 8-47 所示。如果想选择一款 PLC，则双击"PLC"选项，即可在展开的各大公司产品列表中选择需要的 PLC。

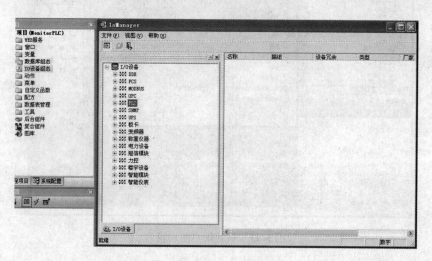

图 8-47　显示开发环境中集成的各公司产品

在选择的 PLC 项上双击，则进入 PLC 设备与组态软件之间的通信设置，这里将设备命名为 PLC01，如图 8-48 所示。在接下来的各步设置中，按照向导提示，一步步完成组态软件与外部设备 PLC 之间的通信连接。

图 8-48　设备组态中的网络通信设置

设备组态的网络通信设置完毕后，设备名为 PLC01 的 PLC 产品已被加进 ForceControl6.0 集成开发环境中了，如图 8-49 所示。通过建立组态软件和设备之间的数据组态，上位 PC 机即可对设备 PLC 中的各端口和内存单元进行实时监控。这也就是即将谈到的数据库组态。

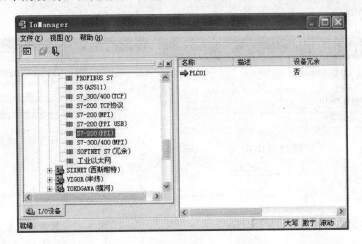

图 8-49　加了设备 PLC 的组态环境

五、数据库的组态

在建立起 PLC 和组态软件之间的数据通信后，需要将组态软件用户窗口中的变量与外部设备，这里是指 PLC 中的存储单元或 I/O 口建立一一对应的关系，使得组态软件可以对 PLC 的相应单元进行读、写操作，如显示外设的运行状态或对设备进行初始化设置等。这种对应关系的建立过程称为数据库组态。数据库组态具体包括以下几个步骤：

（1）新建点。双击工程项目下面的"数据库组态"选项，在弹出的窗口中，用鼠标右键单击"数据库"选项，选择新建点，这时将会弹出新建点的窗口，如图 8-50 所示。这里选择了新建数字 I/O 点，即可建立一个与外设相关联的数据点。

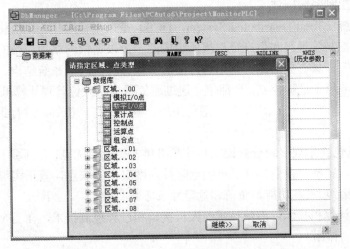

图 8-50　新建数据 I/O 点

（2）基本参数设置。在基本参数设置中，首先要为所建立的点命名，这是必要的选项，其次是对该点的说明，该选项是可选的。基本参数设置如图 8-51 所示。

（3）为数据点建立数据连接。选择"数据连接"分页项，在"设备"选项中，选择前面步骤中添加的设备"PLC01"，在"连接项"处点击"增加"选项，在弹出的对话框"内存区"的下拉列表中，本例选择了 PLC 的 I 端口的 I0.0 输入端作为该点的所连接的外部设备输入数据源，如图 8-52 所示。

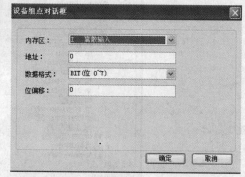

图 8-51　数据点基本参数设置　　　　　　图 8-52　数据点建立数据连接

至此，建立了组态软件中数据点与 PLC 内存单元的对应关系，完成了数据组态的过程。

六、在图形用户窗口中对设备进行监控

在建立了 I/O 设备组态和数据库组态后，可在用户窗口中对该数据点进行监控。在本例中，双击图 8-46 所示报警灯图标，则进入该报警灯与数据点的连接配置窗口，将报警灯与前面建立的数据点连接上，则当 PLC 的 I0.0 口有过电流输出信号时，该报警灯将会被点亮。组态软件就是通过这种方式实现对外部设备的实时监控的。

8.5　集散控制系统和现场总线技术

8.5.1　集散控制系统概述

集散控制系统（Total Distributed System，DCS）是采用标准化、模块化和系列化设计，由过程控制级、控制管理级和生产管理级所组成的一个以通信网络为纽带的集中显示操作管理、控制相对分散，具有灵活配置、组态方便的多级计算机网络系统结构。集散控制系统将若干台微机分散应用于过程控制，全部信息通过通信网络由上位管理计算机监控，统一管理，实现最优化控制，然后通过 CRT 装置、通信总线、键盘、打印机等，进行集中操作、显示和报警。

整个 DCS 既包含常规仪表分散控制和计算机集中控制的优点，又克服了常规仪表功能单一、人机联系差，靠单台微型计算机控制危险性高度集中的缺点，真正实现了在管理、操作和显示三方面"集"，又在功能、负荷和危险性三方面"散"。

DCS 综合了计算机技术、通信技术、人机接口和过程控制技术，在当今现代化生产过程控制中起着重要的作用。

一、DCS 的特点

DCS 是对生产过程进行集中监视、操作、管理和分散控制的一种全新的分布式计算机控制系统。集散控制系统的主要特点如下：

（1）分级递阶控制。DCS 是一种分级递阶控制系统，在水平方向和垂直方向都是分级的。即便是最简单的 DCS，在垂直方向上至少分为二级，包含操作管理级和过程控制级。分级递阶是 DCS 的基本特征。

（2）分散控制。分散控制是 DCS 的另一主要特点。在 DCS 中，分散的内涵十分广泛。分散数据库、分散控制功能、分散数据显示、分散通信、分散供电、分散负荷等，这些分散是相互协调的分散。系统在统一集中操作管理和协调下各自分散工作，完成控制系统的工作任务。

（3）适应性、灵活性和可扩充性。硬件和软件均采用开放式、标准化和模块化设计。硬件上采用积木式结构，可灵活配置成大、中、小各种系统。软件上可灵活组态构成或简单或复杂的各类系统。可根据实际生产需求，按照生产工艺及流程的变化，改变系统的配置，即可实现相关的控制方案。

（4）开放性。在现场总线标准化后，使符合标准的各种检测、变送和执行机构等产品均可以互换或替换，而不是必须选用原制造厂的产品。

（5）友好性。DCS 的各级工作站均采用彩色 CRT 和交互式图形界面、实用而简洁的人机会话系统，图文并茂、形象直观。

（6）可靠性。DCS 采用容错设计，因而当任一单元失效后，系统仍具有完整性。系统的"电磁兼容性"设计及冗余技术，都为系统的可靠性和安全性提供了保障。

二、集散控制系统的发展历程

二十世纪三、四十年代，工业自动化装置采用的是分散性控制系统，所有设备不联网，而是采用独立运行方式。随着生产规模和复杂程度的不断提高，原有的控制系统显得滞后、笨重、繁冗，一个仪表运行一个控制规律的现状很难满足生产过程的要求，操作人员操控起来十分吃力。

二十世纪五十年代初期，随着计算机技术的发展，人们开始尝试将计算机用于过程控制，试图利用计算机能够执行复杂运算、速度快和管理监视集中等特点来弥补常规控制仪表过于分散和功能单一的不足，为工业过程控制开辟一个新途径。经过一段时间的摸索与实践，计算机控制取得了一定的成果，但也暴露出其严重的缺点，一是成本高，二是危险过于集中，一旦计算机损坏，整个生产过程就会全面瘫痪。

到了二十世纪七十年代，大规模集成电路及微处理器的诞生为人们将危险分散提供了可能，一台大型计算机完成的工作可以交由十几个微型计算机来完成，正是在这一基础上出现了 DCS。最早提出 DCS 设计思想的是美国的 Honeywell 公司。1975 年末，该公司正式推出了世界上第一个集散控制系统 TDC-2000。这是一种分散型多处理机综合过程控制系统，又称分散型综合控制系统，俗称集散控制系统。

进入二十世纪九十年代，计算机技术飞速发展，更多的技术被应用到 DCS 之中，DCS 技术进入了成熟期。PLC 的出现，使得笨重的继电器逻辑被顺序逻辑控制的新型电子设备取代。到了九十年代中期，现场总线技术开始突飞猛进地发展，一些人预言，基于现场总线的 FCS 将取代 DCS 成为今后过程控制系统的主角。

三、DCS 的基本结构

从 DCS 的发展历程可以看出 DCS 结构演变的过程。

（一）第一代 DCS 的基本结构

第一代 DCS 的基本结构如图 8-53 所示。在这个时期，各个厂家的系统在通信方面自成体系，由于网络技术的发展不成熟，还没有厂家采用局域网标准，而是各自开发专有技术的高速数据总线，各个厂家的系统并不能像仪表系统那样可以实现信号互通和产品互换。因此维护和运行 DCS 需要极高的成本。

（二）第二代 DCS 的基本结构

第二代 DCS 的基本结构如图 8-54 所示。这个时期，DCS 中引入了局域网(LAN)作为系统骨干，按照网络节点的概念组织过程控制站、中央操作站、系统管理站及网关(用于兼容)。但在通信标准方面仍然没有进展，各个厂家在网络协议方面各自为政，不同厂家的系统之间基本上不能进行数据交换。系统的各个组成部分，如现场控制站、人机界面工作站、各类功能站及软件等都是各个 DCS 厂家的专有技术和专有产品。

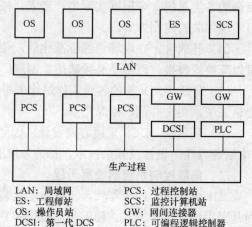

LAN：局域网　　　　　PCS：过程控制站
ES：工程师站　　　　　SCS：监控计算机站
OS：操作员站　　　　　GW：网间连接器
DCSI：第一代 DCS　　　PLC：可编程逻辑控制器

图 8-54　第二代 DCS 结构简图

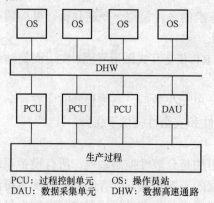

PCU：过程控制单元　　OS：操作员站
DAU：数据采集单元　　DHW：数据高速通路

图 8-53　第一代 DCS 结构简图

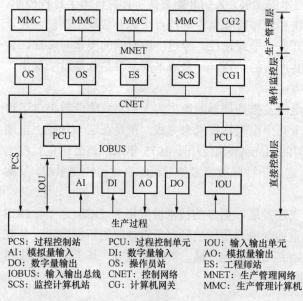

PCS：过程控制站　　　PCU：过程控制单元　　IOU：输入输出单元
AI：模拟量输入　　　　DI：数字量输入　　　　AO：模拟量输出
DO：数字量输出　　　　OS：操作员站　　　　　ES：工程师站
IOBUS：输入输出总线　CNET：控制网络　　　　MNET：生产管理网络
SCS：监控计算机站　　CG：计算机网关　　　　MMC：生产管理计算机

图 8-55　第三代 DCS 结构简图

（三）第三代 DCS 的基本结构

图 8-55 所示为第三代 DCS 的基本结构，也是现代 DCS 的标准体系结构。这时的 DCS 系统在网络方面，各个厂家已普遍采用了标准的网络产品。到 20 世纪 90 年代后期，很多厂家将目光转向了只有物理层和数据链路层的以太网和在以太网之上的 TCP/IP。这样，在高层，即应用层虽然还是各个厂家自己的标准，系统间还无法直接通信，但至少在网络的低层，系统间是可以互通的，高层的协议可以开发专门的转换软件实现互通。

8.5.2　集散控制系统的结构
一、DCS 的硬件结构

DCS 采用分层结构模式，自下而上一般分为过程控制级、控制管理级、生产管理级和经营管理级四级典型功能层次，如图 8-56 所示。

过程控制级：在这一级上，过程控制计算机直接与现场各类装置（如变送器、执行器、记录仪表等）相连，对所连接的装置实施监测、控制，同时它还向上与第二层的计算机相连，接收上层的管理信息，并向上传递装置的特性数据和采集到的实时数据。

控制管理级：在这一级上的过程管理计算机主要有监控计算机、操作站、工程师站。它综合监视过程各站的所有信息、集中显示操作，控制回路组态和参数修改，优化过程处理。

生产管理级：在这一级上的管理计算机根据产品各部件的特点，协调各单元级的参数设定，是产品的总体协调员和控制器。

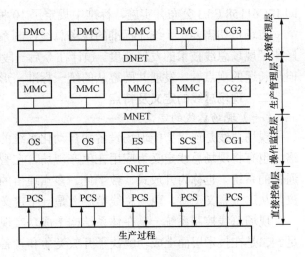

PCS: 过程控制站　　　　OS: 操作员站　　　　ES: 工程师站
SCS: 监控计算机站　　　CG: 计算机网关　　　CNET: 控制网络
MNET: 生产管理网络　　DNET: 决策管理网络
MMC: 生产管理计算机　DMC: 决策管理计算机

图 8-56　DCS 的各级功能

经营管理级：这一级居于中央计算机上，并与办公室自动化连接起来，担负起全厂的总体协调管理，包括各类经营活动、人事管理等。

二、DCS 的软件结构

DCS 软件采用模块化结构设计，由实时多任务操作系统、数据库管理系统、数据通信软件、组态软件和各种应用软件组成。

控制层软件是运行在现场控制站上的软件，主要完成各种控制功能，包括 PID 回路控制、逻辑控制、顺序控制，以及这些控制所必须针对现场设备连接的 I/O 处理；监控软件是运行于操作员站或工程师站上的软件，主要完成运行操作人员所发出的各个命令的执行、图形与画面的显示、报警信息的显示处理、对现场各类检测数据的集中处理等；组态软件则主要完成系统的控制层软件和监控软件的组态功能，安装在工程师站中。

8.5.3　现场总线技术概述

现场总线（Fieldbus）是一种应用于生产现场，在现场设备之间、现场设备与控制装置之间实行双向、串行、多节点数字通信的技术。现场总线控制系统（Fieldbus Control System，FCS）是现场网络通信系统与现场自动化系统的组合。现场网络通信系统具有开放式数字通信功能，可与各种通信网络互联。现场自动化系统把安装于生产现场的具有信号输入、输出、运算、控制、通信功能的各种现场仪表及设备作为现场总线上的节点，直接在现场总线上构成控制回路。

一、现场总线的起源与发展趋势

现场总线起源于欧洲，随后发展至北美。1984 年，国际电工委员会（International Electro-technical Commission，IEC）就开始着手制定现场总线的国际标准，但由于一些大公司为了维护各自的利益，始终未能形成单一的现场总线国际标准。经过有关各方的共同努力和协商，终于在 1999 年底，通过投票表决的方式，正式通过了包括 8 种现场总线协议的 IEC61158 国际标准。2003 年 4 月，由 IEC/SC6SC/MT9 小组负责修订的现场总线标准第 3 版，即 IEC61158 Ed.3 公布并实施，标准中规定了 10 种类型的现场总线。

市场迫切需要一个统一标准的现场总线控制系统。一直以来，现场总线协议的争论不休，影响了现场总线技术的发展速度。预计在今后一段时间内，仍会是几种现场总线共存的局面。但从长远的观点看，发展共同遵从的统一标准，形成真正的开放互连系统，将是大势所趋。

二、现场总线的定义及特点

（一）现场总线的定义

现场总线是连接智能现场设备和自动化系统的数字式、双向传输、多分支结构的通信网络。也有将现场总线定义为应用在生产现场，在智能测控设备之间实现双向串行多节点数字通信的系统。也称为开放式、数字化、多点通信的低成本底层控制系统。有通信就必须有协议，从这个意义上讲，现场总线实质上是一个定义了硬件接口和通信协议的标准。

现场总线控制系统一是在体系结构上成功实现了串行连接，一举克服并行连接的许多不足。二是在技术层面上成功解决了开放竞争和设备兼容两大难题，实现了现场设备智能化和控制系统分散化两大目标。

（二）现场总线的特点

（1）系统的开放性。开放是指对相关标准的一致性、公开性，强调对标准的共识与遵从。现场总线的主导思想是致力于建立统一的工厂底层网络的开放系统，实现了工控产品"即插即用"的功能。

（2）系统结构的高度分散性。现场总线已构成一种全新的全分散性控制系统的体系结构。现场总线将控制功能完全下放到下面的控制器，实现控制的彻底分散。

（3）低成本。相对 DCS，现场总线开放的体系结构和技术大大缩短了开发周期，降低了开发成本，彻底分散的分布式结构将 1:1 模拟信号的传输方式变为 1:n 的数字信号传输方式，节省了模拟信号传输过程中大量的模数、数模转换装置，布线安装成本和维护费用。

（4）现场总线的智能化与功能自治性。现场总线将传感测量、补偿计算、工程量处理与控制等功能分散到现场设备中来完成，仅靠现场设备即可完成自动控制的基本功能，同时还可实时诊断设备的运行状态。

（5）对现场环境的适应性。作为工厂网络底层的现场总线，是专门为现场环境设计的，可以支持光缆、同轴电缆、双绞线、红外线、无线射频、电力线等传输介质，抗干扰能力强。

8.5.4　典型现场总线技术简介

自 20 世纪 80 年代末以来，有几种现场总线技术已逐渐形成其影响，并在一些领域中显示出了自身的优势。它们各具特色，对现场总线技术的发展发挥了巨大的推动作用。

一、FF（基金会现场总线）

1994 年，由 ISP 和 WorldFIP 两大集团合并成立了现场总线基金会，致力于开发出国际上统一的现场总线协议。现场总线基金会拥有 120 多个成员，包括 AB，ABB，Honeywell 等大型集团。基金会现场总线（Foundation Fieldbus，FF）广泛应用于以过程自动化为主的场合，如化工、石油、污水处理等。

FF 采用了 ISO/OSI 的物理层、数据链路层和应用层，在此基础上增加了用户层，形成了四层结构；FF 分低速（H1）和高速（H2）两种通信速率。H1 的通信速率为 31.25kb/s，通信距离可达 1900m。H2 的通信速率为 1Mb/s 和 2.5Mb/s，通信距离分别为 750m 和 500m。2003年，现场总线基金会公布了基于 Ethernet 的高速总线技术规范（HSE 1.0 版），作为现场总线控制系统控制级以上通信网络的主干网。FF 支持双绞线、同轴电缆、光缆和无线射频等传输介质，协议符合 IEC1158-2 标准，目前广泛应用的是前两种。

二、Profibus（过程现场总线）

Profibus（Process fieldbus）是一种国际化、开放式、不依赖设备生产商的总线标准。Profibus 的历史可以追溯到 1987 年由德国政府支持的一个联合投资项目，项目由 SIEMENS 公司等 13 家企业和 5 个科研机构参加，联合开发了 Profibus。

Profibus 为多主从结构，可以很方便地构成集中式、集散式和分布式控制系统。针对不同的应用，Profibus 分为 3 个系列，即 Profibus-DP（Decentralised Peripherals）、Profibus-FMS（Fieldbus Message Specification）和 Profibus-PA（Process Automation）。Profibus-DP 用于分散外设之间的高速数据传输，适用于制造自动化领域。Profibus-FMS 适用于纺织、楼宇自动化、可编程控制器和低压开关等。Profibus-PA 则适用于过程自动化领域。

Profibus 采用 ISO/OSI 的物理层、数据链路层和应用层；其传输速率为 9.6kbps～12Mbps，传输距离为 100m～10km（用中继器延长）；它的拓扑结构为总线型、树型；支持双绞线和光纤作为传输介质。

三、CAN（控制器局域网络）

CAN（Controller Area Network）是 20 世纪 80 年代初由德国 Bosch 公司为解决现代汽车中众多测量控制部件之间的数据交换问题而开发的一种串行数据通信总线。目前 CAN 总线已成为 ISO 国际标准，称为 ISO11898。

CAN 总线遵循 ISO/OSI 模型，采用了物理层和数据链路层，应用层协议允许用户自行开发；采用短帧结构，每一帧的有效字节数为 8 个，因而受干扰的概率低，是最可靠的总线；可采用双绞线、同轴电缆、光缆等作为传输介质；通信速率最高可达 1Mb/s（通信距离最长为 40m），最远通信距离可达 10km（通信速率在 5kb/s 以下）；可挂接的设备数量最多可达 110 个。

组成 CAN 系统的主要器件是 CAN 控制器和收发器。CAN 控制器是一块集成电路，主要由实现 CAN 总线协议部分和与微控制器接口部分的电路组成，实现 CAN 通信模型中物理层和数据链路层的功能，对外提供与微处器系统的物理接口。CAN 控制器可分为两大类：一类是独立的 CAN 控制器，也称通信控制器；另一类是集成 CAN 微控制器，也称带微处理器的通信控制器。前者可以与许多类型的单片机及微型计算机的标准总线进行接口组合，使用比较灵活。后者可用在特定的场合，使电路结构更加紧凑，并可以提高电路的可靠性。

CAN 总线收发器提供对总线的发送和接收功能，一边与 CAN 总线连接，一边与 CAN 控制器连接。CAN 收发器是 CAN 控制器与物理总线之间的接口，是影响网络性能的关键器件。

CAN 在汽车电子系统中得到了广泛的应用，已成为欧洲汽车制造业的主体行业标准，代表着汽车电子控制网络的主流发展趋势。

四、LonWorks（局部操作网络）

LonWorks（Local Operating Network）是由美国 Echelon 公司推出，并与摩托罗拉、东芝共同倡导，于 1990 年正式公布形成的局部操作网络技术。广泛应用于楼宇自动化、家庭自动化、保安系统、交通运输及工业过程控制领域中。

LonWorks 采用了 ISO/OSI 模型的全部 7 层通信协议，采用了面向对象的设计方法，通过网络变量将网络通信设计简化为参数设置。其通信速率从 300b/s 到 1.5Mb/s，直接通信距离可达 2700m。总线的拓扑结构采用总线型、树型结构。支持双绞线、同轴电缆、光缆和红外线、电力线、无线发射等传输介质。LonWorks 技术所采用的 LonTalk 协议被封装在神经元芯片中得以实现。

神经元芯片是 LonWorks 的核心，芯片中有三个 8 位 CPU，其显著特点是既能管理通信，又有 I/O 和控制功能。三个 CPU 中，一个称为媒体访问控制处理器，用于完成 OSI 模型第一层和第二层的功能；一个称为网络处理器，用于完成 OSI 模型第三～第六层的功能；一个称为应用处理器，执行操作系统服务与用户代码。

LonWorks 的另一个重要特点是它的互操作性。只要是符合 LonMark 标准的设备都可以集成在一起，形成多厂商、多产品共存的开放系统。

五、DeviceNet（设备网）

DeviceNet 最早是由 Rockwell 开发推出的，是 20 世纪 90 年代中期发展起来的一种基于 CAN 的开放型、符合全球工业标准的低成本、高性能的通信网络。

DeviceNet 的组织机构是 ODVA（Open DeviceNet Vendor Association，开放式网络供货商协会）。在全球，有 300 多家著名自动化设备厂商是 ODVA 的会员，其中包括 Omron、Hitachi、ABB 等公司。

DeviceNet 主要采用 OSI 模型的物理层，数据链路层和应用层；可选数据传输速率为 125、250、500 kb/s；其通信方式主要有点对点、多主和主/从三种方式；采用短帧传输方式，每帧的最大数据为 8 个字节；网络最多可连接 64 个节点。

六、HART（可寻址远程高速通道的开放通信协议）

HART（Highway Addressable Remote Transducer）最早由 Rosemount 公司开发，并得到了80 多家著名仪表公司的支持，于 1993 年成立了 HART 通信基金会。HART 的通信协议被称为可寻址远程高速通道的开放通信协议，其特点是在现有模拟信号传输线上实现数字信号通信。HART 广泛地应用于现场智能仪表制造行业中。

按工作方式分类，HART 有三种命令，第一类称为通用命令，这是所有设备都能理解支持的命令；第二类称为一般行为命令，所提供的功能可以在许多现场设备中实现，此类命令包括最常用的现场设备的功能库；第三类称为特殊设备命令，以使在某些设备中实现特殊功能，此类命令既可以在基金会中开放，又可以为开发此命令的公司独有。这三类命令可同时存在于一个现场设备中。

除上面介绍的现场总线之外，IEC 61158 中所公布的现场总线还有 ControlNet、P-Net、SwiftNet、WorldFIP、INTERBUS 和 PROFINET。此外，在国际上有较大影响并占有一定市场份额的现场总线还有 BACnet、EIB、KNX、Modbus、CEBus、CC-Link 等，限于篇幅，此处不再一一详述。

复习思考题与习题

8-1 简述计算机过程控制系统的组成。

8-2 计算机过程控制系统有哪几种类型？

8-3 简述计算机过程控制系统的特点。

8-4　简述计算机过程控制系统的发展趋势。

8-5　模拟量输入信号有哪些？

8-6　计算机控制系统中，常用信号有哪几种类型？

8-7　模拟量输入通道由哪几部分组成？

8-8　什么是量化？

8-9　A/D 转换器的技术指标是什么？

8-10　模拟量输出通道由哪几部分组成？

8-11　简述数字量输入通道的组成，画出数字量输入通道的结构图。

8-12　简述数字量输出通道的组成，画出数字量输出通道的结构图。

8-13　简述计算机过程控制的数据采集及传输部分的基本组成与工作原理。

8-14　在 PID 控制中，积分项有什么作用？

8-15　常规 PID 和积分分离 PID 算法有什么区别？

8-16　在 PID 控制中，采样周期是如何确定的？采样周期的大小对调节品质有什么影响？

8-17　数字 PID 调节器需要整定哪些参数？

8-18　简述 PID 参数 K_P、T_I、T_D 对系统动态性能和稳态性能的影响。

8-19　简述扩充临界比例度法整定 PID 参数的步骤。

8-20　现场总线的定义是什么？

8-21　集散控制系统有哪些技术特点？

8-22　简述现场总线的主要特点。

8-23　什么是集散控制系统？它通常由哪几部分组成？

8-24　集散控制系统的集中和分散各代表什么含义？

附　表

附表 1　　　　　　　　　　热 电 偶 分 度 表　　　　　　　　　　mV

t_{90}（℃）	热 电 偶 类 型							
	B	R	S	K	N	E	J	T
−200	—	—	—	−5.891	−3.990	−8.825	−7.890	−5.603
−100	—	—	—	−3.554	−2.407	−5.237	−4.633	−3.378
0	0	0	0	0	0	0	0	0
100	0.033	0.647	0.645	4.096	2.774	6.317	5.269	4.277
200	0.178	1.469	1.441	8.139	5.913	13.419	10.779	9.268
300	0.431	2.401	2.323	12.209	9.341	21.033	16.327	14.86
400	0.786	3.408	3.259	16.397	12.974	28.943	21.848	20.869
500	1.241	4.471	4.234	20.644	16.748	36.999	27.393	—
600	1.791	5.584	5.237	24.906	20.613	45.085	33.102	—
700	2.430	6.743	6.274	29.129	24.527	53.11	39.132	—
800	3.154	7.950	7.345	33.275	28.455	61.022	45.494	—
900	3.957	9.205	8.448	37.326	32.371	68.783	51.877	—
1000	4.833	10.506	9.585	41.276	36.256	76.358	57.953	—
1100	5.777	11.850	10.754	45.119	40.087	—	63.792	—
1200	6.783	13.228	11.947	48.838	43.846	—	69.553	—
1300	7.845	14.629	13.155	52.410	47.513	—	—	—
1400	8.952	16.040	14.368	—	—	—	—	—
1500	10.094	17.451	—	—	—	—	—	—
1600	11.257	18.849	—	—	—	—	—	—
1700	12.426	20.222	—	—	—	—	—	—
1800	13.585	—	—	—	—	—	—	—
1900	—	—	—	—	—	—	—	—

附表 2　　　　　　　　　　工 业 热 电 阻 分 度 表　　　　　　　　　　Ω

t_{90}（℃）	Pt100	Pt10	t_{90}（℃）	Pt100	Pt10	t_{90}（℃）	Pt100	Pt10
−200	18.52	1.852	−60	76.33	7.633	80	130.90	13.090
−180	27.10	2.710	−40	84.27	8.427	100	138.51	13.581
−160	35.54	3.554	−20	92.16	9.216	120	146.07	14.607
−140	43.88	4.388	0	100.00	10.000	140	153.58	15.358
−120	52.11	5.211	20	107.79	10.779	160	161.05	16.105
−100	60.26	6.026	40	115.54	11.554	180	168.48	16.848
−80	68.33	6.833	60	123.24	12.324	200	175.86	17.586

t_{90}（℃）	Pt100	Pt10	t_{90}（℃）	Pt100	Pt10	t_{90}（℃）	Pt100	Pt10
220	183.19	18.319	440	260.78	26.078	660	332.79	33.279
240	190.47	19.047	460	267.56	26.756	680	339.06	33.906
260	197.71	19.771	480	274.29	27.429	700	345.28	34.528
280	204.90	20.490	500	280.98	28.098	720	351.46	35.146
300	212.05	21.205	520	287.62	28.762	740	357.59	35.759
320	219.15	21.915	540	294.21	29.421	760	363.67	36.367
340	226.21	22.621	560	300.75	30.075	780	369.71	36.971
360	233.21	23.321	580	307.25	30.725	800	375.70	37.570
380	240.18	24.018	600	313.71	31.371	820	381.65	38.165
400	247.09	24.709	620	320.12	32.012	840	387.55	38.775
420	253.96	25.396	640	326.48	32.648	850	390.48	39.048

t_{90}（℃）	Cu100	Cu10	t_{90}（℃）	Cu100	Cu10
−40	82.80	41.401	60	125.68	62.842
−20	94.10	45.706	80	134.24	67.119
0	100.00	50.000	100	142.80	71.400
20	108.57	54.285	120	151.37	75.687
40	117.13	58.565	140	159.97	79.983

参 考 文 献

[1] 白莉，苏曙，连香姣. 智能建筑环境与设备概论. 北京：人民交通出版社，2003.

[2] 陈刚. 建筑环境测量. 北京：机械工业出版社，2007.

[3] 方修睦. 建筑环境测试技术. 2 版. 北京：中国建筑工业出版社，2008.

[4] 周晓萱. 建筑设备与环境控制. 北京：中国建筑工业出版社，2008.

[5] 朱学莉. 智能建筑网络通信系统. 北京：中国电力出版社，2006.

[6] 杨三青，王仁明，曾庆山. 过程控制. 武汉：华中科技大学出版社，2008.

[7] 王再英，刘淮霞，陈毅静. 过程控制系统与仪表. 北京：机械工业出版社，2006.

[8] 潘立登. 过程控制技术原理与应用. 北京：中国电力出版社，2007.

[9] 何离庆，张寿明，朱文嘉. 过程控制系统与装置. 重庆：重庆大学出版社，2003.

[10] 邵裕森，戴先中. 过程控制工程. 2 版. 北京：机械工业出版社，2011.

[11] 涂植英. 过程控制系统. 北京：机械工业出版社，1983.

[12] 张毅，张宝芬，曹丽，彭黎辉. 自动检测技术及仪表控制系统. 3 版. 北京：化学工业出版社，2012.

[13] 贺良华. 现代检测技术. 武汉：华中科技大学出版社，2008.

[14] 叶湘滨，熊飞丽，张文娜，罗武胜. 传感器与测试技术. 北京：国防工业出版社，2007.

[15] 孟立凡，蓝金辉. 传感器原理与应用. 北京：电子工业出版社，2007.

[16] 陈杰，黄鸿. 传感器与检测技术. 北京：高等教育出版社，2002.

[17] 王化祥，张淑英. 传感器原理及应用. 天津：天津大学出版社，2004.

[18] 付家才. 传感器与检测技术原理及实践. 北京：中国电力出版社，2008.

[19] 郭爱芳. 传感器原理及应用. 西安：西安电子科技大学出版社，2007.

[20] 陶红艳，余成波. 传感器与现代检测技术. 北京：清华大学出版社，2009.

[21] 张宏建，孙志强. 现代检测技术. 北京：化学工业出版社，2007.

[22] 马宏忠. 检测技术及仪表. 北京：中国电力出版社，2010.

[23] 王化祥. 自动检测技术. 北京：化学工业出版社，2004.

[24] 韩九强，张新曼，刘瑞玲. 现代测控技术与系统. 北京：清华大学出版社，2007.

[25] 孙传友，翁惠辉. 现代检测技术及仪表. 北京：高等教育出版社，2006.

[26] 曾孟雄等. 智能检测控制技术及应用. 北京：电子工业出版社，2008.

[27] 杜清府，刘海. 检测原理与传感技术. 济南：山东大学出版社，2008.

[28] 董惠，邹高万. 建筑环境测试技术. 北京：化学工业出版社，2009.

[29] 金以慧. 过程控制. 北京：清华大学出版社，1993.

[30] 施仁，刘文江，郑辑光. 自动化仪表与过程控制. 北京：电子工业出版社，2003.

[31] 牛培峰，张秀玲，罗小元，彭策. 过程控制系统. 北京：电子工业出版社，2011.

[32] 张根宝. 工业自动化仪表与过程控制. 4 版. 西安：西北工业大学出版社，2008.

[33] 方康玲. 过程控制与集散系统. 北京：电子工业出版社，2009.

[34] 李少元，蔡文剑. 工业过程辨识与控制. 北京：化学工业出版社，2005.

[35] 舒迪前. 预测控制系统及其应用. 北京：机械工业出版社，1996.

［36］钱积新，赵均，徐祖华．预测控制．北京：化学工业出版社，2007．

［37］诸静等．智能预测控制及其应用．杭州：浙江大学出版社，2002．

［38］宋胜利．智能控制技术概论．北京：国防工业出版社，2008．

［39］刘金琨．智能控制．北京：电子工业出版社，2005．

［40］李京．过程控制与计算机控制系统．北京：化学工业出版社，2006．

［41］王顺晃，舒迪前．智能控制系统及其应用．北京：机械工业出版社，2005．

［42］李正军．计算机控制系统．北京：机械工业出版社，2009．

［43］苏小林．计算机控制技术．北京：中国电力出版社，2004．

［44］王锦标．计算机控制系统．北京：清华大学出版社，2005．

［45］阳宪惠．现场总线技术及其应用．北京：清华大学出版社，2003．

［46］凌志浩．DCS 与现场总线控制系统．上海：华东理工大学出版社，2008．

［47］韩兵，于飞．现场总线控制系统应用实例．北京：化学工业出版社，2006．

［48］阳宪惠．工业数据通信与控制网络．北京：清华大学出版社，2003．